수학자의 뒷모습 Ⅱ

거인의 어깨 위에 올라서다

중세유럽 ~ 18세기

| **일러두기** |

1. 인명, 지명, 작품명은 한글 맞춤법 외래어 표기법에 따라 표기했으며, 브리태니커 백과사전을 참조했다. 또한 용어에 대한 원문은 함께 표시하였다.
2. 중요한 내용의 설명은 각주를 따로 표시하였다.
3. 본문에서 사용한 부호와 기호의 뜻은 다음과 같다.
   - 저서, 신문, 잡지 : 《 》
   - 개별작품, 논문, 기사 : 〈 〉
   - 강조와 인용 : ' ', " "

수학자의 뒷모습 II

편저자 허 민
펴낸이 박문규
펴낸곳 경문사
펴낸날 2008년 3월 20일 1판 1쇄
2011년 1월 2일 1판 2쇄
등 록 1979년 11월 9일 제9-9호
주 소 121-818, 서울특별시 마포구 동교동 184-17
전 화 (02)332-2004 **팩스** (02)336-5193
이메일 kyungmoon@kyungmoon.com

값 16,000원

ISBN 978-89-6105-111-8 03410
ISBN 978-89-6105-109-5 (세트)

수학자의 뒷모습 Ⅱ

거인의 어깨 위에 올라서다

중세유럽 ~ 18세기

허민

경문사

머리말

이 책에서는 ≪수학자의 뒷모습 I (그리스, 중국, 인도, 아라비아)≫에 뒤이어 유럽의 중세부터 18세기까지 활동했던 수학자들의 일화를 소개한다.

유럽의 암흑 시대라고 부르는 중세에 인도 · 아라비아 수 체계를 보급하고 고대의 수학 지식을 번역을 통해 소개한 소수의 수학자를 알아보고, 르네상스 시대에 수학의 부활을 이끌고 수학의 도약을 위한 발판을 마련한 수학자들을 살펴본다.

그리고 수학의 황금 시대로 불리는 17세기의 수학자들을 알아본다. 17세기에는 대수학의 기호화가 정착 단계에 이르고, 로그, 사영 기하학, 수론, 해석 기하학, 확률론 등의 새로운 주제와 함께 미분 적분학이라는 획기적인 분야가 개척되어 현대 수학의 기틀이 마련된다.

18세기에 수학자들은 미분 적분학을 자연 현상에 응용해서 놀랍고도 유용한 결과를 얻음으로써, 수학의 위력을 확실하게 보여주었다. 수학 연구를 장려하는 학술원의 설립과 수학 전문 잡지의 발간으로 수학자들의 활동 무대도 넓어지고, 수학자의 사회가 형성된다.

17~8세기에 이르면, 중등학교와 대학의 수학과 과학 교과서에 쉽게 접할 수 있는 수학자를 만나게 된다.

2007. 12.

허 민

수학자의 뒷모습 II (중세 유럽~18세기)

중세 유럽

르네상스

17세기

18세기

차 례

수학자의 뒷모습 I (그리스, 중국, 인도, 아라비아)

수학자의 뒷모습 III (19세기)

수학자의 뒷모습 IV (20세기)

중세 유럽

10~14세기

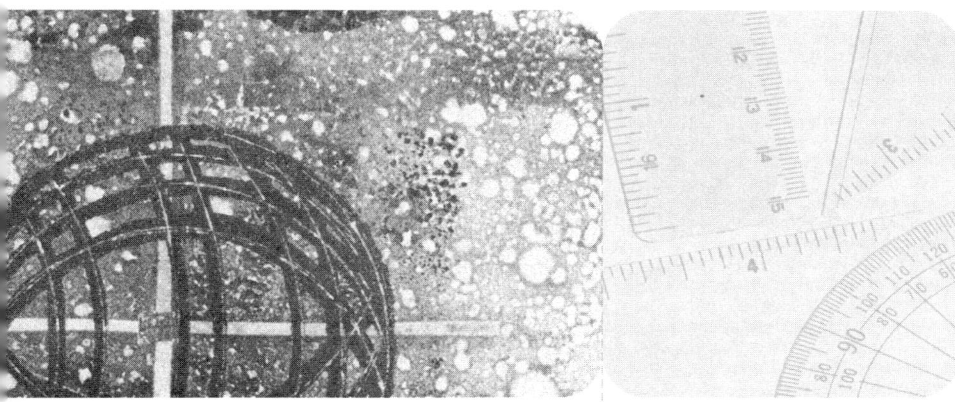

주요 인물

실베스테르 2세
헤르만
피보나치
오렘

중세 유럽의 수학

로마가 멸망한 5세기 중반부터 11세기까지 유럽의 암흑 시대에는 가톨릭 수도사와 극소수의 개화된 평민을 통해 그리스와 라틴의 지식이 겨우 명맥만 유지됐을 뿐이다. 그래서 매우 빈약한 내용이지만 보에티우스❶가 저술한 기하학과 산술에 관한 책이 수세기 동안 수도원 학교의 표준 교과서로 사용됐다. 기독교 달력의 발전을 제외하면, 암흑 시대의 500년 동안 서구에서 수학의 발전이 거의 없었다고 말해도 결코 지나치지 않다.

보에티우스

11세기 후반에 들어와서야, 과학과 수학에 관한 그리스의 고전들이 다시 유럽으로 스며들기 시작했다. 이슬람권의 학문 중심지를 여행한 기독교 학자들이 라틴어로 번역한 문헌을 통해서, 시칠리아의 노르망디 왕국과 동방 사이의 교류를 통해서, 레반트❷ 및 아라비아 세계와 서유럽의 무역을 통해서, 이슬람 문화권에서 보존된 고대의 지식이 서유럽으로 전해지는 전달의 시기가 뒤따랐다. 12세기는 수학사에서 번역가의 세기였다.

❶ Anicius Manlius Severius Boethius(475?~524), 고대 로마 말기의 철학자로, 사학과(기하학, 산술, 천문학, 음악)에 관한 저술 가운데 《산술 교정(算術 敎程)》과 《음악 교정》이 남아 있다.

❷ Levant, 동부 지중해 연안의 여러 나라들

12세기 말과 13세기 초에는 볼로냐, 파두아, 나폴리, 파리, 옥스퍼드, 케임브리지, 나폴리 등에 대학이 설립되어 수학이 발전할 수 있는 강력한 동력이 생겼다. 캄파노스[3]는 유클리드의 《원론》을 라틴어로 번역했는데, 그 뒤 이 책은 1482년에 최초로 인쇄됐다.

14세기는 수학적으로 불모의 세기였다. 유럽 인구의 3분의 1 이상을 몰살시킨 흑사병의 세기였으며, 북유럽에서는 정치적 경제적인 격동과 함께 백년 전쟁이 시작된 세기였다.

잠재 수학적 분석

중세 유럽의 수학이 본질적으로 실용적인 면에 치우쳐 있었지만, 이론적이고 사색적인 수학이 완전히 사라진 것은 아니었다. 스콜라 철학자들은 운동에 대한 신비스런 이론을 세웠고, 한없이 큰 것과 한없이 작은 것 및 연속적인 것과 이산적인 것에 대해 고찰했다. 이 모든 것은 현대 수학의 기본적인 개념이다. 수세기에 걸친 스콜라 철학자들의 논쟁과 궤변은 고대의 수학적 사고로부터 현대의 수학적 사고로의 엄청난 변환을 어느 정도 설명하며, 벨[4]의 주장대로 '잠재 수학적 분석submathematical analysis'을 형성한다. 이런 점에서 13세기에 가장 예리한 정신을 소유했던 토마스 아퀴나스[5]는 수학 발달에서 중요한 역할을 했다고 간주할 수 있을 것이다.

손가락 셈

말로 표현된 수와 함께 '손가락 수finger number'가 한때 널리 사용됐었다.

[3] Johannes Campanus(1220~1296), 교황 우르바누스 4세의 전속 사제로 당시 4명의 뛰어난 수학자 중 한 사람이었으며, 천문학에 관한 저술을 남겼다.

[4] Eric Temple Bell(1883~1960), 스코틀랜드 출신의 미국 수학자

[5] Thomas Aquinas(1226~1274), 이탈리아의 스콜라 철학자 · 신학자

실제로 손가락과 손의 여러 위치를 이용한 수의 표현은 숫자(기수법) 또는 수 이름(명수법)보다도 시기적으로 앞선다. 그래서 하나, 둘, 셋, 넷에 대해 고대에 사용된 기호들은, 올리거나 편 손가락의 개수에 대응하는 수를 표현하는 손가락의 연직 또는 수평 동작에 대응한다. 그리고 1부터 9까지의 숫자를 뜻하는 단어(digit, 즉 finger)도 같은 유래를 갖고 있음을 추적할 수 있다.

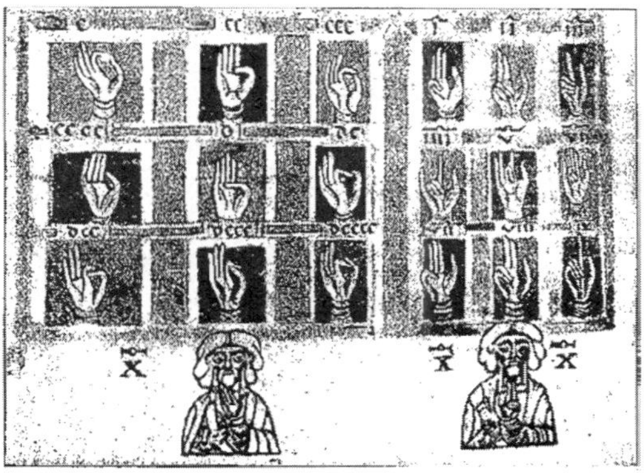

13세기의 손가락 수❻

시간이 지나면서 손가락 수는 상거래에 나타나는 가장 큰 수까지 나타내도록 확대됐으며, 중세에 이르러 여러 나라에서 통용됐다. 유럽에서 최종적인 단계에 이르면, 수 1, 2, …, 9와 10, 20, …, 90은 왼손으로, 그리고 수 100, 200, …, 900과 1000, 2000, …, 9000은 오른손으로 표현했다. 이런 방법으로 1만까지의 모든 수를 두 손으로 표현했다.

손가락 수는 산술 책에도 수록됐는데, 예를 들면 왼손으로 1은 새끼손가락을 약간 아래로 접고, 2는 새끼손가락과 약손가락을 약간 아래로 접고, 3은 새끼손가락과 약손가락 및 가운뎃손가락을 약간 아래로 접고, 4는 가운뎃손

❻ D.E. Smith, *History of Mathematics* vol. II, Dover Pub. Inc., 1953. p. 198.

가락과 약손가락을 아래로 접으며, 5는 가운뎃손가락을 아래로 접고, 6은 약손가락을 아래로 접고, 7은 새끼손가락을 완전히 아래로 접고, 8은 새끼손가락과 약손가락을 완전히 아래로 접고, 9는 새끼손가락과 약손가락 및 가운뎃손가락을 완전히 아래로 접어서 나타냈다.

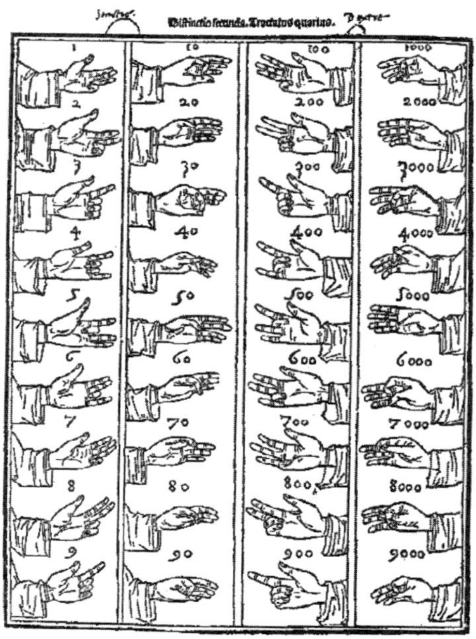

파촐리의 《전서》에 있는 손가락 수[7]

이런 사실을 알면, 앨퀸[8]이 제시했다고 종종 인용되는 다음과 같은 9세기의 수수께끼를 설명할 수 있다. "나는 자신의 손에 8을 갖고 있는 어떤 사람을 보았다. 그리고 그는 8로부터 7을 빼서 6이 남았다."

[7] D.E. Smith, *History of Mathematics* vol. II, Dover Pub. Inc., 1953. p. 199.

[8] Alcuin(735~804), 영국의 신학자 · 교육가, 샤를마뉴 대제의 교사 · 고문으로 프랑크 왕국의 교육 · 종교 행정 정비

또, 유베날리스[9]에 있는 풍자시에 있는 다음의 문장을 설명할 수 있다. "죽음의 시간을 아주 오래 연장해서 결국 오른손 위의 숫자만큼 산 사람은 참으로 행복하다."

손가락 수의 장점은 언어의 장벽을 극복한다는 것이다. 그러나 말로 표현된 수와 마찬가지로 손가락 수도 오랫동안 보존할 수 없으며 긴 계산을 하는데 부적합하다. 그런데도 간단한 계산을 위한 손가락 셈이 발전했다. 그 중에는 5와 10 사이의 두 수를 곱하는 방법이 있다. (이에 따라 구구 곱셈에서 그런 수들의 곱을 암기하지 않아도 된다.) 예를 들면, 7에 9를 곱하려면, 한쪽 손에서는 2(=7−5)개의 손가락을 펴고 다른 손에서는 4(=9−5)개의 손가락을 편다. 이제, 곱의 십의 자릿수를 구하기 위해서 편 손가락들을 더한다. 즉, 2+4=6을 얻는다. 그리고 일의 자릿수를 구하기 위해서 오므린 손가락들을 곱한다. 즉, 3×1=3을 얻는다. 이로부터 곱 63(=6×10+3)을 얻는다. 이 과정은 아직도 유럽의 일부 농부 사이에서 이용되고 있다. 이 방법으로 정확한 답을 얻을 수 있음을 다음과 같이 밝힐 수 있다.

5와 10 사이의 두 수를 $a+5$와 $b+5$로 나타내자. 여기서 $0 \leqq a,\ b \leqq 5$이다. 그러면 두 수의 곱을 다음과 같이 나타낼 수 있다.

$$\begin{aligned}(a+5)\times(b+5) &= (a+b)\times 5+25+ab\\ &= (a+b)\times 10+25-(a+b)\times 5+ab\\ &= (a+b)\times 10+(5-a)\times(5-b)\end{aligned}$$

따라서 각 수에서 5를 뺀 수의 합을 십의 자릿수로 하고, 각 수와 10의 차를 서로 곱해서 일의 자리로 하면(이때 받아 올림이 있을 수 있다), 두 수의 곱을 얻는다.

[9] Juvenal(60?~140?), 로마의 풍자 시인, 라틴 이름은 Decimus Junius Juvenalis

교황 실베스테르 2세 Pope Sylvester Ⅱ

945?~1003

암흑 시대에도 수학 발전에 공헌한 사람이 있었다. 그 중에서 가장 뛰어난 사람은, 프랑스의 유명한 학자로서 수학자이며 성직자로 나중에 교황 실베스테르 2세가 된 제르베르 도리야크Gerbert d' Aurillac일 것이다.

제르베르 도리야크는 프랑스 오베르뉴의 오리아크 또는 그 근교에서 태어났다. 가난했지만 일찍부터 비범한 재능을 보인 그는 오리아크에 있는 베네딕트 수도원에 들어갔고, 신학과 함께 그리스어와 라틴어도 배웠다. 기독교와 이슬람교 세력이 대치하던 에스파냐 국경 지대인 카탈루냐에서 잘 보존된 고대의 지식과 아랍의 지식을 967년부터 3년 동안 습득했다.

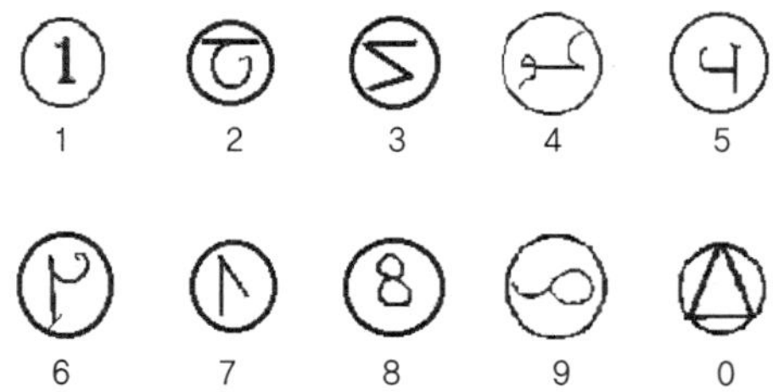

제르베르 도리야크 시대의 인도 · 아라비아 숫자

그 뒤 제르베르 도리야크는 유럽에서 주요한 학자와 성직자로 활동했는데, 영을 제외한 인도 · 아라비아 숫자를 유럽에 전달했을 것이라는 증거도 있다.

악마의 영혼

제르베르 도리야크는 손재주가 대단히 뛰어났는데, 산반, 지구의, 천구의, 아스트롤라베❶, 추시계, 풍금 등을 만들었다. 이와 함께 다양한 분야에 대한 새롭고 놀라운 지식을 매우 많이 갖고 있었기 때문에, 사람들은 그가 마력과 같은 불가사의한 방법으로 지식을 획득했고 악마의 영혼을 가졌을 것이라 의심하기도 했다. 그래서 그가 하늘을 날 수 있고, 수학 문제의 답을 말로 알려주는 거대한 두상을 가지고 있으며, 부인이 요술쟁이라는 황당한 이야기가 생기기도 했다.

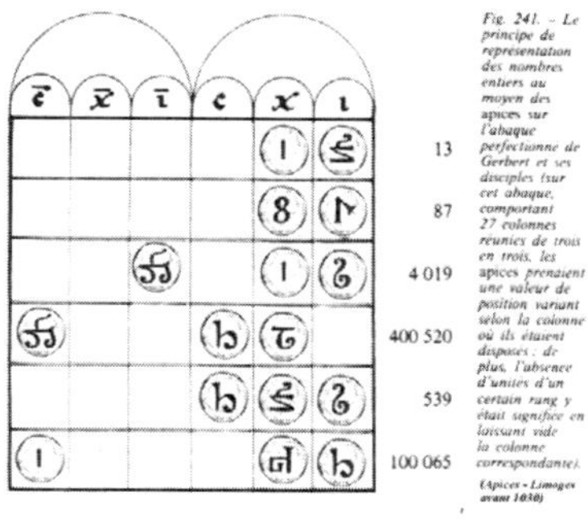

산반

아스트롤라베

이런 풍문에도 불구하고, 제르베르 도리야크는 교회에서 지위가 꾸준히 올라갔고, 마침내 999년에 교황이 되었다. 그리고 교회를 성공적으로 지도해서 불길한 해인 1000년을 무사히 보냈다.

도리야크에 대한 전설적인 이야기가 많은데, 그 중에는 그가 예루살렘에서 죽을 것이라고 예언한 어떤 말하는 석상에 관한 이야기도 있다. 그 예언은 그가 로마에 있는 예루살렘 교회에서 죽음으로써 실현됐다. 오늘날에도 교황이 죽으면 그의 무덤이 눈물을 흘리며 애통해 한다는 말도 있다.

❶ astrolabe, 태양과 별의 고도를 재거나, 천문학과 항해에 관한 문제를 푸는 데 사용하는 천체 관측의

랭스Reims 대성당

수수께끼

제르베르 도리야크에 관한 다음과 같은 수수께끼가 있다.

제르베르 도리야크는 R에서 R로 올라갔고, 다음에 R에서 교황의 정상에 도달했다.[2]

[답: 제르베르 도리야크는 991년 Reims의 대주교로 임명받았고, 998년 Ravenna의 대주교로 승진했다. 999년에는 Roma에서 교황 실베스테르 2세가 됐다.]

[2] Scandit ab R Gerbertius in R, post Papa viget R.

헤르만 Hermann of Reichenau

1013~1054

헤르만은 독일 슈바벤 지방의 백작 볼베라드Wolverad의 아들로 태어났다. 1020년 라이헤나우에 있는 수도원 학교에서 교육을 받았고 1043년에 베네딕트 수도원의 수도사가 됐으며 나중에 수도원장이 됐다. 수학을 가르쳤으며, 많은 제자를 두었다. 아라비아의 수학과 천문학 및 과학 도구를 유럽에 전달하는 데 중요한 역할을 했으며, 또한 천측구, 주판, 숫자 놀이에 관한 뛰어난 책들을 저술했다.

절름발이 헤르만누스

헤르만은 태어날 때 또는 어렸을 때 온몸이 마비됐다. 입술을 거의 움직이지 못했고 불구가 된 손을 사용할 수도 없었으며 비틀린 다리를 움직일 수도 없었다. 그렇지만 이 불행한 소년은 나중에 유명한 천문학자, 수학자, 시계 제작자, 훌륭한 악기 제조자가 됐다. 그는 고통스러울 정도로 오그라든 다리 때문에 '절름발이 헤르만Hermannus Contractus' 이라는 별명을 얻었다.

번역가의 세기

에스파냐 전체의 황제를 자처한 알폰소 6세[1]의 지휘 아래 기독교도들은 오랜 포위 공격 끝에 1085년 무어인(모로코에 사는 회교도)의 톨레도(에스파냐 중앙 타구스 강변의 도시)를 빼앗았다. 그 뒤, 기독교 학자들은 이슬람교도의 지식을 얻기 위해 이 도시로 몰려들었다. 물론 에스파냐에 있던 무어인들의 다른 도시에도 몰려들었다. 12세기는 수학사에서 번역가의 세기였다.

알폰소 6세

이슬람교도의 지식을 얻고자 노력한 초기 기독교 학자 중에는 아델라드[2]라는 잉글랜드 수도사가 있었다. 그는 에스파냐에서 공부했고 그리스, 시리아, 이집트 등을 여행했는데, 유클리드의 《원론》과 알콰리즈미의 천문학 수표들을 라틴어로 번역하는 공적을 세웠다. 철저하게 보호받고 있던 아라비아의 지식을 확보하기 위해서 신변의 위험을 감수해야 했는데, 이슬람교도로 가장하기도 했으며 소름 끼치는 상황도 여러 번 겪었다고 한다.

❶ Alfonso Ⅵ(1040~1109), 중세 후기 에스파냐 서북부에 있던 기독교 국가인 레온(914~1230) 왕국과 또 다른 기독교 국가인 카스티야 왕국의 왕(재위 1065~1109)

❷ Adelard of Bath(1075~1160), 영국왕 헨리 2세(1133~89, 재위 1154~89)의 교사가 됐다.

초기의 또 다른 번역자 중에는 이탈리아의 플라토❸가 있는데, 그는 알바타니❹의 천문학과 테오도시우스❺의 《구면 기하학Spherics》 및 다른 여러 가지 책을 번역했다.

이 시기에 가장 부지런한 번역자는 단연 크레모나의 제라르도❻였다. 그는 90권이 넘는 아라비아 문헌을 라틴어로 번역했는데, 프톨레마이오스의 《알마게스트》, 유클리드의 《원론》, 알콰리즈미의 《대수학》 등이 이에 포함된다. 인도 수학자 아리아바타에서 지적한 대로, 제라르도는 현재 우리가 사용하고 있는 용어 '사인' 의 도입과도 관계가 있다.

▣ 시칠리아의 노르망디 왕국

시칠리아는 지정학적 위치와 역사 때문에, 동양과 서양의 자연스러운 만남의 장소가 됐다. 시칠리아는 그리스의 식민지였는데, 로마 제국에 복속되었다가, 로마가 멸망한 뒤에는 콘스탄티노플과 제휴했고, 9세기의 약 50년 동안은 아랍에 점령당했었다. 그 뒤에는 다시 그리스, 다음에는 노르망디 공국❼에 점령당했다.

노르망디의 통치 기간에는 그리스어, 아랍어, 라틴어가 모두 동시에 사용됐고, 이곳의 외교관들은 콘스탄티노플과 바그다드를 자주 방문했다. 이런 배경 때문에 노르망디는 그리스와 아라비아의 과학과 수학에 관한 많은 문헌

❸ Plato of Tivoli(1120년경)

❹ al-Battani(850?~929), 아라비아의 천문학자

❺ Theodosius(기원전 160?~100?), 천문학에 대한 수학적 근거를 제시하기 위해 《구면 기하학》을 썼다.

❻ Gherardo of Cremona(1114~1187), 《알마게스트》를 읽기 위해 톨레도에 들어가서 아랍 말을 배웠다.

❼ Normandie dukedom, 중세 프랑스 공국의 하나. 프랑스 왕 샤를 3세가 911년에 노르만의 수장 롤로(Rollo, 860~932)에게 센강 하류 유역의 땅을 나누어주고, 그를 노르망디공에 봉했다. 노르만인이 이곳으로 이주해서 영지를 넓히고 실질적인 독립국이 됐다. 그 뒤 윌리엄(1027?~1087, 노르망디공 재위 1035~87)은 영국을 정복하여 영국왕(정복왕, 재위 1066~87)이 되어 노르만 왕조(1066~1154)를 열었다.

을 확보할 수 있었고, 라틴어 번역 작업도 활발했다. 이곳의 통치자이자 학문의 후원자였던 프레데릭 2세와 그의 아들 만프레드[8]는 이런 연구를 적극적으로 장려했다.

이탈리아의 상업 중심지

제노아, 피사, 베네치아, 밀라노, 피렌체 등 이탈리아의 상업 중심지는 아라비아 세계와 상업적인 관계를 처음으로 맺었던 도시에 속한다. 이탈리아의 상인들은 동방 문명과 쉽게 그리고 자주 접했고, 유용한 산술과 대수적 지식을 획득했다. 이런 상인들은 인도 · 아라비아 수 체계를 보급하는 데 중요한 역할을 했다.

[8] Frederick II(1194~1250), Manfred(1231?~1266)

피보나치 Leonardo Fibonacci

1180?~1250?

중세의 가장 재능 있는 수학자인 피사의 레오나르도Leonardo Pisano는 당시 상업의 중심지였던 피사에서 태어났다. 통상 피보나치('보나치'의 아들을 뜻함)라는 별명으로 불렸다. 그의 아버지는 피사 공화국의 상인들을 대표하는외교적인 업무에 종사했으며, 지중해의 여러 도시에서 근무했다. 이에 어린 피보나치는 아프리카 북부 해안의 부지아[❶]에서 교육을 받으며 자랐다. 아버지의 직업 덕분에 소년은 아주 어릴 때부터 산술에 흥미를 가졌고, 이집트, 시칠리아, 그리스, 시리아 등을 널리 여행하면서 동양과 아라비아의 수학을 접할 수 있었다.

《산반의 책》

피보나치는 인도·아라비아 수 체계와 연산 방법이 실용적으로 우월함을 완전히 확신했다. 이에 귀향하고 얼마 지나지 않았던 1202년 유명한 책《산반[❷]의 책Liber abaci》을 써서 출판했다.

《산반의 책》 초판은 현존하지 않지만, 1228년에 발간된 제2판이 현재까지 전해지고 있다. 이 책은 산술과 초등 대수학을 다루고 있으며, 근본적으로

❶ Bugia, 나중에 Bougie로, 현재는 Bejaia로 불리고 있다.

❷ 算盤, 주판(籌板, 珠板), 수판(數板)

독창적인 연구지만 알콰리즈미[3]와 아부 카밀[4]의 영향을 받았음을 보여준다. 이 책은 인도 · 아라비아 표기법과 이에 수반된 알고리즘들을 강력하게 옹호하고 풍부한 예를 제시했는데, 인도 · 아라비아 수 체계를 유럽에 도입하는 데 크게 기여했다.

피보나치 수열

《산반의 책》은 아주 많은 문제를 포함하고 있었기 때문에, 나중에 수세기 동안 저술가들에게 귀중한 참고 자료가 됐다. 특히, 이 책에 실린 다음 문제는 그 뒤 엄청난 영향을 끼쳤다.

> 한 쌍의 토끼가 매달 한 쌍의 토끼를 낳고 새로운 토끼 쌍은 두 번째 달부터 한 쌍의 새끼를 매달 낳는다면, 한 쌍의 토끼는 일년 뒤에 몇 쌍의 토끼로 불어나겠는가?

어렵지 않게, 각 달의 토끼 쌍의 수가 다음과 같은 흥미로운 수열이 된다는 사실을 밝힐 수 있다.

$$1, 1, 2, 3, 5, \cdots, x, y, x+y, \cdots$$

처음 두 항은 1이고 그 뒤의 항은 바로 직전 두 항의 합과 같은 이 수열을 '피보나치 수열'이라고 부른다. 이 수열은 예상하지 못한 곳에서 놀랄 만큼 많이 나타난다. 또 이것은 (하나의 정사각형을 서로 같지 않은 정사각형들로 분할하는

---

[3] Mohammed ibn Musa al-Khowarizmi(790?~850?), 825년경 인도 수 체계를 소개하는 대수학 책을 저술했다.

[4] Abu Kamil(850?~930?), 방정식의 정수 해와 사차 방정식의 해 및 계수가 무리수인 이차 방정식의 해를 구했다.

문제와 같은) 분할 수수께끼, 그림, 벌의 번식, 잎차례 등에 적용되며, 수학의 여러 분야에서 놀랍게 나타난다.

예로서 해바라기 씨를 생각해보자. 오른쪽 그림에 나타낸 대로, 해바라기 씨는 중심으로부터 밖으로 뻗어나가는 소용돌이선(라선)들의 호로 갇힌 다이아몬드 꼴의 주머니 속에 있다. 신기하게도, 시계 방향의 소용돌이선의 개수를 센 다음에 시계 반대 방향의 소용돌이선의 개수를 세면, 이 두 수가 피보나치 수열에서 연속한 항임을 알 수 있다. 사실, 이것은 모든 국화 꽃(예를 들면 데이지 또는 별꽃)의 씨에 대해서도 똑같이 발견된다. 신기하게도 바로 이 소용돌이선은 로그 소용돌이선이다.

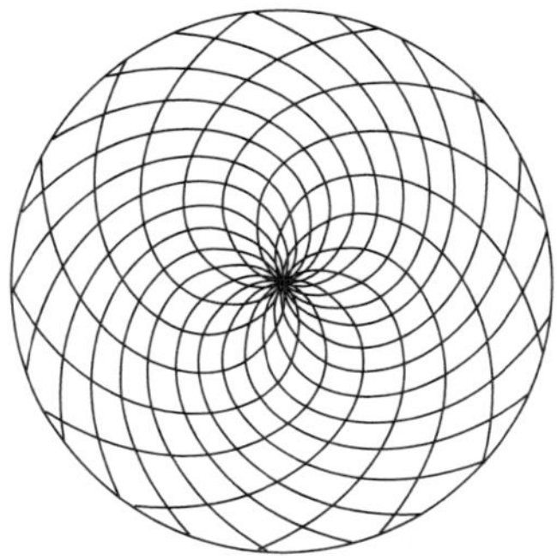

피보나치 수열과 황금비

피보나치 수열에서 연속한 항들의 비를 택하면 다음 수열을 얻는다.

$$\frac{1}{1}, \frac{1}{2}, \frac{2}{3}, \frac{3}{5}, \frac{5}{8}, \frac{8}{13}, \cdots$$

이 수열이 다음 극한에 수렴함을 수학적으로 밝힐 수 있다.

$$r = \frac{\sqrt{5}-1}{2}$$

이것이 [또는 이것의 역수가] 바로 유명한 '황금비' 인데, 2000여 년 전 그리스 사람들을 흥미롭게 만든 비이다. 그리스 사람들은 선분 AC를 그 위의 점 B로 $\frac{\overline{AB}}{\overline{BC}} = \frac{\overline{BC}}{\overline{AC}}$가 되도록 분할할 때, 선분 AC는 점 B에 의해 황금비로 분할된다고 말했다. 이 경우에 비 $\frac{\overline{AB}}{\overline{BC}}$와 $\frac{\overline{BC}}{\overline{AC}}$는 각각 r과 같다.

대부분 사람의 눈에 가장 좋게 보이는 직사각형은 길이에 대한 폭의 비가 황금비 r일 때라는 심리학적인 실험 결과가 있다. '황금 직사각형'이라 부르는 이 직사각형은 '역학적 대칭dynamic symmetry'으로 알려진 미술 기법에서 매우 중요하다. 황금비와 황금 직사각형은 그리스의 건축과 도기에서 볼 수 있으며, 조각, 그림, 건축 설계, 가구 도안, 조판 등에 응용되어 왔다. 미국의 유명한 미술가 벨로스[5]와 같은 사람을 포함해서 수많은 미술가는 역학적 대칭의 원리를 광범위하게 사용했다.

피보나치 수열의 수학적 응용

피보나치 수열은 수학의 다른 분야에서 예상하지 못한 상황에 활용되기도 한다. 예를 들면, 주어진 두 자연수의 최대 공약수를 찾는 '호제법' 또는 '유클리드 알고리즘'이라 부르는 계산 과정이 있다. 이 과정에서는 일련의 나눗셈이 요구되는데, 나눗셈의 횟수는 주어진 두 수의 크기에 비해 비교적 작다. 나눗셈 횟수의 한계를 미리 알 수 있는지에 대한 자연스러운 문제를 제기할 수 있다. 이에 대한 답은 다음과 같은 라메[6]의 간결한 정리로 주어진다. "두 자연수의 최대 공약수를 찾는 데 필요한 나눗셈 횟수는 둘 중 작은 수의 자릿수의 다섯 배보다 결코 클 수 없다." 그런데 이 정리의 증명은, 다른 많은 것 중에서도, 피보나치 수열의 성질 몇 가지를 사용하고 있다!

곳곳에 나타나는 피보나치 수열과 이의 많은 성질에 대한 문헌이 믿을 수

[5] George Wesley Bellows(1882~1925), 미국의 화가 · 석판화가

[6] Gabriel Lamé(1795~1870), 프랑스의 수학자로 미분 방정식과 수론을 연구했으며, 페르마의 마지막 정리에서 n=7인 경우를 증명했다.

없을 정도로 많이 있으며, 점점 더 증가하고 있다. 삼각형에 대한 기하학적 연구와 같이 이 연구는 끝이 없을 것으로 보인다. 실제로, 1963년 호갓[7]을 우두머리로 한 일단의 피보나치 수열광들은 피보나치 협회Fibonacci Association를 창설했고, 피보나치 수열 및 이와 관련된 수열만을 주로 다루는 정기 간행물 《피보나치 계간지The Fibonacci Quarterly》를 출판하기 시작했다. 이 잡지를 통해 처음 3년 동안 1000쪽에 달하는 논문을 출판했으며, 1968년에는 협회에 제출된 밀린 원고를 소화하기 위해 세 권의 책을 추가로 간행했다. 이 열광적인 활동은 줄지 않고 현재까지 계속되고 있다.[8]

피보나치 유머

엘레베이터에 다음과 같은 안내문이 게시됐다. "8층 단추가 고장났음. 5와 3을 동시에 누를 것."

수학 시합

시칠리아 노르망디 왕국의 통치자 프레데릭 2세는 적극적으로 학문을 후원했다. 그는 피보나치의 수학 재능에 흥미를 가졌는데, 피보나치를 궁정에서 열린 어떤 수학 시합에 참여해달라고 초청했다. 군주의 수행원 중 팔레르모의 존John of Palermo이 문제를 세 개 출제했다. 피보나치는 그 문제들을 모두 풀었고, 사람들은 그의 재능에 상당한 경의를 표했다.

[7] Verner Hoggatt, Jr.(1921~1981), 미국의 수학자

[8] 자세한 내용은 피보나치 협회 홈페이지 <http://www.mscs.dal.ca/Fibonacci/>와 《피보나치 계간지》 홈페이지 <http://www.engineering.sdstate.edu/~fib/>를 참조하라.

첫째 문제는 x^2+5와 x^2-5가 모두 어떤 유리수들의 제곱이 되게 하는 유리수 x를 찾는 것이었다. 피보나치는 답으로 $x=\frac{41}{12}$을 제시했다.(이를 대입하면 $\left(\frac{41}{12}\right)^2+5=\left(\frac{49}{12}\right)^2$이고 $\left(\frac{41}{12}\right)^2-5=\left(\frac{31}{12}\right)^2$으로 정확한 답이다.)

둘째 문제는 다음 삼차 방정식의 해를 찾는 것이었다.

$$x^3+2x^2+10x=20$$

피보나치는 이 방정식의 어떠한 해도 $\sqrt{a+\sqrt{b}}$꼴의 무리수가 아님을, 즉 자와 컴퍼스로 작도할 수 없음을 증명했다. 그리고 근사 해를 얻었는데, 소수로 나타내면 다음과 같다.

$$1.3688081075$$

소수점 아래 아홉째 자리까지 정확한 해를 구한 그의 재능에 놀라지 않을 수 없다.

셋째 문제는 세 문제 중 가장 쉬운 것으로 다음과 같다.

> 세 명이 한 더미의 돈을 가지고 있다. 그들의 몫은 각각 $\frac{1}{2}$, $\frac{1}{3}$, $\frac{1}{6}$이다. 각자는 돈 더미에 아무것도 남는 것이 없을 때까지 약간씩 가져가기로 한다. 다음에 첫째 사람은 자신이 가져간 돈 중 $\frac{1}{2}$, 둘째 사람은 자신이 가져간 돈 중 $\frac{1}{3}$, 셋째 사람은 자신이 가져간 돈 중 $\frac{1}{6}$을 되돌려놓는다. 이렇게 되돌아온 돈을 이번에는 세 사람이 똑같이 나누어 가지면, 각자에게 원래 할당된 몫을 갖게 된다. 원래의 돈 더미에는 얼마의 돈이 있었으며 각자는 처음에 얼마씩 가져갔는가?

다음은 근본적으로 피보나치의 풀이 방법과 같다. s를 원래의 돈 전체라 하고, $3x$를 되돌아온 돈 전체라고 하자. 되돌아온 돈을 각자가 똑같이 나누기 전에는 각자 $\frac{s}{2}-x$, $\frac{s}{3}-x$, $\frac{s}{6}-x$ 씩 갖고 있었다. 이것은 각자가 처음에 가져간 돈을 각각 $\frac{1}{2}$, $\frac{1}{3}$, $\frac{1}{6}$ 씩 되돌려놓은 뒤에 남은 돈이므로, 각자가 처음에 가져간 돈의 액수는 각각 $2\left(\frac{s}{2}-x\right)$, $\frac{3}{2}\left(\frac{s}{3}-x\right)$, $\frac{6}{5}\left(\frac{s}{6}-x\right)$이고 이를 더하면 s이다. 따라서 $7s=47x$이므로 원래의 문제는 부정 방정식의 풀이가 된다. 피보나치는 $s=47$과 $x=7$을 택했다. 그러면 각자가 원래의 돈 더미에서 가져간 돈은 각각 33, 13, 1이다.

손가락 셈

효율적인 위치 기수법과 간편한 계산 알고리즘을 가진 인도 · 아라비아 수 체계의 열렬한 지지자였던 피보나치도 손가락 셈의 보존을 강력히 지지했다는 사실은 흥미롭다. 그는 손가락 셈에서 일시적으로 기억해 두거나, 나눗셈과 같이 좀더 긴 계산에서 부분적인 결과들을 일시적으로 보존하는 훌륭한 방법을 발견했다.

얼간이

피보나치는 자신의 글에 'Leonardo Bigollo' 라고 서명하기도 했다. 그런데 'bigollo' 에는 '여행자' 와 '얼간이' 라는 두 가지 뜻이 있다. 실제로 피보나치는 대단한 여행자였다고 한다. 그러나 전하는 이야기에 따르면, 많은 사람이 그가 새로운 수 체계에 관심을 가졌기 때문에 그를 얼간이로 간주했고, 그는 얼간이도 무엇인가를 성취할 수 있다는 것을 비판자들에게 보여주기 위해 이렇게 서명하기를 즐겼다고 한다.

필산파와 산반파

간편한 계산 알고리즘을 가진 인도 · 아라비아 수 체계의 옹호자를 '필산파algorist' 라고 부른다. 그리고 로마 수 체계와 산반을 이용한 계산의 옹호자를 '산반파abacist' 라고 부른다. 필산파와 산반파 사이의 싸움은 매우 길고 때로는 격렬했다. 이 싸움에서, 산반파는 지나치게 보수적이며 변화를 두려워한다는 비판을 받았다. 물론, 새로운 숫자에 대한 불안감이 널리 퍼져 있었다. 숫자의 형태가 친숙하지 않았으며 표준화되어 있지도 않았고, 특히 0이라는 숫자는 혼동을 주었으며, 새로운 수 체계를 적절하게 사용하기 위해서는 참을성 있게 배워야하는 내용이 많았다.

그렇지만 산반파는 훨씬 더 강력하고 매우 그럴듯한 이유로 새로운 수 체계를 반대했다. 그것은 새로운 숫자를 너무 쉽게 수정할 수 있다는 점이었다. 0을 6 또는 9로, 1을 4, 6, 7, 9로 쉽게 바꿀 수 있다. 다른 숫자도 또한 쉽게 바꿀 수 있으며, 이미 쓰여진 숫자의 중간이나 끝에 다른 숫자를 끼워 넣을 수도 있다. 그렇지만 로마 수 체계로 표현된 수를 바꾸기는 어렵다. 특히, 숫자들을 붙여쓰고 I로 끝나는 수는 J로 대체하며 마지막 숫자 다음에 짧은 수평선을 긋는 전통을 따른다면, 로마 수 체계에 따라서 쓰여진 수를 바꾸기는 매우 어렵다. 피렌체 시의회가 1299년 금융 거래에 새로운 숫자들을 사용하면 벌금형을 과하기로 법령을 제정한 것은 이런 위조를 방지하기 위해서였다.

필산파와 산반파[9]

⑨ Carl B. Boyer, *A History of Mathematics*, Princeton Univ. Press, 1985, p.279.

오렘 Nicole Oresme

1323~1382

오렘은 프랑스 노르망디의 알레마뉴Allemagne에서 태어났다. 1348년에 파리의 나바르Navarre 대학에 입학했고, 1355년에 신학 석사 학위를 받았다. 다음 해에 그 대학의 학장이 됐다. 1362년에는 루앙Rouen 대성당의 참사회원이 됐고, 다음 해에는 파리 생트-샤펠Sainte-Chapelle의 참사회원을 겸했다. 1364년에 루앙 대성당의 참사회장이 됐고, 1377년에는 리지외Lisieux의 주교가 됐다.

오렘은 모두 다섯 권의 수학 책을 저술했고, 아리스토텔레스의 몇 작품을 번역했다. 분수 지수를 처음 사용했고, 조화 급수가 발산한다는 사실도 처음으로 증명했다. 지구가 고정되어 있다는 아리스토텔레스의 주장에 반대해서 코페르니쿠스[1]보다 200년 앞서 지구가 공전한다고 말하기도 했지만, 나중에 이를 철회했다.

왕의 친구

오렘은 나바르 대학의 학장으로 있을 때, 나중에 샤를 5세[2]가 된 왕자 샤를과 사귀었다. 그 우정은 평생 동안 유지됐는데, 샤를이 1364년에 왕위에 오르자, 오렘은 왕의 전속 사제와 고문관이 됐다. 1370년부터 주로 파리에 거주

❶ Nicolaus Copernicus(1473~1543), 폴란드의 천문학자로 지동설 주장
❷ Charles V(1337~1380), 프랑스 왕(재위 1364~80)

하면서 오렘은 왕의 재정적인 문제에 대해 조언했으며, 아리스토텔레스의 책 《윤리학》, 《정치학》, 《천체론》을 프랑스어로 번역했다. 이 번역 작업은 매우 중요한데, 프랑스어에 새로운 전문 용어를 많이 도입했기 때문이다. 이 연구에 대한 보상으로 샤를 5세는 오렘을 주교로 임명했다.

샤를 5세는 오렘과 같은 학자와의 만남을 즐겼던 지적이고 종교적인 사람으로 '현명왕' 이라는 별명을 얻었다.

▣ 해석 기하학의 발견자?

해석 기하학의 발견자와 발견 시기에 대해 수학사학자들 사이에 일치된 견해는 없다. 이런 견해 차이는 상당 부분 해석 기하학의 구성 요소에 대한 합의 부족으로부터 나온다. 어떤 사람들은 분명히 오렘이 해석 기하학을 발견했다고 주장한다. 한 책에서 오렘은 작은 변화만이 허락된 독립 변수에 대응하는 종속 변수를 그래프로 나타내어 어떤 법칙을 제시했는데, 이를 해석 기하학의 한 면을 예감한 것으로 볼 수 있다.

해석 기하학의 발견자로 오렘을 지지하는 사람들은 그의 연구에서 찾아볼 수 있는 직선의 방정식에 대한 최초의 명확한 도입 및 이차원 공간에서 삼차원으로 그리고 사차원 공간으로의 확장에 대한 몇 가지 개념을 최초로 도입한 것과 같은 업적을 꼽는다.

오렘의 책은 처음 출간되고 한 세기가 지나서도 여러 번 다시 인쇄됐으며, 이런 식으로 후세 수학자들에게 영향을 주었을 것이다.

르네상스

15~16세기

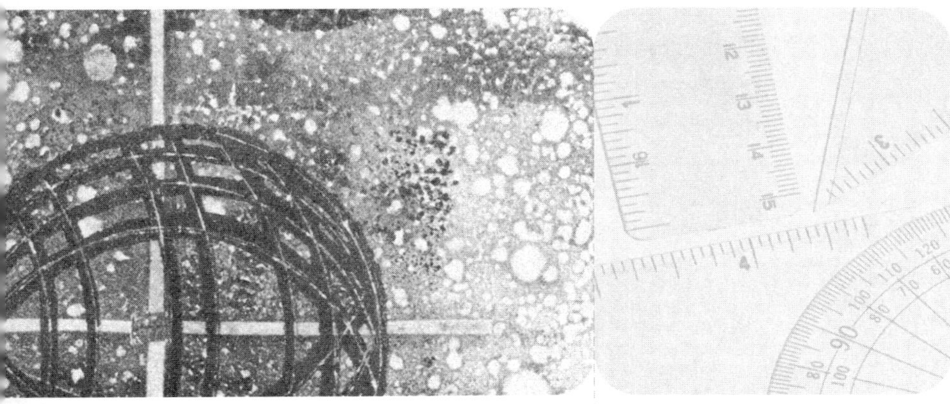

주요 인물

레기오몬타누스
파촐리(레오나르도 다 빈치)
비트만
슈티펠
리제
타르탈리아와 카르다노
레코드
레티쿠스
비에트
스테빈

르네상스의 수학

15세기는 학문과 예술에서 유럽의 르네상스가 시작된 시기였다. 1453년 콘스탄티노플이 터키에 함락되어 비잔틴 제국이 멸망한 뒤, 많은 난민이 그리스 문명의 진수를 갖고 이탈리아로 갔다. 당시까지 종종 부적절한 아라비아 번역물만으로 알려졌던 그리스의 많은 고전을 이제는 원전을 통해 연구할 수 있게 된 것이다. 또한 15세기 중반 구텐베르크Johannes Gutenberg가 인쇄술을 발명했는데, 이는 서적의 출판과 거래를 혁신시켰고 예측할 수 없을 정도로 빠르게 지식을 보급시켰다. 15세기 말 아메리카 대륙이 발견됐으며, 곧 지구를 일주하게 됐다. 상업, 항해, 천문학, 측량술 등과 같은 실용 학문의 영향으로 산술, 대수학, 삼각법 등의 수학 분야가 각광을 받았다. 수학 활동은 주로 이탈리아의 도시들과 뉘른베르크, 빈, 프라하 등 중부 유럽의 도시를 중심으로 이루어졌다.

16세기에도 산술과 대수학이 계속해서 발달했는데, 이 세기의 가장 뛰어난 수학적 업적은 이탈리아 수학자들이 삼차와 사차 방정식의 대수적 해법을 발견한 것이었다. 그리고 대수학은 축약된 단계에서 상징적 단계로 이전하기 시작했다.

레기오몬타누스 Regiomontanus

1436~1476

레기오몬타누스는 15세기에 가장 유능하고 영향력이 컸던 수학자인데, 본명은 뮬러Johann Muller이다. 그러나 탄생지 쾨니히스베르크Konigsberg(= '왕의 산')를 라틴어로 표현한 '레기오몬타누스'로 더 널리 알려졌다.

레기오몬타누스는 제분업자의 아들로 태어났는데, 어린 나이에 수학과 천문학의 신동으로 이름을 날렸다. 11세 때 라이프치히 대학에 들어가 논리학을 공부했고, 14세인 1450년에 빈 대학으로 가서 게오르크 포이어바흐[❶]의 지도를 받고 2년 뒤에 학사 학위를 취득했다. 21세가 되어야 석사 학위를 취득할 수 있다는 대학 규정 때문에 1457년에야 석사가 됐다. 1461년 스승의 천문학 교수직을 이어받았고 스승이 시작한 《알마게스트》의 번역을 완성시키는 임무도 맡았다. 아르키메데스[❷], 아폴로니오스[❸], 헤론[❹]의 그리스 책도 또한 번역했다. 그의 가장 뛰어난 수학 업적으로는 1464년에 썼지만 그가 죽은 뒤인 1533년에 출판된 책 《삼각법의 모든 것De triangulis omnimodis》을 꼽는데,

❶ Georg Peuerbach(1423~1461), 오스트리아의 천문학자로 빈 대학에서 공부하고 모교의 천문학 교수가 됐다. 제자 레기오몬타누스가 그의 유고 《일월식표》와 《행성의 새 이론》을 간행했다.

❷ Archimedes(기원전 287~212), 그리스의 수학자로 원주율을 구하는 일반적인 방법, 도형의 넓이와 부피를 구하는 구적법, 부력의 법칙 등을 발견 · 연구했다.

❸ Apollonius(기원전 262?~190?), 그리스 수학자로 《원뿔 곡선론》 저술

❹ Heron of Alexandria(10?~75?), 그리스의 과학자 · 수학자로 평면 도형과 공간 도형의 넓이와 부피를 연구한 《측정론》 저술

평면 기하학과 구면 기하학을 천문학과 독립적으로 고려한 최초의 체계적인 유럽 해설판으로 평가받는다.

기계 제작자

레기오몬타누스는 이탈리아와 독일을 자주 여행했으며, 마지막으로 1471년에 뉘른베르크에 정착했다. 그는 이곳에 천문대를 세우고 인쇄기를 설치했다. 그렇지만 그가 유명해진 것은 신성 로마 제국 황제 막시밀리안 1세[5]가 뉘른베르크에 입성할 때 날개를 펄럭이며 맞이하도록 고안한 기계 독수리 때문이었다. 이 기계 독수리는 상당히 정교해서 당시 불가사의의 하나로 간주됐다.

1475년 레기오몬타누스는 교황 식스투스 4세[6]의 초청으로 로마에 가서 달력을 개정하는 작업에 참여했다. 그런데 로마에 도착한 뒤 곧, 겨우 40세의 나이로 갑자기 죽었다. 그의 죽음은 약간의 신비 속에 싸여 있다. 그가 흑사병으로 죽었을 것이라고 대부분 생각하고 있지만, 적에 의해 독살 당했을 것이라는 풍문도 있었다.

기계를 제작한 수학자

레기오몬타누스와 같이 유명한 수학자 중에는 다양한 기계 장치를 발명하거나 제작함으로써 부수적인 명성을 얻었다. 아르키메데스는 스크루 펌프와 로마에 대항해서 시라쿠사를 방어하기 위한 무기들을 고안했다는 사실을 기억할 것이다. 그리고 수학과 물리학에 박식했던 헤론은 사이펀, 증기 기관, 물을 퍼 올리기 위한 소방 펌프, 사원의 문이 열리자마자 기계적으로 불을 밝

[5] Maximilian I(1459~1519), 신성 로마 제국 황제(재위 1486~1519)

[6] Sixtus IV(1414~1484), 이탈리아의 성직자 · 로마 교황(재위 1471~84)

히는 제단 등불, 풍금, 포도주를 따르는 로봇, 기괴한 종류의 많은 성질을 가진 거울 등 약 100여 가지의 기계와 장난감을 설계했다. 교황 실베스테르 2세가 된 제르베르 도리야크도 주판, 천구의, 지구의, 시계, 오르간 등을 제작했다. 소수를 연구한 스테빈은 돛을 단 4륜차를 만들어 당대 사람들을 경악하게 했다. 로그의 발견자 네이피어는 당대의 공상 과학자였으며, 적어도 글을 통해 현대적인 기관총, 탱크, 잠수함 등을 예견했다. 갈릴레오는 망원경을 만들었고, 최초의 현대적인 현미경을 발명했으며, 한때 매우 인기 있었던 분할 컴퍼스를 설계했다. 대수학자 오트레드는 원형 계산자와 직선 계산자를 발명했다. 파스칼은 세계 최초의 덧셈 기계를 제작했으며, 바퀴가 하나 달린 손수레를 발명했다. 네덜란드의 위대한 천재 호이겐스[7]는 추시계와 회중시계를 만들었다 뉴턴은 어린 시절에 발명의 재능이 매우 뛰어났었는데, 여러 가지 중에서도 제등을 지닌 연, 쥐가 움직이는 작은 제분기, 친구들을 위한 장난감 등을 제작했다. 라이프니츠는 곱셈을 할 수 있는 계산기를 발명했다.

호이겐스를 기리는 우표와 지폐

[7] Cristiaan Huygens(1629~1695), 네덜란드 수학자 · 물리학자 · 천문학자

파촐리 Luca Pacioli

1445~1517

파촐리는 이탈리아의 작은 상업 도시 산세폴크로Sancepolcro에서 태어났다. 이곳은 중부 지역의 도시 페루자Perugia로부터 북쪽으로 약 60km 떨어져 있다. 어린 시절에 관해 알려진 바가 거의 없는 파촐리는 젊은 시절 베네치아로 가서 한 부유한 상인의 업무를 도왔고 그의 세 아들을 가르치면서 부라가디노Domenico Bragadino로부터 고등 수학을 배웠다. 1470년에 로마로 가서 몇 년 동안 신학을 공부하고 프란체스코 수도사가 됐다.

파촐리는 1477년부터 페루자, 자라❶, 다시 페루자, 나폴리, 로마의 대학을 옮겨다니면서 수학을 가르쳤는데, 주로 산술을 가르쳤다. 1489년에 고향으로 돌아갔으며, 이때 간략하게 《전서》로 부르는 책 《산술, 기하, 비 및 비례 전서》❷를 저술했다. 이 책은 1494년에 베네치아에서 출판됐다. 이탈리아어로 씌어지고 600쪽에 달하는 이 책은 당시의 표준적인 수학을 모두 다루었다. 《전서》는 독창적인 내용을 포함하고 있지 않지만 매우 훌륭한 표기법을 사용했으며, 그 뒤 곧 유럽 수학의 발전에 주요한 토대를 제공했다.

파촐리는 1496년경부터 밀라노공의 궁전에서 수학을 가르쳤고, 1500년부터 1506년까지 [1494년에 피렌체로 이주한] 피사 대학에서 기하학을 가르

❶ Zara, 당시 베네치아 공화국에 속했지만 현재는 크로아티아의 자다르(Zadar, Jadera)다.

❷ *Summa de arithmetica, geometria, proportioni e proportionalità*

쳤다. 이때 볼로냐 대학을 방문해서 수학 교수 페로❸와 함께 연구했다. 두 사람이 삼차 방정식의 대수적 해법에 관해 논의했을 것이라는 추측도 있다. 파촐리는 삼차 방정식을 풀려고 시도했지만 실패했고, 불가능하다고 생각했다.

파촐리는 1509년까지 베네치아에 머물면서 세 권으로 이루어진 책《신성한 비례에 대하여De divina proportione》를 출판했고, 캄파노스가 라틴어로 번역한 유클리드의《원론》에 주석을 붙인 책도 간행했다. 1510년부터 페루자에서, 1514년에는 로마에서 강의했다. 그 뒤 고향으로 돌아가서 죽었다.

▣ 기호 대수학의 서막

15, 16세기의 많은 수학자는, 피보나치와 아라비아 사람들의 관행에 따라 미지의 양을 물건thing을 뜻하는 이탈리아 단어 cosa(독일어로는 coss)로 불렀다. 이것이 바로 대수학자를 cossist, 대수학을 cossic art라 부른 이유다.

15세기 말과 16세기 초 이탈리아의 일부 수학자는 대수학에서 약간의 축약을 시도했다. 즉, 자주 쓰이는 수량, 관계, 연산 등을 속기를 위해 생략해서 나타냈다. 이를테면 파촐리는《전서》에서 덧셈을 ('더 많은'을 뜻하는 piu에서) *p*, 뺄셈은 ('더 적은'을 뜻하는 meno에서) *m*, 미지수 x를 ('물건'을 뜻하는 cosa에서) *co*, x^2을 (censo에서) *ce*, x^3을 (cuba에서) *cu*, x^4을 (censocenso에서) *cece*로 각각 축약시켜 나타냈다. 등호는 종종 (aequalis에서) *ae*로 나타냈다.

그 뒤 이런 표기법은 더욱 발전했다. 1572년에 봄벨리❹는 개선된 대수적 표기법을 포함하고 있는 대수학 책을 출판했다. 예를 들면, 이중 근호

❸ Scipione del Ferro(1465~1526), 1496년에 볼로냐 대학의 산술과 기하학 강사로 임명받고, 그 자리를 평생 동안 지켰다. 삼차 방정식의 대수적 해법 등을 포함한 자신의 연구 결과를 발표하지 않고 극소수의 절친한 친구과 제자에게만 알려주었다. 자신의 연구 결과를 기록한 공책은 사위 한니발 나베(Hannibal Nave)에게 전했다. 나베도 또한 수학자로 페로가 사망한 1526년부터 그의 강사직도 물려받았다. 이 공책은 1543년에 볼로냐를 방문한 카르다노와 페라리가 보게 된다.

$\sqrt{7+\sqrt{14}}$을 파촐리는 *RV 7 p R 14*로 나타냈겠지만(여기서 radix universalis에서 얻은 *RV*는 그 뒤에 있는 모든 것의 제곱근을 취하라는 뜻이다), 봄벨리는 이를 R⌊7 p R 14⌋로 표현했다. 봄벨리는 제곱근과 세제곱근을 각각 *R q*와 *R c*로 구분했다.

다 빈치와의 만남

루도비코 스포르차[5]는 밀라노공公으로 있던 형이 1476년에 살해 당하고 7세의 조카가 밀라노공을 승계하자, 1480년부터 섭정을 맡았고 1494년 조카가 죽자 공작의 직위를 승계했다. 스포르차는 예술가와 학자를 후원했는데, 1482년에 레오나르도 다 빈치[6]를 궁정 화가와 공학자로 초빙했고, 1496년경에는 수학 교육을 위해 파촐리를 초빙했다.

레오나르도 다 빈치

수학에 관심이 매우 컸던 다 빈치가 파촐리의 초빙을 추천했을 가능성도 있다. 두 사람은 곧 절친해졌는데, 파촐리의 책 《신성한 비례에 대하여》에 있는 도형을 다 빈치가 그리기도 했다.

다 빈치는 미술 이외에도 많은 재주가 있었다. 역학에 대해 연구했으며, 기하학 연구에 몰두하기도 했다. 기하학에 몰두해서 그림을 소홀히 했다는 이야기도 있다.

[4] Rafael Bombelli(1526~1572), 이탈리아 수학자로, 음수와 복소수를 자유롭게 사용하는 데 공헌했다.

[5] Ludovico Sforza(1452~1508)

[6] Leonardo da Vinci(1452~1519)

다 빈치와 피타고라스의 정리

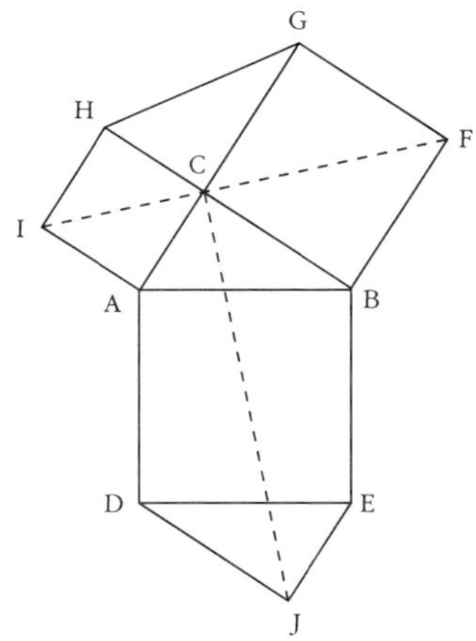

레오나르도 다 빈치가 고안했다고 전해지는 피타고라스의 정리에 대한 재치 있는 증명이 있다. 이것은 오른쪽 그림에 근거한 증명이다. 이 그림에서 사각형 IFGH, IFBA, CJDA, JCBE는 서로 합동이므로, 육각형 ABFGHI와 ACBEJD의 넓이는 서로 같다.

그런데 육각형 ABFGHI는 직각 삼각형 ABC의 직각을 끼고 있는 두 변 위의 두 정사각형과 삼각형 ABC와 합동인 두 개의 삼각형으로 이루어져 있고, 육각형 ACBEJD는 직각 삼각형 ABC의 빗변 위의 정사각형과 삼각형 ABC와 합동인 두 개의 삼각형으로 이루어져 있다. 이에 따라 직각 삼각형 ABC의 직각을 끼고 있는 두 변 위에 있는 두 정사각형의 합은 빗변 위에 있는 정사각형과 같다.

비트만 Johannes Widman

1462~1498

비트만은 체코의 보헤미아에서 태어났다. 라이프치히 대학에서 공부하고 1482년에 졸업했으며, 1485년에는 석사 학위를 취득했다. 그 뒤 이 대학에서 산술과 대수학을 가르쳤는데, 1486년 비트만의 대수학 강의는 독일에서는 최초의 대수학 강의였다. 그는 무리수의 계산과 다항식을 대수학의 일부로 생각했다.

기호 +과 −의 도입

기호 +과 −가 인쇄물에 최초로 등장한 것은, 라이프치히에서 1489에 출판된 비트만의 산술 책이었다. 이 책에서 이 기호들은 연산 기호로 사용된 것이 아니라, 단지 초과와 부족을 표시하는 데 쓰였다. 이 기호들은 어떤 필사본에 사용된 것을 비트만이 공부하면서 알게 됐다.

양수 기호는 라틴어의 *et*를 축약한 것으로 보이는데, 이것은 종종 덧셈을 나타내는 데 쓰였다. 음수 기호는 minus를 간략하게 나타낸 $\overline{m}$을 축약한 것으로 보인다. 또, 음수 기호는 상인들이 상품의 전체 무게로부터 포장 용기의 무게를 분리해서 지적하기 위해 사용됐던 단순한 하이픈으로부터 유래했을 가능성도 있다. 이것 이외에도 그럴듯한 다른 설명이 있다.

기호 +과 −는 네덜란드 수학자 호이케Vander Hoeke가 1514년 대수적 연산 기호로 사용했는데, 이 또한 이전에 사용됐을 가능성이 있다.

슈티펠 Michael Stifel

1487~1567

슈티펠은 비텐베르크Wittenberg 대학에서 석사 학위를 취득한 뒤, 에슬링겐Esslingen에 있는 수도원에 들어갔고 1511년 가톨릭 사제가 됐다. 그렇지만 가톨릭 신앙을 무조건적으로 따르지 않았으며, 가난한 사람들로부터 돈을 받는 데 불만을 가졌다. 이에 1522년 수도원에서 추출됐는데, 루터파의 도움을 받아서 마르틴 루터[1]의 집에 기거하기도 했다. 열렬한 종교 개혁자가 된 슈피펠은 루터의 도움으로 교구를 맡았지만, 신·구교 사이의 갈등과 잘못된 종말 예언 등으로 번번히 자리를 잃었다.

슈티펠은 만년에 프로이센으로 가서 쾨니히스베르크 근처의 교구를 얻었다. 이 시기에 쾨니히스베르크 대학에서 수학과 신학을 가르쳤고, 1559년에는 예나Jena 대학에서 산술과 기하학을 가르쳤다. 성직자로 출발했지만 슈티펠은 16세기의 독일에서 가장 뛰어난 수학자였다. 산술과 대수학을 연구했으며, 가장 잘 알려진 업적은 1544년에 출판된 《산술백과Arithmetica integra》다. 슈티펠은 이 책의 첫 부분에서 등차 수열과 등비 수열을 결합시키는 장점을 지적하고 있다. 이에 따라 거의 한 세기 앞서 네이피어와 완전히 다른 방법으로 로그를 발견했었다. 이 책에는 이항 계수와 기호 +, −, $\sqrt{\ }$가 포함되어 있다.[2]

[1] Martin Luther(1483~1546), 독일의 종교 개혁 지도자

세상의 종말

수학사에서 슈티펠은 특이한 행동으로 유명하다. 엉뚱한 성격 때문에 수 신비주의에 몰두하기도 했고, 성경을 분석해서 이 세상이 1533년 10월 3일에 멸망할 것이라고 예언했다. 자신을 믿는 많은 농부를 설득해서, 일도 재산도 버리고 지정된 날에 근처의 동산 위에서 자신과 함께 종말을 기다리게 했다. 그러면 꽃마차가 천상에서 내려와 그들을 하늘로 안내한다고 했다.

날은 저물어 갔지만, 꽃마차는 나타나지 않았다. 불신이 커져가자 슈티펠은 근심스러워하는 추종자들에게 잠시 동안 양해를 얻어 마을로 달려 내려갔다. 그리고 지방 경찰을 구슬러 자신을 감옥 속에 안전하게 감금하도록 했다. 그래서 자신 때문에 가산을 탕진한 농부들의 성난 분노로부터 생명을 구할 수 있었다. 그렇지만 그곳의 선제후(중세 독일, 곧 신성 로마 제국의 제후 가운데 황제의 선거에 관여할 수 있었던 일곱 명의 제후)로부터 사제직을 박탈당했고 가택 연금을 당했다.

세상의 종말을 예언한 수학자가 또 있었다. 바로 네이피어(1550~1617)로 그는 세상의 종말을 1688년과 1700년 사이의 어느 시점이라고 예언했지만, 그가 죽은 뒤였기 때문에 슈티펠과 같은 봉변은 당하지 않았다.

적그리스도 만들기

슈티펠의 신비로운 발상을 단적으로 보여주는 예가 있다. 그는 수비학 arithmology을 사용해서 교황 레오 10세❸가 《요한 계시록》 13:18에 나타나는 '적그리스도' 또는 '짐승'이라고 주장하기도 했다. 《요한 계시록》 13:18은

❷ 제곱근 기호 $\sqrt{\ }$ 는 루돌프(Christoff Rudolff, 1499~1545)가 1525년 쓴 책 《미지수(Die Coss)》라는 책에 처음 등장했다. 이 기호는 radix(근)의 머리글자 r과 닮은꼴로 도입됐다. 루돌프의 책은 독일 최초의 대수학 책으로 매우 영향력이 컸다. 루돌프는 빈 대학에서 대수학을 공부하고, 이곳에서 수학을 개인 지도하며 생활비를 벌었다. 그는 이차 방정식이 두 개의 근을 가짐을 알았고, $x^0=1$이라고 생각했다.

다음과 같다. "영리한 사람은 그 짐승을 가리키는 숫자를 풀이해 보십시오. 그 숫자는 사람의 이름을 표시하는 것으로서 그 수는 육백육십육입니다."

슈티펠은 LEO DECIMVS에서 로마 수 체계에서 수를 나타내는 글자 L, D, C, I, M, V를 땄다. 그리고 X를 더했는데, Leo X에 X가 있고 Leo decimvs는 열 개의 글자로 이루어져 있기 때문이었다. 다음에 M을 삭제했는데, 이 글자가 mysterium을 나타내기 때문이었다. 이 글자들을 재배열하면 DCLXVI, 즉 666을 얻는다.

666은 《요한 계시록》이 처음 쓰였을 때 사용됐던 아람(현재의 시리아와 메소포타미아 지방) 말의 문자 기호로 표현하면 네로[4]의 철자를 의미한다고 생각되어 왔다.

[3] Leo X(1475~1521), 이탈리아의 성직자 · 로마 교황(재위 1513~21)

[4] Nero(37~68), 로마 황제로 기독교도를 박해하고 잔학 · 음탕으로 유명

리제 Adam Riese

1492~1559

리제는 16세기의 레헨마이스터(Rechenmeister, 계산가, 산술 장인) 중에서 가장 뛰어난 사람으로, 대중적으로 성공한 산술 책을 출판했다.

르네상스를 통해 고조된 교육에 대한 관심 및 당시 상업 활동의 엄청난 증가와 함께 산술에 관한 대중적인 교과서가 등장하기 시작했는데, 17세기 이전의 유럽에 적어도 300권의 산술 교과서가 출판됐다. 이런 책들을 크게 두 가지로 분류할 수 있는데, 하나는 교회 학교에 소속된 고전 학자가 라틴어로 쓴 것이고, 다른 하나는 상업과 관련된 직업을 준비하는 학생들을 가르치는 데 관심이 있던 실무에 밝은 교사가 모국어로 쓴 것이었다. 후자에 속하는 교사들은 지방 측량가, 공증인, 검량관 등의 일에도 종종 종사했으며, 한자 동맹❶의 지원을 받은 영향력 있던 레헨마이스터도 포함되어 있었다.

리제 가라사대

리제는 대학을 다니지 않았지만 독일에서 가장 영향력이 컸던 산술 책 저자였다. 1522년에 출판된 그의 상업용 산술 책❷은 1600년까지 적어도 37번이

❶ Hanseatic League, 중세의 독일 북부와 인접 여러 나라의 여러 도시 사이에서 상업과 무역의 진흥과 보호를 위해 결성된 동맹

❷ *Rechenung nach der lenge, auff den Linihen und Feder*

나 다시 발간됐다. 이 책은 덧셈, 뺄셈, 곱셈과 함께 당시에는 알트도르프 Altdorf 대학에서나 배울 수 있었던 나눗셈을 포함하고 있다. 이 책의 명성이 대단했기 때문에, 오늘날 독일어에서 'nach Adam Riese' (아담 리제에 따르면)라는 문구는 비유적으로 '정확하게 말하면' 이라는 의미로 사용되고 있다.

▣ 직각 작도하기

리제에 관한 재미있는 이야기가 있다. 어느 날 리제와 어떤 제도공이 자와 컴퍼스를 사용해서 1분 동안에 누가 더 많이 직각을 작도할 수 있는지를 알아보기 위한 시합을 가졌다. 제도공은 직선을 그린 다음에, 중학교에서 배우는 표준적인 방법을 사용해서 직선에 수선을 올렸다. 반면에, 리제는 직선 위에 반원을 그린 다음, 원에 내접하는 많은 수의 직각을 빠르게 그렸다. 시합은 당연히 리제가 승리했다.

타르탈리아와 카르다노

Tartaglia, Nicolo Fontana • 1499?~1557
Girolamo Cardano • 1501~1576

16세기의 가장 뛰어난 수학적 업적은 이탈리아 수학자들이 삼차 · 사차 방정식의 대수적 해법을 발견한 것이었다. 이 업적을 남긴 인물들의 일화를 소개한다.

타르탈리아

폰타나는 1499년경 브레시아Brescia의 가난한 집안에서 태어났고, 고통스러운 어린 시절을 보냈다. 1512년 프랑스가 브레시아를 점령했을 때도, 그 곳에 살고 있었다. 브레시아의 점령에 뒤이은 잔학 행위를 피해서, 폰타나와 (우편 배달부였던) 아버지는 다른 많은 사람과 함께 성당 안으로 피신했다. 그러나 프랑스 병사들은 성스러운 성당 안까지 그들을 추격해 들어가서 무참히 살해했다. 폰타나의 아버지도 살해당했다. 폰타나 자신은 기병의 칼에 두개골이 갈라지고 턱과 입천장이 쪼개지는 중상을 당해서 거의 죽은 상태로 방치되어 있었다. 다른 곳에 숨어 있던 어머니가 가족을 찾으러 성당 안에 들어갔을 때, 남편은 이미 죽었지만 아들은 살아 있었다. 의사의 도움을 받을 수 없었던 그녀는 부상당한 개가 언제나 상처 부위를 핥는다는 사실을 생각하고는 아이의 상처 부위를 핥았다. 나중에 폰타나는 이런 원시적인 치료를 통해 자신이 회복됐다고 말했다. 그러나 입천장에 난 상처는 평생동안 말하는 데 장애를 주었다. 그래서 그는 별명으로 타르탈리아(말더듬이)로 불렸다.

어머니는 그가 겨우 15일 동안 학교에 다닐 수 있는 돈을 마련할 수 있었다. 그는 책을 훔침으로써 그 기회를 최대한 활용했으며, 훔친 책으로 읽고 쓰는 방법을 스스로 깨우쳤다. 종이를 살 수 없었기 때문에 묘비를 석판으로 사용하기 위해 공동묘지로 자주 갔었다는 이야기도 있다.

타르탈리아는 그 뒤에 이탈리아의 여러 도시에서 수학과 과학을 가르치며 생계를 꾸려나갔다. 타고난 수학자인 그는 삼차 방정식 풀이에 덧붙여, 포술학에 수학을 응용한 최초의 수학자로 인정을 받고 있다. 이를테면 포탄이 가장 멀리까지 날아가기 위한 발사 각도가 45°임을 계산했다. 16세기 이탈리아에서 가장 뛰어나다는 산술 책을 썼는데, 두 권으로 이루어진 그 책은 당시의 수치적 연산과 상업 관행에 관한 모든 내용을 다루고 있다. 또한 유클리드와 아르키메데스의 책들을 개정해서 출판하기도 했다. 그는 1557년 베네치아에서 죽었다.

카르다노

카르다노는 1501년 파비아 Pavia에서 한 법학자의 서출로 태어났으며, 열정적인 성격의 소유자로 수학사에서 아주 특이한 인물에 속한다. 그의 이름은 라틴어로는 Cardan이다.

카르다노는 파비아와 파두아 대학에서 의학을 공부하고 의사로서 일을 하면서도 수학을 배우고 가르치며 연구했다. 1545년 《위대한 계산법Ars magna》을 발간해서 탁월한 수학자로서의 명성을 얻었다.

그리고 유럽 최고의 의사로서의 명성도 얻고 있었는데, 1552년 스코틀랜드로 가서 10년 동안 천식에 시달리고 있던 세인트 앤두루스 대주교 존 해밀턴John Hamilton을 치료해 주었다. 이탈리아로 되돌아가서는 파비아 대학과 볼로냐 대학에서 의학 교수직을 얻는 데 성공했지만, 추문 때문에 모두 사직해야 했다.

카르다노는 점성가로서 실제로 점을 치기도 했다. 그리고 1570년 이단으로 감옥에 갇히기도 했는데, 예수의 생애에 대한 점성을 발표하는 무례함을 저질렀기 때문이었다. 그의 점성에 따르면 예수가 무엇을 했을지라도 그것은 그의 별자리의 지시에 따른 것이었다고 했다. 볼로냐 대학의 교수직을 사임하고 로마로 가서 유명한 점성가가 됐다. 이단으로 이미 투옥됐던 경력에 비추어볼 때 신기하게도 로마 교황청의 점성가로서 연금을 받았다.

1560년 카르다노의 큰 아들이 아내 살인죄로 처형당했는데, 이 사건이 그 뒤 그에게 아주 나쁜 영향을 끼친 것으로 보인다. 어린 아들이 시끄럽게 소란을 피웠다는 이유로 격노해서 아이의 두 귀를 잘라버렸다는 말과 같이 그의 광폭한 성격에 관한 이야기가 많이 있다. 그는 1576년 로마에서 독약을 마시고 자살했는데, 어떤 이야기에 따르면, 자신의 사망 날짜에 대해 그가 이미 행한 점성술적인 예언을 실현시키기 위한 것이었다고 한다.

카르다노는 상습적인 도박꾼으로서 도박을 위한 교범을 쓰기도 했는데, 그 책에는 확률에 관한 흥미로운 문제들이 나타난다.

삼차 방정식의 대수적 해법

고대 바빌로니아의 점토판에서 몇 가지 삼차 방정식을 찾아볼 수 있는데, 아르키메데스는 책 《구와 원기둥에 대하여》에서 한 삼차 방정식을 교묘하게 풀었다. 또, 오마르 카얌❶은 기하학적 방법으로 삼차 방정식을 풀어 양수 근을 구했다. 그러나 일반적인 삼차와 사차 방정식을 그 방정식의 계수들을 이용해서 대수적으로 처음 푼 것은 16세기의 이탈리아 대수학자들이었다.

삼차 방정식의 대수적 해법에 관한 일화를 간략하게 설명하면, 다음과 같다. 1515년경 볼로냐 대학의 수학 교수 페로는 아마도 아라비아 원전에 대한 연구에 근거해서 이차항이 없는 $x^3+mx=n$ 꼴의 삼차 방정식을 대수적으로 풀었다. 이 사실을 발표하지 않았고 사망 직전에 제자 피오르[2]에게 비밀스럽게 알려주었다.[3] 그런데 1535년경 타르탈리아는 일차항이 없는 $x^3+px^2=n$ 꼴의 삼차 방정식에 대한 대수적 해법을 발견했다고 주장했다. 이 주장이 허세라고 믿은 피오르는 타르탈리아에게 삼차 방정식 풀이에 대한 공개적인 시합을 갖자고 도전했다. 즉, 경쟁에 참여한 사람들이 서로에게 제시한 같은 수의 삼차 방정식을 정해진 시간 안에 푸는 시합을 제안했다. 도전을 받아들인 타르탈리아는 열심히 노력해서 시합이 있기 며칠 전에 삼차 방정식에서 이차항이 없는 경우에 대한 대수적 해법도 발견했다. 타르탈리아는 다양한 형태의 문제 30개를 피오르에게 보냈고, 피오르는 이차항이 없는 삼차 방정식 30개를 타르탈리아에게 보냈다. 삼차 방정식의 두 가지 형태에 관한 해법을 모두 알고 있던 타르탈리아는 완전한 승리를 거두었다.

피오르는 벌칙으로 타르탈리아에게 30회의 화려한 연회를 베풀어주어야 했지만, 타르탈리아는 관대하게도 이를 사양했다. 피오르는 엄청난 불명예를

❶ Omar Khayyam(1044?~1123?), 페르시아의 시인 · 천문학자 · 수학자로, 삼차 방정식을 기하학적으로 풀었다.

❷ Antonio Fior(1506?~?)

❸ 르네상스 시기의 대학 교수는 결코 안전한 직업이 아니었다. 교수직의 보존은 후원자와 정치의 영향뿐만 아니라, 어느 때고 누구나 제기할 수 있는 공개적인 도전에서 승리할 수 있는 능력에 좌우됐다. 페로와 같은 수학자는 항상 도전자와 학문적인 경쟁을 할 준비가 되어 있어야 했다. 공개적인 경쟁에서 패배해서 얻은 모욕은 경력에 치명적인 재앙이 될 수 있었다.
그래서 새롭고 주요한 발견은 강력한 무기였다. 경쟁자가 풀어야 할 문제 목록을 들고 나타나더라도, 페로는 이차항이 없는 삼차 방정식으로 반격할 수 있었다. 비록 페로가 도전자의 문제 중 일부를 해결하지 못하더라도, 자신을 제외한 모든 사람을 좌절시킨 삼차 방정식이 적수를 무너뜨릴 것이라고 확신할 수 있었다.

안고 조용히 사라졌다.

밀라노에서 수학을 가르치면서 의사로 개업하고 있던 카르다노도 이 소식을 들었는데, 타르탈리아의 놀라운 해법을 알고자 했다. 그는 타르탈리아에게 계속해서 편지를 보내어 삼차 방정식의 해법을 알려달라고 간청했으며, 1539년에는 타르탈리아를 밀라노로 초대해서 비밀을 지키겠다고 엄숙하게 서약하고는 그 열쇠를 얻어냈다. 1545년 카르다노는 독일의 뉘른베르크에서 대수학에 대한 뛰어난 책 《위대한 계산법》을 출판했는데,[4] 이것은 대수학만을 다룬 최초의 라틴 책으로 그 안에 최고의 진수로 삼차 방정식에 대한 타르탈리아의 해법이 실렸다.

타르탈리아는 격렬하게 항의했지만, 카르다노의 가장 유능한 제자인 페라리[5]의 도전을 받아야 했다. 강인하고 충성스런 페라리는 카르다노가 페로로부터 제삼자를 통해 그 정보를 얻었다고 주장하면서, 오히려 타르탈리아가 표절했다고 비난했다. 페라리는 과격한 성격으로 유명했는데, 매우 거친 싸움 때문에 몇 개의 손가락을 잃었다고 한다. 타르탈리아는 이 문제에 관해 밀라노에서 공개 토론을 하자고 제안했다. 그런데 예정된 날 페라리는 놀랍게도 덩치가 큰 불량배를 여러 명 데리고 나왔고, 타르탈리아는 다친 몸을 이끌고 돌아서야 했다. 타르탈리아로서는 살아남은 것만도 다행이었다.[6]

❹ 카르다노와 제자 페라리는 1543년에 볼로냐를 방문해서 페로의 사위 나베를 만났는데, 이때 페로가 자신의 연구 결과들을 기록해서 남긴 공책을 봤다. 이에 따라 카르다노는 삼차 방정식을 타르탈리아가 아니라 페로가 처음으로 대수적으로 풀었다는 사실을 알게 됐다. 《위대한 계산법》에 타르탈리아가 아니라 페로의 해법을 제시하기 때문에, 타르탈리아의 해법을 발설하지 않겠다는 서약을 지킬 수 있다고 생각했다.

❺ Lodovico Ferrari(1522~1565)

❻ 페라리가 삼차 방정식뿐만 아니라 사차 방정식에 대해서도 정통했기 때문에, 타르탈리아가 오히려 공개 토론을 피해서 부끄럽지만 몰래 밤에 밀라노를 빠져나갔다는 말도 있다.

사차 방정식의 대수적 해법

일반적인 사차 방정식에 대한 대수적 해법이 발견된 것은 삼차 방정식이 풀리고 난 뒤, 그리 오래되지 않았을 때였다. 1540년 이탈리아의 수학자 다 코이Zuanne da Coi는 카르다노에게 다음과 같은 문제를 제시했다. "10을 세 수로 나누어, 그 세 수가 연비례하고 첫 두 수의 곱은 6이 되도록 하라." 세 수를 a, b, c로 나타내면, 다음과 같은 방정식을 얻는다.

$$a+b+c=10,\ ac=b^2,\ ab=6$$

여기에서 a와 c를 소거하면, 다음 사차 방정식을 얻는다.

$$b^4+6b^2+36=60b$$

카르다노는 이 사차 방정식을 풀 수 없었지만, 제자 페라리는 성공했다. 카르다노는 사차 방정식에 대한 페라리의 해법을 기쁜 마음으로 위대한 계산법에 실었다.

레코드 Robert Recorde

1510?~1558

레코드는 16세기의 영국에서 가장 영향력이 컸던 교과서 저자로, 리제가 독일에서 가진 명성만큼 유명했다. 그는 스승과 제자 사이의 대화로 이루어진 책을 영어로 저술했다. 옥스퍼드 대학에서 공부했고, 다음에 케임브리지 대학에서 의사 자격증을 취득했다. 두 대학을 다니는 동안 개인적으로 수학을 가르쳤으며, 케임브리지를 떠난 뒤에는 에드워드 6세❶와 메리 여왕❷의 주치의가 됐다.

그러나 레코드의 말년은 평탄하지 못했다. 아일랜드의 광산 및 화폐 검사관으로 있다가 왕립 벤치 형무소에 갇혀 몇 년을 살다가 사망했다. 아마 개인적인 부채로 투옥됐다고 추측하지만, 업무와 관련해서 어떤 비행을 저질렀던 것으로 생각되고 있다.

수학 책 제목

레코드는 적어도 네 권의 수학 교과서를 저술했는데, 각각 아름답고 시사적인 제목을 갖고 있다. 《기법의 기초The Grovnd of Artes, 1542》라는 제목의 대수학 책은 적어도 29번 재판됐다. 《지식의 성The Castle of Knowledge, 1551》이라

❶ Edward VI(1537~1553), 잉글랜드 · 아일랜드 왕(재위 1547~1553)

❷ Queen Mary(1516~1558), 잉글랜드 여왕(재위 1553~1558)

는 제목의 천문학 책은 영국 사람들에게 코페르니쿠스의 체계를 소개한 최초의 책에 속한다. 《지식의 오솔길The Pathewaie of Knowledge, 1551》이라는 제목의 기하학 책은 유클리드 《원론》의 요약집이다. 《지혜의 숫돌The Whetstone of Witte, 1557》이라는 매우 아름다운 제목을 가진 대수학 책이 있는데, 이 책에서 현대적인 등호가 처음으로 사용됐다.

▣ 등호의 유래

레코드는 등호로 두 개의 똑같은 평행 선분을 채택한 이유를 다음과 같이 설명했다. "왜냐하면 어떠한 두 개도 이것들보다 더 같을 수는 없기 때문이다."[3] 더욱 흥미로운 지적은 그의 기하학 책에 있다. 그 책에서 다음과 같이 말했다. "평행선, 즉 쌍둥이 선들은 하나의 거리로 한결같이 그려진 선들인데, 한 곳에서의 거리가 다른 곳에서의 거리보다 작을 수 없다. 왜냐하면 어느 곳에서의 거리가 다른 곳에서의 거리보다 작으면 더 이상 평행일 수 없기 때문이다." 그래서 등호에서 두 선분의 왼쪽 끝의 간격과 오른쪽 끝의 간격이 같다는 사실이 이 기호를 선택하게 만든 것으로 보인다.

나중에, 해리엇이 부등호(<와>)를 도입했는데, 선분들의 오른쪽 끝의 간격과 왼쪽 끝의 간격의 차이 때문에 이런 기호를 선택했다고 여겨진다.

[3] bicause noe 2 thynges can be moare equalle.

레티쿠스 Georg Joachim Rheticus

1514~1576

레티쿠스는 오스트리아 펠드키르히Feldkirch에서 태어났고, 아버지가 마법을 부린 죄로 참수형을 당한 1528년까지 아버지의 지도를 받았다. 그 뒤 펠드키르히와 취리히에서 공부했고, 1533년 비텐베르크 대학에 입학해서 3년 뒤 석사 학위를 취득했다. 1536년 비텐베르크 대학에서 수학과 천문학을 가르쳤고, 1542년에는 라이프치히 대학 수학 교수가 됐다. 추문 때문에 결석 재판을 받고 101년 동안의 추방형을 선고받았다. 그 뒤 프라하 대학에서 의학을 배우고 폴란드 크라쿠프Krakow에서 20년 동안 개업했다.

코페르니쿠스의 제자

제자가 스승을 위해 노력했던 일화가 많이 전해지는데, 그 중에는 레티쿠스와 그의 스승인 코페르니쿠스에 관한 것이 있다. 레티쿠스는 코페르니쿠스 밑에서 2년 동안 공부한 적이 있었는데, 스승의 태양 중심설을 열렬히 지지했다. 그런데 레티쿠스의 끈질긴 요구가 없었다면, 코페르니쿠스는 결코 그의 위대한 업적을 출판하지 않았을 것이다. 임종을 앞둔 코페르니쿠스에게 처음으로 인쇄된 책이 급히 전달됐으며, 의식을 잃기 바로 직전 죽어 가는 저자의 손에 책이 놓였다고 한다.

코페르니쿠스를 기리는 우표, 동전, 지폐

비에트 François Viete

1540~1603

종종 라틴 이름 비에타Vieta로 불리는 비에트는 16세기 프랑스의 가장 뛰어난 수학자였다. 푸아티에Poitiers 대학에서 법률을 공부했고, 의원으로 그리고 왕실의 법률 고문으로 일하기도 하면서 여가 시간에는 수학을 연구했다. 삼각법, 대수학, 기하학 등에 관한 책을 여러 권 썼는데, 대부분 자비로 인쇄하고 배포했다. 원주율 π를 무한 곱으로 나타냈는데, 이는 π에 대한 최초의 무한 표현이다. 삼 · 사차 방정식의 새로운 해법도 발견했으며, 대수적 기호의 발달에 크게 공헌한 그를 '대수학의 아버지'라 부르기도 한다. 그는 1540년 퐁트네Fontenay에서 태어났고, 1603년 파리에서 죽었다.

대수적 표기법

비에트는 대수적 기호의 발달에 크게 공헌했다. 당시까지 대수학에서는 미지의 양만을 기호로 나타냈는데, 비에트는 기지의 양도 기호로 나타냈다. 즉, 미지의 양은 모음으로, 기지의 양을 자음으로 나타냈다. 이를 통해 수학을 일반적으로 다룰 수 있는 발판을 마련했다.

비에트 이전에는 어떤 값의 여러 가지 거듭제곱에 대해 서로 다른 글자나 기호를 사용하는 것이 통례였다. 그런데 비에트는 같은 글자를 적절하게 제한해서 사용했다. 예를 들면, 비에트는 현재의 x, x^2, x^3을 각각 A,

A quadratum, *A cubum*과 같이 나타냈으며, 그 뒤의 저자들은 좀 더 간단하게 *A*, *A q*, *A c*와 같이 나타냈다. 그 뒤 데카르트는 1637년에 알파벳 마지막 글자들을 미지수로 사용하고 처음 글자들을 기지수로 사용하는 현재의 전통을 세웠다.

우정의 기원

비에트에 관한 재미있는 일화 몇 가지가 전해지고 있다. 예를 들면, 북해 연안의 저지대 나라❶의 한 외교관에 관한 이야기가 있다. 그는 프랑스 왕 앙리 4세❷에게 자기 나라의 로마누스❸가 1593년에 제시한 문제를 풀 수 있는 프랑스 수학자가 없다고 뽐냈다. 그 문제는 다음과 같은 45차 방정식의 풀이를 요구했다.

$$x^{45}-45x^{43}+945x^{41}-\cdots-3795x^{3}+45x=K$$

비에트가 소환되어 문제를 풀어야 했다. 그는 이 문제에 있는 삼각 관계를 알아냈다. 즉, $K=\sin 45\theta$일 때 $x=2\sin\theta$가 주어진 방정식을 만족시킨다는 사실을 인식했다. 몇 분 내에 두 개의 근을 찾을 수 있었으며, 나중에 21개의 또 다른 근을 찾아냈다. 음수 근은 찾지 못했다. 이번에는 비에트가 로마누스에게 아폴로니오스의 문제를 풀 것을 도전했다. (그 문제는 주어진 세 개의 원에 접하는 원을 작도하는 것이었다.) 그런데 로마누스는 유클리드 도구를 사용해서 답을 얻을 수 없었다. 제안자의 세련된 풀이를 본 로마누스는 비에트를 만나기 위해 퐁트네를 여행했고, 그 결과로 따뜻한 우정이 시작됐다.

❶ Low Countries; Reine, Meuse, Scheldt 세 강의 하류 지역을 이루는 지도의 나라들. 중세에는 작은 나라들로 이루어져 있었다. (현재의 네덜란드, 벨기에, 룩셈부르크 지방)

❷ Henry IV(1553~1610), 프랑스 왕(재위 1589~1610)

❸ Adrianus Romanus(1561~1615)

암호 해독

비에트는 스페인과의 전쟁 중(1590년) 앙리 4세를 위해 수백 개의 글자가 포함된 스페인 암호를 성공적으로 해독했고, 이에 따라 프랑스는 스페인과의 전쟁에서 2년 동안 대단히 큰 이득을 봤다. 스페인 왕 펠리페 2세❹는 암호의 해독이 불가능하다고 분명히 확신했기 때문에, 프랑스가 '기독교 신앙에 반해서' 마법사를 고용하고 있다고 교황에게 불평했다.

기독교도에게 어울리지 않는 작업

비에트는 1600년에 출판한 책《방정식의 수학적 해법》❺에서 대수적 방정식의 근에 연속적으로 근사시키는 체계적인 방법을 제시했다. 그 방법은 1680년경까지 일반적으로 사용됐지만, 그 과정이 고차 방정식에 대해서는 대단히 어려웠기 때문에 17세기의 어떤 수학자는 그것을 '기독교도에게 어울리지 않는 작업' 이라고 말했다.

❹ Philip II(1527~1598), 스페인 왕(재위 1556~1598)

❺ *De numerosa potestatum resolutione*

스테빈 Simon Stevin

1548~1620

스테빈은 1548년 벨기에 브뤼주Bruges에서 태어났다. 빠르고 정밀한 계산 도구인 소수를 연구했는데, 1585년에 출판된 산술 책 《십분의 일》[1]은 소수를 체계적으로 다룬 최초의 책이었다. 말년에 네덜란드 육군의 병참감으로 근무했으며 많은 공공 사업을 감독했다. 그는 16세기 북부 연안의 저지대 나라에서 가장 영향력이 컸던 수학자이며, 1620년 네덜란드 헤이그에서 죽었다.

다양한 명성

스테빈은 수학사에서 소수의 이론에 대한 최초의 해설가로 가장 잘 알려져 있다. 물리학사에서는 정역학과 유체 정역학에 대한 공헌으로, 당시의 학자들에게는 축성술과 군사 공학(공병술)에 대한 업적으로 유명하다. 그리고 당시 대중에게는 돛으로 작동하는 차의 발명으로 널리 알려져 있었다. 그 차는 28명의 사람을 태우고 해안을 질주했는데, 달리는 말보다 훨씬 더 빨랐다.

중력의 법칙

아리스토텔레스의 믿음, 즉 낙하할 때의 가속도는 중량과 비례하기 때문

[1] *De Thiende*, 프랑스 명 *La Disme*

에 무거운 물체일수록 떨어지는 속도가 빠르다는 주장은 결국 틀린 것으로 입증됐다. 그러나 그 잘못된 주장은 수백 년 동안 진실로 받아들여졌다. 아리스토텔레스의 물리학은 고대의 모든 것들에 대한 척도가 됐으며, 16세기 말에 이르러서야 그의 중력 이론이 그릇된 것으로 밝혀졌다.

1596년 스테빈은 최초로 중력의 법칙을 실제 검증했다. 한 실험에서 크기와 무게가 다른 두 개의 공을 같은 높이에서 떨어뜨렸다. 이어 크기는 같지만 무게가 다른 공을 이용해서 실험을 계속했다. 두 번 모두 똑같은 시간에 땅에 닿았다. 그러므로 어떤 물체의 질량과 생김새는 가속도와 무관했던 것이다. 이 관찰은 아리스토텔레스의 이론을 뒤엎었다는 점에서 대단한 화제를 불러 일으켰다. 그런데 스테빈은 오직 자신의 청각에만 의존했다. 두 개의 공이 동시에 땅에 떨어지는 소리를 들었지만, 그 사실을 체계적으로 입증할 수는 없었다.

이 문제는 그 뒤 갈릴레오가 해결했다. 즉, 1609년 모든 물체는 각각의 질량과 관계없이 똑같은 가속도로 떨어진다는 결론을 얻었다.❷

❷ 외르크 마이덴바우어 저/박승규 역, 《발견과 발명으로 보는 과학의 역사》, 생각의 나무, 2005, p. 108.

17세기

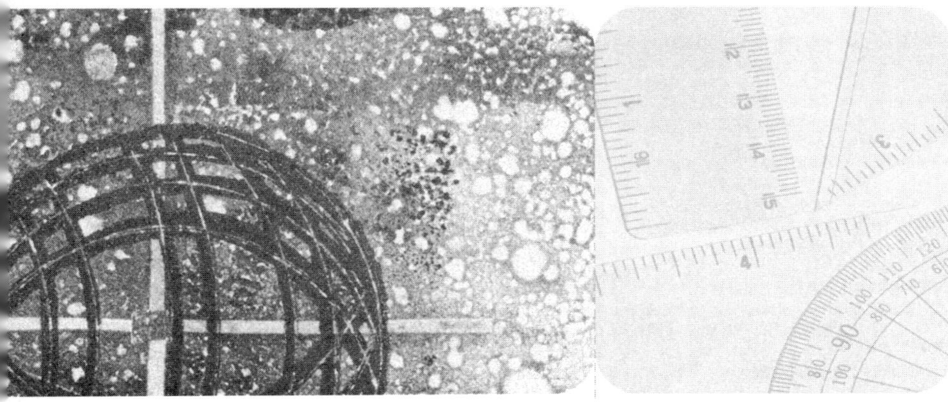

주요 인물

네이피어와 브리그스(건터)
해리엇과 오트레드
갈릴레오와 케플러
메르센
데자르그
데카르트
카발리에리
페르마(볼프스켈, 와일스)
로베르발
월리스
메르카토르
파스칼
배로
렌
뉴턴
라이프니츠(초기의 미분 적분학, 롤)
베르누이 가문(또 다른 수학 가문: 반 슈텐, 카시니, 그레고리)
핼리

17세기의 수학

17세기는 수학의 황금 시대였다. 17세기 초반 네이피어는 로그를 발견했고, 해리엇과 오트레드는 대수학의 표기와 기호화에 공헌했으며, 갈릴레오는 정역학의 효시를 이루었고, 케플러는 행성의 운동 법칙을 발견했다. 17세기 후반에는 데자르그와 파스칼이 사영 기하학 분야를 개척했으며, 페르마는 현대적인 수론을 창시했고, 페르마와 데카르트는 해석 기하학을 창안했으며, 페르마와 파스칼 및 호이겐스는 수학적 확률론의 기초를 닦았다. 그리고 17세기의 많은 수학자가 닦아놓은 길을 따라서, 17세기 말에 뉴턴과 라이프니츠는 획기적인 미분 적분학을 발견했다.

유럽에서 수학 활동의 중심지는 이탈리아에서 북쪽 지역으로 이동했는데, 갈릴레오의 경우가 입증하듯이 로마 가톨릭 교회의 간섭이 심했기 때문이다.

과학과 수학 활동이 급격하게 증가했기 때문에, 새롭게 발견된 지식을 서신 왕래로 보급하는 것이 부적절해졌다. 이에 따라 토론 집단들이 형성됐고, 그 뒤 어엿한 학회와 학술원으로 발전했으며, 학술 논문의 발표와 토론을 정기적인 모임을 통해 이어갔다. 영국의 왕립 학회❶는 1662년 런던에서 창설됐

❶ 로열 소사이어티(Royal Society), 과학에 관심이 컸던 찰스 2세(Charles II, 1630~1685, 재위 1660~1685)의 윤허로 자연 과학 진흥과 지식 보급을 목적으로 창설됨. 찰스 2세는 찰스 1세(Charles I, 1600~1649, 재위 1625~1649)의 아들로 청교도 혁명을 피해 유럽 대륙으로 피신했다가 크롬웰(Oliver Cromwell, 1599~1658)이 죽은 뒤 귀국해서 즉위했다.

으며, 프랑스 과학원[2]은 1666년 파리에서 창설됐다. 그 이전에도 몇 개의 작은 집단이 있었지만, 이 두 집단이 학술원과 학회의 실질적인 효시다. 그리고 1700년에는 독일에서 베를린 왕립 과학회가 [1725년에는 러시아에서 상트페테르부르크 왕립 과학원이] 창설됐다.

많은 단체에서는 새로운 발견을 좀더 널리 알리기 위한 목적으로 정기 간행물을 발간하기 시작했다. 그렇지만 1700년 이전에 수학에 관한 글과 논문을 게재한 정기 간행물은 겨우 17개에 불과했다.

17세기의 수학자

《프랑스 혁명과 수학자들》[3]에는 17세기를 전후한 시기의 수학자들에 대해 다음과 같이 씌어 있다.

> 16세기 중엽부터 프랑스 혁명이 일어나기까지 약 이백 수십 년 간의 유럽의 정치 형태를 절대 왕정 시대라고 일컫는다. … 이 절대 왕정 시대는 근대 과학, 특히 새로운 수학인 해석 기하학과 미분 적분학, 또 나아가서는 근대 물리학의 성립 시기와도 일치한다. 그렇다면 그 시대의 수학자들은 어떻게 살아가고 있었을까? 대체로 다음의 네 가지 유형으로 나눌 수 있다.

❷ 아카데미 데 시앙스(Académie des Sciences), 프랑스의 정치가 콜베르(J.B. Colbert, 1619~83)가 창설한 수학 · 자연 과학 분야에 걸친 종합적인 대표 기관으로, 1969년 루이 14세(1638~1715, 재위 1643~1715)의 보호 아래 프랑스 왕립 과학원이 됐다가 1795년에 현재의 이름으로 바뀌었다. 프랑스 학사원(Institut de France)을 구성하는 5개의 기관 중 하나로, 나머지 4개의 기관은 다음과 같다. Académie française(아카데미 프랑세즈, 프랑스 한림원, 1635년 설립), Académie des inscriptions et belles-lettres(금석학 · 문학 아카데미), Académie des beaux-arts(미술 아카데미), Académie des sciences morales et politiques(정신과학 · 정치학 아카데미).

❸ 다무르 사부르 저/손영수 · 성영곤 역, 《전파과학사》, 1991, pp.10-11.

(1) 귀족 출신으로 유유자적한 생활을 즐기면서 수학을 연구한 사람

예 네이피어, 달랑베르 등

(2) 다른 직업을 가지면서 여가로 수학을 연구한 사람

예 비에트, 페르마, 파스칼 등

(3) 국왕이나 부유한 귀족의 후원으로 받아 수학을 연구한 사람

예 데카르트, 라이프니츠, 오일러 등

(4) 대학에서 수학을 가르치면서 수학 연구를 계속한 사람

예 뉴턴, 베르누이 일가의 수학자들

수학자들을 일단 위의 네 그룹으로 나누어 보기는 했으나, 그렇다고 꼭 이렇게 엄밀히 분류할 수 있다는 것은 아니다. 달랑베르를 일단 (1)로 분류했지만 (3)에 포함시켜야 할지도 모르고, 반대로 파스칼은 (1)에다 포함시키는 것이 마땅할지도 모른다.

당시의 수학자는 그 누구도 전적으로 수학만으로 살아간 것은 아니었다. 귀족 출신으로 유유자적한 가운데 수학을 연구한 데카르트와 파스칼만 하더라도, 수학 이외의 분야에서도 활약하고 있었으며, 데카르트와 라이프니츠는 수학자보다는 철학자로 더 유명하다. 뉴턴은 오히려 물리학자로 더 잘 알려져 있고, 또 만년에는 조폐국 장관으로 활약했다.

네이피어와 브리그스

John Napier 1550~1617
Henry Briggs 1561~1630

로그를 발견한 네이피어는 그의 아버지가 겨우 16세였을 때 태어났다. 네이피어는 13세 때 세인트앤드루스 대학에 입학했지만 졸업하지 않고, 유럽의 여러 곳에서 공부한 것으로 보인다. 1574년까지 스코틀랜드 에든버러 근처의 머치스턴Merchiston에 있던 가문의 당당한 영지와 거대한 저택을 물려받았고, 평생을 그곳에서 보냈다. 나중에는 남작의 작위도 받았다. 두 번 결혼했는데, 첫째 부인으로부터 아들과 딸을 각각 한 명씩 얻었고, 둘째 부인으로부터는 아들과 딸을 각각 다섯 명씩 얻었다.

네이피어는 가톨릭에 극렬하게 반대했고, 녹스[1]와 제임스 1세[2]의 운동을 옹호했다. 열정적인 칼뱅주의자가 되어 정치·종교적 논쟁에 대부분의 정력과 시간을 소비했다. 이런 논쟁으로부터 휴식을 취하기 위해서, 수학과 과학 연구에 몰두했고 이로부터 즐거움을 찾았다고 한다.

❶ John Knox(1510?~1572), 스코틀랜드의 종교 개혁가·역사가

❷ James I(1566~1625), 스코틀랜드 여왕 메리 스튜어트의 아들로 어머니가 퇴위하자 1세 때 즉위해서 제임스 6세(재위 1567~1625)가 됐고 잉글랜드 여왕 엘리자베스 1세의 죽음과 함께 잉글랜드 왕(제임스 1세, 재위 1603~1625)을 겸해서 스튜어트 왕조가 시작됐다. 국교회 강경파를 지지했다. 찰스 1세는 제임스 1세의 아들이다.

브리그스는 잉글랜드 월리우드Warleywood에서 태어났다. 1581년 케임브리지의 세인트존스 대학을 졸업하고, 런던의 그레셤 대학에 그레셤 경이 창설한 기하학 교수직을 1596년에 최초로 차지했으며, 옥스퍼드 대학에 새빌 경이 창설한 기하학 교수직도 최초로 차지하는 영광을 누렸다.

네이피어

공상 과학 소설가

네이피어는 여러 가지 잔인한 전쟁 병기를 예언했는데, 설계 도면과 모형도 함께 제시했다. 예언하기를, 미래에는 '반경 4마일 안에 있는 1피트 이상의 모든 생물체를 전멸시킬 수 있는' 병기가 개발될 것이고, '물밑으로 다닐 수 있는' 도구가 개발될 것이며, '살아 있는 혈기 왕성한 입을 가진' 전차가 발명되어 '모든 방향을 파괴할 것이다.' 라고 했다. 제1차 세계 대전에서 이것들은 각각 기관총, 잠수함, 탱크 등으로 실현됐다.

도둑 색출하기

네이피어가 대단히 놀라운 창의력과 상상력을 발휘했기 때문에, 당시의 사람들은 그가 정서적으로 불안정하고 마법을 부린다고 생각할 정도였다. 이런 점을 예시하는 이야기가 많이 전해진다. 한번은 네이피어가 물건을 훔친 하인을 새까만 수탉을 이용해서 찾아낸 적이 있었다. 닭을 깜깜한 방에 넣고 하인을 한 명씩 들여보내고는 닭의 등에 손을 얹게 했다. 네이피어는 하인들에게 이 과정이 끝나면 닭이 범인을 가려낼 것이라고 주지시켰다. 사실, 그는 하인들 몰래 닭의 등에 남포 그을음을 묻혀 놓았었다. 두려울 것이 없는 결백한 하인들은 주인의 명령에 따랐지만, 죄를 지은 하인은 닭의 등을 만지지 않았다. 그렇게 해서 간단하게 범인을 가려낼 수 있었다.

비둘기 잡기

네이피어는 영지 관리에도 크게 노력했는데, 과학적인 방법으로 농업을 연구하고 다양한 실험을 통해 생산량을 늘리고 생산비는 줄였다.

그런데 언젠가 그는 자신의 영지에 들어와서 곡식을 축내는 이웃집 비둘기 때문에 골치를 앓은 적이 있었다. 그래서 이웃 사람에게 비둘기가 날아다니지 못하게 가두어달라고 했으며, 그렇지 않으면 잃어버린 곡식에 대한 배상으로 비둘기를 몰수하겠다고 경고했다. 이웃 사람은 비둘기를 잡는 것이 현실적으로 불가능하다고 생각했기 때문에, 네이피어가 비둘기를 몰수해도 관계치 않겠다고 말했다. 다음날 이웃 사람은 비둘기들이 네이피어의 풀밭에서 비틀거리며 걸어다니고 네이피어는 조용히 돌아다니면서 그것들을 자루에 집어넣고 있는 놀라운 광경을 목격했다. 네이피어는 완두콩을 포도주와 브랜디에 적셔 풀밭에 뿌려 놓았었다. 그래서 술 취한 비둘기를 손쉽게 주워서 자루에 담을 수 있었다.

세상의 종말 예언

1593년 네이피어는 로마 교회를 통렬하게 비판한 책 《요한 계시록의 명백한 발견》[3]을 출판했다. 이 책에서 교황은 그리스도의 적이며 창조주는 이 세상을 1688년과 1700년 사이에 멸망시킬 것이라고 애써 논증했다. 이 책은 대단한 인기를 얻었으며 21판까지 출판됐는데, 적어도 10판까지는 저자가

[3] *A Plaine Discouery of the whole Reuelation of Saint Iohn*

생존했을 때 간행됐다.

네이피어는 이 책 때문에 자신의 이름이 후세까지 남을 것이라고 굳게 믿었다. 그런데 오늘날 그의 책은 거의 완전히 잊혀지고 무시되고 있으며, 극소수의 호기심 많은 사람만이 찾고 있을 뿐이다. 오늘날 그는 거의 전적으로 로그를 발견한 수학 업적으로 기억되고 있다.

로그

천문학, 항해, 상업, 공학, 전쟁 등과 같이 수치 계산이 절대적으로 필요한 분야에서는 더욱 빠르고 정확한 계산 방법과 도구의 발견을 요구했다. 네 가지 놀라운 도구, 즉 인도 · 아라비아 수 체계, 소수, 로그, 계산기 등의 발명으로 이런 요구에 성공적으로 대처했다. 이 중에서 로그는 네이피어의 발견인데, 그가 1614년에 출판한 소책자 《로그의 놀라운 법칙 설명》[4]에 등장한다.

브리그스는 네이피어의 발견을 더욱 쓸모 있게 하는 데 도움을 주었으며, 엄청난 정열을 바쳐서 최초의 상용 로그표를 제작했다.

네이피어 로그

계산 도구로서 로그의 힘은, 로그가 곱셈과 나눗셈을 훨씬 더 간단한 연산인 덧셈과 뺄셈으로 전환시킨다는 점에 있다. 이런 전환 과정은 네이피어 시대에도 이미 잘 알려져 있던 다음과 같은 삼각 공식에서 찾아볼 수 있다.

[4] *Mirifici logarithmorum canonis descriptio*

$$\sin A \sin B = \frac{1}{2}\{\cos(A-B) - \cos(A+B)\}$$

네이피어의 발상도 이 공식으로부터 출발했을 것이 거의 확실하다. 그렇지 않다면, 그가 처음에 로그를 각의 사인 값에 제한했다는 사실을 설명하기 어렵기 때문이다. 그는 로그 이론의 개발에 적어도 20년 동안 정성을 들였는데, 초기의 발상이 무엇인지 몰라도 로그에 대한 최종적인 정의는 다음과 같다.

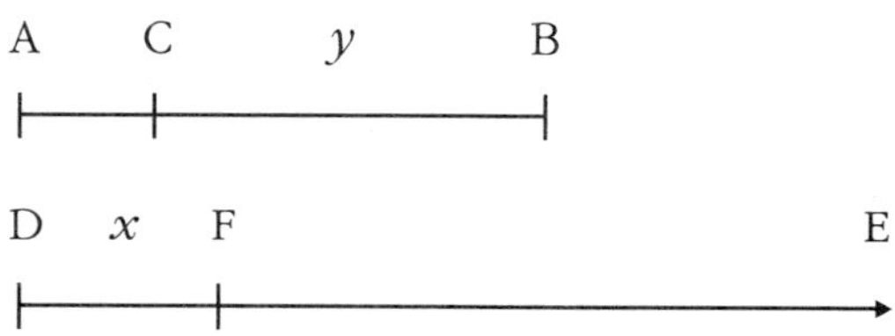

위의 그림에 나타낸 선분 AB와 반직선 DE를 생각하자. 점 C와 F가 각각 점 A와 D에서 동시에 출발하며, 이 점들의 초기 속도는 서로 같다. 그리고 점 C가 선분 CB의 길이와 같은 크기의 속도로 운동하고, 점 F는 일정한 속도로 운동한다. 이런 상황에서 네이피어는 DF를 CB의 로그라고 정의했다. 즉, $\overline{DF}=x$, $\overline{CB}=y$라고 할 때 다음과 같이 정의했다.

$$x = \text{Nap}\log y$$

그는 성가신 소수를 피하기 위해서 선분 AB의 길이를 10^7으로 택했다. 당시에 입수할 수 있었던 가장 좋은 사인표는 소수점 아래 일곱째 자리까지 계산되어 있었기 때문이다. 이 정의로부터, 그리고 네이피어가 당시에는 알지 못했던 지식을 사용해서, 위의 공식을 다음과 같이 나타낼 수 있다.[5]

$$\text{Nap log } y = 10^7 \log_{\frac{1}{e}} \frac{y}{10^7}$$

이에 따라 네이피어 로그가 자연 로그, 즉 밑이 e인 로그라고 자주 인용되는 말은 실제로는 진실이 아니다. 누구나 알 수 있듯이, 네이피어 로그는 수가 증가함에 따라 감소하는데, 자연 로그에서 나타나는 현상과는 배치된다.

▣ 네이피어와 브리그스의 만남

브리그스는 로그를 발견한 네이피어를 매우 존경했기 때문에, 그 독창적인 스코틀랜드 사람을 만나보기 위해 런던에서 에든버러까지의 긴 여행을 계획했다. 당시 말이나 마차를 타고 가야 했는데, 적어도 4일은 걸리는 거리였다. 브리그스의 일정은 지체됐고, 기다리다 지친 네이피어는 하인에게 투덜댔다. "아, 존, 브리그스 씨는 오지 않을 것 같네." 바로 그 순간 문 두드리는 소리가 들렸다. 드디어 브리그스가 네이피어의 앞에 당도했다. 두 사람은 거의 15분 동안 아무 말 없이 서로 존경하는 눈빛으로 바라만 봤다. 브리그스가 말했다. "각하, 저는 당신을 만나보고 천문학에서 대단히 큰 도움을 주는 로그를 어떠한 기지와 창의력으로 발견했는지를 알아보기 위해서 이 긴 여행을 계획했습니다. 그런데 각하, 이제는 누구나 이것이 매우 쉽다는 사실을 알고 있지만, 귀하가 이를 발견하기 전까지는 아무도 생각해내지 못했었다는 사실이 저를 의아하게 만들고 있습니다." 브리그스는 네이피어의 영광스러운 손님으로 머치스턴 대저택에서 한 달 동안 머물렀다.

---

❺ 이 결과를 미분 방정식을 이용해서 쉽게 밝힐 수 있다. $\overline{AC}=10^7-y$이고 (C의 속도)$=-dy/dt=y$이다. $dy/y=-dt$이므로, 양변을 적분해서 $\ln y=-t+C$를 얻는다. $t=0$을 대입해서 적분 상수를 결정하면 $C=\ln 10^7$이다. 그래서 다음을 얻는다.

$$\ln y=-t+\ln 10^7$$

그런데 (F의 속도)$=dx/dt=10^7$이므로 $x=10^7t$이다. 따라서 다음이 성립한다.

$$\text{Nap log } y=x=10^7t=10^7(\ln 10^7-\ln y)=10^7 \ln(10^7/y)=10^7\log1/e(y/10^7)$$

상용 로그의 탄생

1615년 브리그스가 네이피어를 방문했을 때, 만약 1의 로그가 0이고 10의 로그가 10의 적당한 거듭제곱이 되도록 로그를 개정하면, 로그표가 더욱 쓸모 있을 것이라는 데 두 사람은 동의했다. 그래서 이른바 브리그스 또는 상용 로그가 탄생했다. 우리 수 체계의 밑이 10이기 때문에, 근본적으로 10이 밑인 이런 로그는 수치 계산에서 최고로 유용하게 됐다. 물론, 밑 b가 10이 아닌 다른 수 체계에서는 밑이 b인 로그가 계산을 위해서는 더 편리할 것이다.

로그에 대한 평가

네이피어의 로그의 발견은 전 유럽을 통해 열광적으로 받아들여졌다. 특히, 천문학에서 이런 발견은 절대적으로 필요했다. 라플라스의 주장과 같이 로그의 발견은 "작업량을 줄임으로써 천문학자의 수명을 두 배로 만들었다."

글레이셔[6]는 《브리태니카 백과 사전》(제9판)에 다음과 같이 썼다. "로그의 발견과 초기 수표의 계산은 정밀 과학의 역사에서 매우 주목할 만한 사건을 형성한다. 그리고 뉴턴의 《원리》를 제외하면, 네이피어의 《설명》만큼 중요한 결과를 만들어냈으며 흥미를 끈 수학 책은 영국에서 출판되지 않았다."

로그 관련 용어

용어 로그logarithm는 비율 수를 뜻한다. 네이피어는 처음에 인위적인 수artificial number라는 표현을 사용했는데, 나중에 로그를 채택했다. 브리그스는 로그의 소수 부분을 나타내는 용어 가수mantissa를 도입했다. 이것은 에투루리아에서 유래된 후기의 라틴어로서, 원래 추가 또는 첨부물을 뜻했는데 16

[6] James Whitbread Lee Glaisher(1848~1928), 케임브리지 대학 수학 교수로 천문학, 특수 함수, 수표 작성, 수학사 등을 연구했다.

세기에 와서는 부가appendix의 뜻으로 사용됐다. 로그의 정수 부분을 일컫는 용어 지표 characteristic도 또한 브리그스가 제안했으며, 블락❼이 사용했다. 블락은 네덜란드의 출판업자이자 서적 판매상으로 브리그스가 시작한 로그표를 완성시키는 데 도움을 주었다. 신기하게도, 초기의 상용 로그표에서는 가수뿐만 아니라 통상 지표까지도 인쇄했다. 18세기에 이르러서야 현재와 같이 가수만을 인쇄하는 전통이 확립됐다.

로그표

로그의 발견 300주년을 기념하기 위해서 영국에서는 1924년과 1949년 사이에 20자리로 확장된 로그표를 계산했다. 1614년 네이피어가 소책자 《로그의 놀라운 법칙 설명》을 통해 로그를 발표했지만, 1624년에야 브리그스는 1부터 2만까지와 9만부터 10만까지의 수에 대해 14자리까지 계산한 상용 로그표가 실린 《로그 산술Arithmetica logarithmica》을 발표했다. 2만부터 9만까지의 틈새는 블락의 도움으로 그 뒤에 메워졌다.

로그의 또 다른 발견자 뷔르기

수학에서는 어떤 특별한 수학적 발견이나 발명이, 마치 그런 발견의 시기가 무르익어서 단지 터뜨리는 작업만 남는 것처럼, 두 사람 이상에 의해 동시에 이루어지는 경우가 종종 있다. 로그의 경우에 네이피어와 견줄 만한 상대자는 스위스의 시계 제작자 뷔르기❽였다. 뷔르기는 네이피어와 독자적으로 로그를 고안했고 로그표를 작성했는데, 그 로그표는 네이피어가 로그표를 출판한 것보다 6년 뒤인 1620년에 출판됐다. 물론, 두 사람은 로그표를 출판하

❼ Adrian Vlacq(1600~1666)
❽ Jobst Bürgi(1552~1632)

기 훨씬 이전에 로그의 개념을 생각하고 있었다. 그러나 일반적으로 네이피어가 먼저 그런 개념을 생각해냈을 것으로 믿고 있다. 그렇지만 로그에 대한 두 사람의 접근 방법은 매우 다르다. 즉, 네이피어는 기하학적인 반면에, 뷔르기는 대수적이었다.

▣ 로그와 지수 사이의 관계

오늘날 로그는 통상 지수(함수)를 이용해서 정의한다. 즉, $n=b^x$이면 x를 밑이 b인 로그에 대한 n의 값이라 하고 $x=\log_b n$과 같이 나타낸다. 이 정의에 의해, 로그의 법칙을 지수의 법칙으로부터 바로 유도할 수 있다. 그런데 로그는 지수가 사용되기 이전에 발견됐다. 이것은 수학사에서 찾아볼 수 있는 신기한 현상 중 하나이다.

영국 최초의 수학 교수직

브리그스는 그레셤 대학에서 그레셤의 기하학 교수직과 옥스퍼드 대학에서 새빌의 기하학 교수직을 최초로 차지하는 영광을 누렸다. 이와 관련된 이야기를 모았다.

▣ 그레셤의 기하학 교수직과 그레셤의 법칙

영국에 설치된 최초의 수학 교수직은, 런던의 그레셤 대학에 그레셤[9] 경이 1596년에 창설한 기하학 교수직이었다. 브리그스는 영광스럽게도 기하학

[9] Thomas Gresham(1519?~1579), 영국의 무역업자 · 재정가

의 그레셤 교수직을 최초로 차지했다.

재정가였던 그레셤은 영국의 왕립 증권 거래소도 창설했는데, 그의 이름을 딴 '그레셤의 법칙' 이 있다. 이는 "악화는 양화를 구축한다." 고 주장한다. 그레셤은 이 원리를 다음과 같이 설명했다. "법령에 의해 정부가 액면 가치는 같지만 실질 가치가 다른 두 가지 이상의 화폐를 발행한다면, 지출은 가능한 한 생산 가격이 가장 적은 화폐에 의해 이루어지고 실질 가치가 더 큰 화폐는 유통되지 않고 사라지는 경향이 있다."

예를 들면, 13세기 초 부정직한 상인들은 금 동전의 모서리를 깎아냈는데, 이렇게 가볍게 된 동전을 가진 사람은 통상 그것을 가능한 한 빨리 유통시키고 완전한 무게를 가진 동전을 가능한 한 오래 간직했다고 한다. 또, 미국에서 1896년 금 동전이 자취를 감췄는데, 이유는 미국 정부가 은 동전을 주조하고 법적으로 금 동전과 같은 가치를 가진다고 선포할 것이라는 소문 때문이었다. 그리고 제1차 세계 대전 직후 유럽에서는 지폐가 아주 많이 발행됐기 때문에, 실질적으로 가치가 더 큰 쇠 동전이 거의 사라져 버렸다. 미국에서 지폐가 발행됐을 때도, 은 동전을 소유한 사람은 그것이 법적으로는 동등한 지폐보다 더 가치 있는 것으로 생각해서 은 동전은 깊숙이 숨겨 두었다.

새빌과 루카스 교수직

공교롭게도 영국의 뛰어난 많은 수학자는 옥스퍼드 대학의 새빌 교수직 또는 케임브리지 대학의 루카스 교수직을 거쳐갔다.

새빌[10] 경은 한때 옥스퍼드의 머턴 대학Merton College 학장이었고, 뒤에 이튼 대학Eton College 학장이었으며, 옥스퍼드 대학에서 유클리드 기하학을 가

[10] Henry Savile(1549~1622)

르쳤다. 그는 1619년 옥스퍼드 대학에 두 개의 교수직을 만들었는데, 하나는 기하학 교수직이고 다른 하나는 천문학 교수직이었다. (로그로 명성을 얻은) 브리그스는 옥스퍼드 대학에서 새빌의 기하학 교수직을 최초로 차지했다. 월리스, 핼리, 렌 등은 17세기에 새빌 교수직을 차지했던 사람들이다.

1639~1640년 케임브리지를 대표해서 의회에 진출했던 루카스[11]는 1663년 자신의 이름을 딴 교수직을 만들 수 있는 기금을 케임브리지 대학에 유산으로 남겼다. 배로는 1664년 이 자리를 최초로 차지하는 교수로 선임됐으며, 6년 뒤에 뉴턴이 그 뒤를 이었다.

건터 Edmund Gunter, 1581~1626

브리그스의 동료인 건터는 분까지의 각에 대한 사인과 탄젠트의 상용 로그값을 소수점 아래 일곱째 자리까지 계산한 수표를 1620년에 출판했다. 건터는 또한 1620년 로그자를 고안했다. 로그자 위에서 거리는 표시된 수의 로그값에 비례하며, 한 쌍의 분할기를 사용하면 이 자의 선분들을 더하고 빼서 곱셈과 나눗셈을 자동적으로 시행하게 된다. 이런 방법으로 건터는 얼마 전까지 사용한 계산자를 예견했다. 용어 '코사인'과 '코탄젠트'를 만든 사람도 바로 건터였다. 그리고 그는 '건터 사슬Gunter chain'로 측량가들에게 알려지고 있다.

[11] Henry Lucas(1610~67)

형편없는 설교

건터가 신학교를 다닐 때 있었던 재미있는 일화가 있다. 그는 형편없는 설교사였는데, 예수의 수난에 대해 설교하도록 지명 받았다. 그의 설교를 들은 성직자들은 건터의 설교를 듣는 것보다 예수의 수난이 덜 고통스러웠을 것이라고 투덜했다. 1619년 건터는 성직을 버리고 런던에 있는 그레셤 대학의 천문학 교수가 됐다.

해리엇과 오트레드

Thomas Harriot 1560~1621
William Oughtred 1574~1660

해리엇은 1577년에 옥스퍼드 대학에 입학하고 1560년에 졸업한 뒤, 롤리[1] 경을 위해 일했다. 그를 영국 대수학파의 창시자라고 부르는데, 그의 가장 뛰어난 업적인 《해석술 연습Artis analyticae praxis》은 그가 죽고 10년이 지난 1631년에 출판됐다. 이 책은 그 뒤 방정식론 교과서의 본보기가 됐다.

오트레드는 17세기의 영국에서 가장 큰 영향을 끼친 수학 저술가에 속한다. 역시 1631년에 그의 대중적인 책 《수학의 열쇠Clavis mathematicae》 초판이 출판됐다. 산술과 대수학에 관한 이 책은 영국에서 수학 지식을 보급하는 데 크게 기여했다. 그는 수학 기호를 특히 강조했으며, 150개가 넘는 수학 기호를 도입했다. 그런데 이 중 단 세 개만이 현재까지 사용되고 있는데, 곱셈을 위한 가위표(×), 비율을 나타낼 때 쓰이는 네 점(∷), 차이를 나타낼 때 자주 쓰이는 기호(~) 등이다.

[1] Walter Raleigh(1554~1618), 영국의 탐험가 · 군인 · 저술가

해리엇

다양한 관심사

해리엇은 1585년 당시 버지니아(현재 노스캐롤라이나) 지역의 지도를 만들기 위해 롤리 경이 파견한 원정대에 측량가로 참여했다. 그는 항해 전문가이자 선박 설계가였으며, 롤리 경의 회계를 담당하기도 했다.

해리엇은 광학, 포술, 화학, 천문학을 연구하기도 했다. 1607년 9월 17일에 혜성을 관찰했다. 이는 나중에 핼리 혜성으로 밝혀졌는데, 케플러가 6일 앞서 이를 발견했다. 그런데 프리드리히 베셀[2]이 핼리 혜성의 궤도를 계산할 때 사용한 자료는 해리엇의 관찰 결과였다. 해리엇은 또한 망원경을 통해 달을 관측했으며, 태양의 흑점과 목성의 위성을 발견했다. 그런데 이런 사실을 발표하지는 않았다. 그의 원고에서 찾아볼 수 있을 뿐이다.

부등호 >와 <의 유래

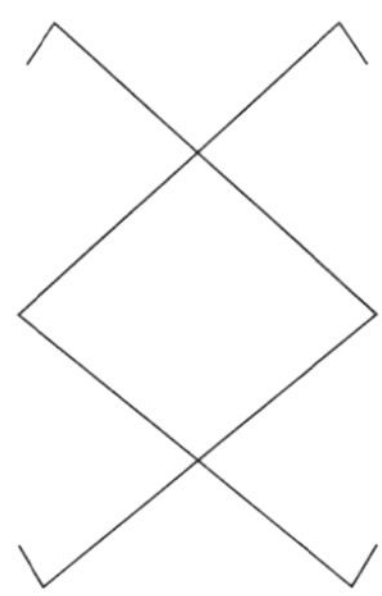

해리엇은 미국에 약 1년 동안 머물면서 인디언들을 연구하고 그들의 언어를 배울 기회가 있었다. 귀국한 뒤 곧바로 책《새로 발견된 땅 버지니아의 상품 및 원주민의 특징과 풍습에 대한 간략하고 정확한 보고서》[3]를 펴냈다.

해리엇과 동행했던 화이트John White 선장은 풍경과 원주민을 스케치했다. 해리엇의 책 제2판에 화이트가 스케치한 몇 개의 그림

[2] Friedrich Wilhelm Bessel(1784~1846), 독일의 천문학자

[3] 제1판은 1588년, 제2판은 1590년에 발간. 당시 이 책은 큰 관심을 끌었으며, 라틴어 · 프랑스어 · 독일어로 번역됐다. 이 책에서 해리엇은 흡연을 권장하기도 했는데, 그 자신은 버지니아에서 이를 배웠다.

을 드 브라이Thomas de Bry가 판화로 만든 작품이 실렸다. 이런 판화 중 하나는 인디언 추장의 뒷모습을 보여주는데, 왼쪽 어깨에 맨 칼에는 오른쪽 그림에 나타낸 표시가 있다. 끝 부분의 작은 돌출선을 제거하고 나머지를 수평 방향으로 떼어놓으면, 해리엇이 '…보다 크다'와 '…보다 작다'를 나타내기 위해 선택한 부등호와 똑같은 기호를 얻는다.

그래서 인디언 추장의 등에 있던 표시가 해리엇으로 하여금 현재 우리가 사용하고 있는 수학 기호인 부등호를 발견하도록 유도했을 가능성도 있다. 해리엇이 부등호의 선택에 대해 말하거나 기록한 자료가 없기 때문에, 이런 추측을 완전히 무시할 수는 없다. 그러나 그가 초기에 만든 기호들의 특징 중에는 이런 추측에 부정적인 점이 없지는 않다. 그는 매우 길게 수평으로 연장한 기호를 부등호로 사용했는데, 이것은 인디언 추장의 등에 나타난 짧고 뭉툭한 기호와는 아주 다르다.

해리엇이 고안한 부등호의 유래가 무엇이든 간에, 바로 위에서 설명한 동기는 교육적인 가치가 있으며, 이런 이야기를 들은 학생은 두 기호 $>$와 $<$를 절대 혼동하지 않을 것이다.

케플러의 추측

롤리 경은 해리엇에게 포탄 무더기가 쌓여 있는 것을 보고 그 개수를 알아낼 수 있는 공식을 만들어보라고 요청했다. 해리엇은 문제를 해결함과 동시에 더 나아가 포탄을 최대한 실을 수 있는 가장 효율적인 방법을 찾으려고 했다.

한동안 고심하던 그는 이 문제를 당시 최고의 수학자이자 물리학자이며 천문학자인 케플러에게 편지를 통해 알려줬다. 케플러도 이 문제를 해결할 수 없었지만, 공을 가장 조밀하게 쌓는 방법은 청과물 상인이 사과나 토마토

를 쌓을 때 이용하는 방식과 같다고 추측했다(1611년).❹

이것이 바로 '케플러의 추측'이다. 1998년 미시건의 젊은 수학자 헤일스 Thomas C. Hales가 이를 증명했는데, 증명의 상당 부분을 컴퓨터에 의존했다.

오트레드

거인들의 스승

오트레드는 이튼Eton 학교와 케임브리지의 킹스 대학을 졸업하고, 1603년 성공회 신부가 됐다. '따분한 설교사'였다고 하는데, 청교도 혁명으로 신도가 줄고 생계의 위협을 받게 되자 설교 실력이 급속히 향상됐다고 한다.

당시 이튼과 케임브리지에서는 수학을 거의 가르치지 않았지만, 놀랍게도 오트레드는 수학에 열중했다. 수학에 관심 있는 학생들에게 무료로 개인 지도를 해주었다. 그의 제자 중에는 월리스, 렌, 워드Seth Ward 등이 있는데, 나중에 각각 유명한 수학자, 건축가, 천문학자가 됐다.

계산자의 발명

오트레드는 책 《조화로운 원》❺에서 원형 계산자에 대해 설명했다. 그러나 그가 인쇄물을 통해 원형 계산자를 처음으로 설명하지는 않았는데, 그와 그의 제자 델라메인❻ 사이에서 이 발명에 대한 우선권 논쟁이 있었다. 그렇지만 오트레드가 1622년경 직선 로그 계산자를 발명한 것은 틀림없는 사실

❹ 각 공은 12개의 공으로 둘러 쌓인다.

❺ *The Circles of Proportion*, 1632

❻ Richard Delamain(1600~1644), 그레셤 대학에서 수학을 공부하고 런던에서 수학을 개인 교습했는데, 왕 찰스 1세도 가르쳤다.

로 보인다. 1620년 건터는 로그자, 즉 거리가 표시된 수의 로그값과 비례하도록 만들어진 자를 제작했는데, 한 쌍의 분할기의 도움으로 이 자의 선분들을 더하고 빼서 곱셈과 나눗셈을 기계적으로 시행할 수 있다. 아래 그림에 나타낸 대로, 두 개의 동일한 로그자를 사용하고 하나를 다른 것을 따라 움직여서 덧셈과 뺄셈을 하는 발상은 오트레드의 것이다. 오트레드가 이런 간단한 계산자를 1622년까지는 이미 발명했지만, 1632년에야 인쇄물을 통해 세상에 알렸다.

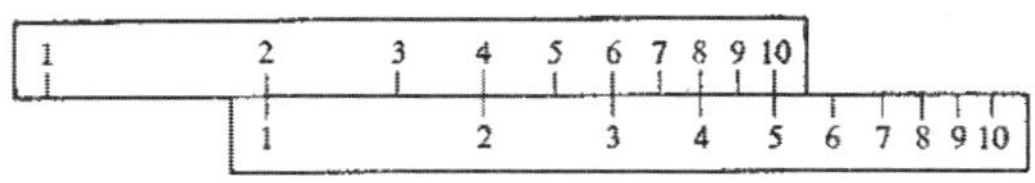

계산자의 받침대는 뉴턴이 1675년에 제안했지만, 거의 1세기 뒤까지도 실제로 제작되지는 않았었다. 상거래, 목재 측정 등과 같은 특별한 용도를 위한 여러 가지 계산자가 17세기에 고안됐다. 로그의 로그자는 1815년에 발명됐으며, 현대적인 계산자는 1850년 프랑스 육군 장교인 만하임[7]이 표준화했다.

공부벌레

오트레드는 자신의 대학 시절에 대해 다음과 같이 말했다.

> 나는 다른 과목보다 훨씬 더 많은 시간을 수학 공부에 전념했다. 밤마다 조금씩 잠을 줄이면서 내 몸을 속였다. 대다수 학생이 휴식을 취하는 동안, 나는 추운 밤에도 자지 않고 공부하는 데 익숙해졌다.

한편, 오브리[8]는 책 《소전기집Brief Lives》에서 오트레드를 다음과 같이 묘

[7] Amédée Mannhein(1831~1906)
[8] John Aubrey(1626~1697), 영국의 전기 작가 · 골동품 연구가

사했다.

> 그는 작은 사람으로 검은 머리카락과 (기백이 대단한) 검은 눈을 가졌다. 그의 머리는 항상 활동하고 있었다. 먼지나 재 위에도 선을 그리고 도형을 그릴 것이다. … 11시나 12시에 잠자리에 들었으며… 밤늦도록 연구했다. 11시까지는 잠자리에 들지 않았고, 자기 곁에 항상 부싯깃이 있었으며, 침대 위에 잉크병을 고정시켜 놓았다. 거의 자지 않았으며 때로는 2, 3일 동안 잠을 자지 않은 적도 있었다.

이렇게 오트레드는 일상적인 건강 수칙을 무시하면서 공부하고 연구했지만, 80을 훨씬 넘긴 나이까지 살았다.

갈릴레오와 케플러

Galileo Galilei 1564~1642
Johannes Kepler 1571~1630

17세기 초 수학에 크게 공헌한 뛰어난 천문학자가 두 명 있었다. 이탈리아의 갈릴레오와 독일의 케플러다.

근대 과학의 아버지로 불리는 갈릴레오는 이탈리아의 피사에서 태어났다. 1581년 의학을 공부하기 위해 피사 대학에 입학했는데, 1583년 피사 성당의 조등을 보고 진자의 등시성을 발견했다. 그 뒤 수학·과학 연구를 시작해서 1589년 피사 대학 강사가 됐으며, 물체의 낙하 운동이 무게에 비례한다는 아리스토텔레스의 주장이 틀렸음을 실증했다. 1592년 베네치아 공화국의 파도바 대학으로 옮겼고, 동역학을 연구해서 '관성의 법칙' 과 '낙체의 가속도는 일정하고 탄도의 궤적은 포물선' 임을 밝혔다. 그리고 1593년과 1587년 사이에 최초의 온도계를 제작했다.

갈릴레오는 1609년 망원경을 제작하고 천체 관측에 사용해서 목성의 위성, 달의 산과 골짜기, 태양의 흑점 등을 발견했고, 은하가 별의 모임이라는 사실을 알아냈으며 코페르니쿠스의 지동설을 지지했다. 1610년 피렌체 대공 메디치가의 코조 2세의 초대를 받고 피사 대학의 최고 수학자가 됐으며[강의할 의무는 없었음] 피렌체에서 연구를 계속했다. 그렇지만 그의 연구 성과를 부정하는 사람이 생겼기 때문에 1615년 로마를 방문해서 해명했으나, 1616년 종교 재판에 회부되고 지동설의 교수 · 선전을 금지당했다. 그러나 1623년 《황금 측량자 II》를 집필해서 지동설을 고집했고, 간단하게 《대화》[1]라고 인용되는 책을 1632년에 출판했다. 이 책이 문제가 되어 1633년 로마로 소환되어 종교 재판을 받고 지동설을 지지하지 않겠다고 서약했다. 그 해 12월부터 피렌체의 교외에서 유폐 생활을 하며 여생을 보냈다. 그의 최대 공적은 과학적 연구 방법으로서 보편적인 수학적 법칙과 경험적 사실의 수량적 분석을 확립한 점에 있다. 유능한 과학자 토리첼리[2]와 비비아니[3]를 제자로 두었다.

케플러는 신성로마제국 뷔르템베르크의 바일(Weil, 현재 독일)에서 선술집을 하는 집안에서 태어났다. 1589년 성직에 뜻을 두고 [이사회가 루터교 신도로 이루어진] 튀빙겐 대학의 신학과에 장학생으로 입학했지만, 교양 과정에서 매스틀린[4] 교수의 강의를 듣고 천문학에 흥미를 느꼈고, 코페르니쿠스의 이론을 알고 우주관이 눈뜨기 시작했다. 1594년 대학을 졸업하고 그라츠Graz에 있는 한 성당 부속학교의 수학 교사로 재직하는 한편, 시장의 위촉을 받고 점성력을 편찬했는데, 혹한과 전쟁이 닥칠 것이라는 예언이 적중해서 좋은 평판을 얻었다.

케플러는 1596년에 간행한 《우주의 신비》를 통해 브라헤, 갈릴레이와 같은 지기를 얻었다. 1600년에 프라하로 이주해서 브라헤의 조수가 됐고, 브라

[1] 《두 가지 우주 이론, 즉 프톨레마이오스 이론과 코페르니쿠스에 관한 대화(Discorsi sprora i due Massiui systemi de Mondo Tolemico, e Copernico)》

[2] Evangelista Torricelli(1608~1647), 이탈리아의 물리학자 · 수학자

[3] Vincenzo Viviani(1622~1703), 이탈리아의 물리학자 · 수학자

[4] Michael Mästlin(1550~1631)

헤가 사망한 뒤 그의 관측 자료와 황실 수학관의 자리를 물려받았다. 이를 발판으로 해서 케플러는 행성의 운동 법칙 세 가지를 얻었는데, 제1, 2 법칙은 1609년의 《새로운 천문학》, 제3 법칙은 1619년의 《우주의 조화》❺에 기록했다. 행성의 운동 법칙은 천문학과 수학의 역사에서 획기적인 사건이다. 왜냐하면 뉴턴은 이것들을 정당화하기 위한 노력의 일환으로 현대적인 천체 역학을 창조했기 때문이다.

케플러의 마지막 저작인 《루돌프표Tubulae Rudolfinae》는 그 뒤 200년 동안 천문학 계산의 기초가 됐다.

갈릴레오

▣ 진동하는 등불

갈릴레오는 피사 대학을 다니던 어느 날 피사 성당의 미사에 참석하고 있을 때, 천장에 매달려 있는 거대한 청동 등불에 마음을 빼앗겼다. 그것은 진폭을 달리하면서 앞뒤로 진동하고 있었다. 규칙적인 맥박을 이용해서 등불의 진동 주기가 진폭의 크기와 관계없이 일정하다는 사실을 발견하고는 무척 놀랐다. 나중에 실험을 통해 진동하는 추의 주기가 추의 무게와도 무관하고 단지 추의 길이에만 의존한다는 사실을 밝혔다. 이 문제를 통해 과학과 수학에 대한 관심이 커졌다.

갈릴레오는 당시 아버지의 뜻에 따라 의학을 공부하게 있었다. 위의 사건을 통해 자신의 적성을 확인하고는, 아버지에게 간청해서 의학을 포기하고

❺ *Harmony of the Worlds*

천부적인 자질을 갖고 있던 과학과 수학 분야로 전공을 바꿨다.

▣ 자유 낙하 운동

갈릴레오는 25세였을 때 피사 대학의 수학 교수로 임명받았다. 그 유명한 낙하 물체 실험을 공개적으로 실시한 시기가 바로 이런 임명 약속을 받고 있던 중이었다. 교수와 학생 및 성직자 앞에서 무게가 열 배 차이가 나는 두 개의 금속 조각을 피사의 사탑 꼭대기에서 동시에 떨어뜨렸다. 두 금속 조각은 거의 동시에 땅에 떨어졌다. 그래서 아리스토텔레스가 주장한 대로 무거운 물체는 가벼운 물체보다 빨리 떨어진다는 사실을 부정했다. 그러나 갈릴레오가 실험을 통해 공개적으로 밝혔음에도 불구하고, 피사 대학의 교수들은 아리스토텔레스의 가르침을 버리려 하지 않았다. 오히려 대학 당국은 아리스토텔레스를 부정하는 갈릴레오의 무례함에 큰 충격을 받았고, 동료 교수들은 그를 불쾌하게 대했다. 이에 따라 그는 1591년 교수직을 사임했다.

갈릴레오는 다음 해 파도바 대학의 교수직을 얻었는데, 파도바 대학은 과학 연구에 좀더 우호적인 분위기였다. 갈릴레오는 이곳에서 거의 18년 동안 실험하고 가르쳤으며, 널리 이름을 날렸다.

▣ 망원경

1607년경 안경점 도제였던 네덜란드의 리페르세이[6]는 스승의 안경 렌즈를 갖고 놀다가, 두 개의 렌즈를 적당한 거리로 띄어 놓으면 두 렌즈를 통해 비춰지는 물체가 크게 보일 수 있다는 사실을 발견했다. 이를 스승에게 알렸고, 스승은 두 렌즈를 통 속에 넣어 가게 앞에 장난감으로 전시했다. 이 장난감을 발견한 정부의 한 관리는 이를 마우리츠[7] 공에게 진상했다. 네덜란드의 군 통수권자였던 마우리츠 공은 이 장난감을 군사용 망원경으로 사용할 수 있다고 생각했다.

갈릴레오는 1609년 망원경이 발명됐다는 소문을 들었다. 그 뒤 곧 리페르세이보다 성능이 훨씬 더 좋은 망원경을 만들었다. 당국의 요청에 따라 베네치아에서 이 기구를 전시했는데, 베네치아의 원로원 의원들은 도시에서 가장 높은 교회의 꼭대기에서 항구에 들어오는 배의 돛을 맨 눈보다 두 시간 전에 볼 수 있었다. 갈릴레오는 이 모형을 베네치아 공화국 총독에게 증정했는데, 총독은 마우리츠 공과 마찬가지로 군사 작전에 유용하게 사용할 수 있다고 생각했다. 갈릴레오는 상당히 인상된 수당을 받았다.

갈릴레오는 계속해서 네 개의 망원경을 더 만들었는데, 새로운 것을 만들 때마다 성능을 더욱 높였다. 30배율의 다섯 번째 망원경으로 1610년 1월 7일 밤 목성의 동쪽에서 두 개 그리고 서쪽에서 한 개의 작은 별을 목격했다. 놀랍게도 다음 날 밤에는 세 개의 별 모두가 목성의 서쪽에 있었고, 3일 뒤 밤에는 목성 주위를 돌고 있는 또 다른 작은 별을 발견했다. 이렇게 목성의 밝은 네 위성을 발견했으며, 작은 물체는 큰 물체의 주위를 공전한다는 코페르니쿠스의 이론을 확립하는 결정적인 증거를 제시할 수 있었다. 그러나 이 발견은 아리스토텔레스의 권위를 따르는 성직자들의 집요한 반대를 또다시 야기

[6] Hans Lippershay(1570?~1619), 1608년 망원경에 대한 특허를 신청했지만 거절당했다.

[7] Maurits van Oranje=Maurice of Nassau(1567~1625), 네덜란드 연방 공화국의 총독으로, 아버지에 이어 에스파냐 군과 싸웠다. 나사우(Nassau) 백작이며 오란예공(公)을 지냈다. 스테빈에게 수학을 배우기도 했다. 나사우 백작 집안은 독일 귀족으로 네덜란드에서 많은 영토를 확보했는데, 16세기 초에는 결혼을 통해 프랑스 남부 프로방스에 있는 오랑주(Orange, 네덜란드어로 오란예, 영어로 오렌지) 공작령을 획득했다. 이에 오란예나사우가 또는 줄여서 오란예가라고 한다.

했을 뿐이었다. 아리스토텔레스는 지구가, 곧 인간이 우주의 중심이라고 주장했기 때문이다. 한 성직자는 갈릴레오가 목성의 네 위성을 망원경 속에 집어넣었다고 비난할 정도였다!

갈릴레오가 네 개의 위성을 토스카나 통치자의 성을 따서 '메디치의 별'이라고 명명했을 때, 토스카나의 대공은 갈릴레오를 치켜세우고 그에게 인색하지 않을 만한 자리를 제안했다. 갈릴레오는 깊이 생각하지 않고 그 제안을 받아들였는데, 비교적 자유로운 분위기의 베네치아를 떠나 보수적이고 답답한 토스카나의 주도 피렌체로 갔다.

갈릴레오는 피렌체에서 망원경을 이용해서 코페르니쿠스의 이론을 확증하는 또 다른 사실들을 발견했다. 또 태양의 흑점을 발견했는데, 이것은 태양에는 오점이나 결점이 없다고 주장한 아리스토텔레스의 가르침에 반하는 것이었다. 갈릴레오는 또다시 곤경에 빠졌다. 코페르니쿠스의 책은 금서 목록에 이미 2백여 년 동안 등재되어 있었다. 이에 따라 갈릴레오는 코페르니쿠스의 이론을 지지하지 말라는 충고를 받기에 이르렀다. 그럼에도 불구하고 1632년 책 《대화》에 자신이 발견한 사실과 코페르니쿠스 이론을 증명한 내용을 포함시켜 출판했다.

▣ 종교 재판과 종말

모든 성직자가 갈릴레오와 그의 발견을 반대하지는 않았다. 교황 그레고리우스 15세[8]와 나중에 교황이 된 바베리니 추기경[9]과 같이 진보적이고 개화된 일부 성직자는 갈릴레오의 견해에 반대하지 않았다. 사실, 바베리니 추기경은 망원경을 통해 실제로 관찰함으로써 갈릴레오의 발견 중 일부를 확인

❽ Gregory XV(1554~1623), 이탈리아의 성직자, 로마 교황(재위 1621~1623)
❾ Cardinal Barberini=Urban VIII(1568~1644), 이탈리아의 성직자, 로마 교황(재위 1623~1644)

했다. 그럼에도 불구하고 반대 세력이 우세했다. 1632년 갈릴레오가 프톨레마이오스 이론에 대한 코페르니쿠스 이론의 승리를 주장한 책《대화》를 출판했을 때, 바베리니 추기경은 교황 우르바누스 8세가 되어 있었다. 교황은 이제《대화》에 등장하는 심플리키오(Simplicius '바보')라는 인물이 바로 아리스토텔레스의 우주관인 프톨레마이오스의 이론을 지지하는 자신을 의미한다고 주장하는 보수주의자들에게 귀를 기울였다. 갈릴레오의 책은 판매가 금지됐고, 위원회가 구성되어 이 문제를 조사하기에 이르렀다. 보고서는 갈릴레오에게 불리했고 "지구가 움직이고 태양은 고정되어 있다."고 주장한 그를 비난했다. 그는 체포되어 종교 재판에 회부됐다. 1633년 6월 22일, 늙고 병든 그는 고문의 두려움 속에서 다음과 같이 공언해야만 했다. "나는 이미 저지른 잘못과 이단적인 행위 그리고 신성한 교회에 반대되는 모든 학설을 저주하며 혐오한다. 그리고 맹세코 앞으로는 이와 유사한 의혹을 야기하는 어떠한 내용도 말이나 글로 발표하거나 동조하지 않겠다. 또한 어떠한 이설이나 이교도로 의심받을 사람을 발견하면, 이단자 심판소나 종교 재판관 또는 가능한 지역의 일반 재판소에 고발하겠다."

이렇게 자신의 양심을 저버린 늙은 학자의 삶은 산산이 부서졌다. 그는 무해한 과학 연구를 계속할 수 있다는 허락을 받았다. 그렇지만 곧 눈이 멀었고 여전히 종교 재판소의 감시를 받으면서 사실상 감옥과 같은 자기 집에서 1642년 1월에 죽었다.

전하는 이야기에 따르며, 갈릴레오는 지구가 움직인다는 사실을 부정하고 강제로 자신의 신념을 취소한 뒤에 일어서면서, "그래도 지구는 항상 그렇듯이 움직인다."고 숨을 죽이며 중얼거렸다고 한다. 이 말은 진리는 어떠한 강압에도 승리한다는 금언으로 전해지고 있다. 갈릴레오의 다음과 같은 말도 자주 인용된다. "과학 문제에서 천 명의 권위도 단 한 명의 겸허한 추론만 못하다."

이런 말과 함께 갈릴레오가 속박 속에서 죽은 1642년에 뉴턴이 태어났다는 사실에 의미를 주기도 한다.

과학과 종교

갈릴레오는 평생 독실한 가톨릭 신자였다. 이에 따라 과학자로서 관찰과 추론을 통해 얻은 필연적인 결론이 성서와 대치되는 상황에 이르렀을 때 신자로서 매우 괴로워했다. 과학과 성서 사이의 관계를 스스로 숙고해 볼 필요를 느꼈다. 기독교도인 과학자는 종종 이런 상황에 놓인다. 예를 들면, 19세기 중엽 다윈의 진화론과 생명의 창조에 대한 성서의 설명을 조화시키는 데 어려움을 느꼈던 경우가 있었다.

갈릴레오는 성경이 천문학이나 생물학 또는 다른 어떠한 과학의 교과서가 아니며, 결코 그런 목적으로 쓰여진 것이 아니라고 결론지었다. 성경은 우리 스스로 발견할 수 있는 과학적 사실을 가르치기 위해 쓰여진 책이 아니라, 우리 스스로 발견할 수 없는 정신적 진리를 밝히기 위해 쓰여진 책이라고 생각했다. 이런 정신적 진리를 최초로 발견한 사람들의 세계관과 우주관은 당시의 과학 발전 상태에 좌우될 것이다. 그러므로 과학자는 고대 헤브루 사람들이 바라본 세계를 묘사한 성경을 보고 당황하지 말아야 하고, 성직자는 성경의 설명에 반대되는 방법으로 세계를 묘사한 후세의 과학자를 보고 당황하지 말아야 한다. 세상을 묘사하는 방법은 성경의 실제 목적에는 부차적인 것이며, 성경의 정신적 가르침과 결코 상반되지 않는다.

고대 그리스인과 중세 유럽의 기독교도

고대 그리스의 아리스타르코스[10]는 태양계에 관한 코페르니쿠스 이론을

1800년 전에 이미 예감했다. 이 이론에 대한 고대 그리스 사람과 후대 유럽 기독교도 사이의 반응을 비교하는 것은 흥미롭다. 아리스타르코스 시대의 사람들은 이 이론을 가능성 있는 가설로 생각해서 과학적으로 논의했으며, 확실한 결과(별의 시차)를 관찰할 수 없었기 때문에 결국은 받아들일 수 없다고 생각했다. 코페르니쿠스 시대의 사람들은 이 이론을 비난했으며, 이를 믿는 사람들을 박해했다. 왜냐하면 이 이론은 인간을 우주의 중심에서 제거했기 때문이었다.

▣ 갈릴레오 변호

어떤 사람이 종교 재판관 앞에서 자신의 주장을 철회한 갈릴레오를 비난한 적이 있었다. 이에 대해 힐베르트⑪는 다음과 같이 반대했다. "갈릴레오는 바보가 아니었다. 바보만이 과학은 순교를 필요로 한다고 믿을 것이다. 종교에서는 순교가 필요할 수 있겠지만, 과학의 결과는 스스로 밝혀진다."

한편, 러셀⑫은 《게으름의 찬미In Praise of Idleness, 1935》에서 다음과 같이 말했다. "보편적으로 가장 많이 바라는 두 가지는 힘과 존경이다. 통상 무지한 사람은 물리적인 지배나 획득과 같은 잔인한 방법으로 이런 것을 얻을 수 있을 뿐이다. 문화는 사람들에게 힘과 존경을 얻는 더 가치 있고 덜 해로운 형태의 방법을 가르쳐 준다. 갈릴레오는 어떠한 제왕보다도 이 세상을 더 많이 변화시켰으며, 그의 힘은 박해자의 힘보다 한없이 더 컸다. 따라서 그는 자신의 목적을 위해 박해자가 될 필요가 없었다."

⑩ Aristarchus of Samos(기원전 310?~230?)
⑪ David Hilbert(1862~1943), 독일의 수학자로 괴팅겐 대학 수학 교수를 지냈다.
⑫ Bertrand Arthur William Russell(1872~1970), 영국의 논리학자 · 철학자 · 평화 운동가

가톨릭 교회의 과학 인정

갈릴레오가 망원경을 사용해서 지구가 태양 주위를 공전한다는 사실을 증명했다는 이유로 가톨릭 교회로부터 유죄 판결을 받고 347년이 지난 1980년, 교황 요한 바오로 2세[13]의 요청에 따라 바티칸은 갈릴레오의 이단 판결을 재심하기 시작했다. 갈릴레오 사건의 재심은 교회의 가르침이 현대 과학을 부정하지 않는다는 사실을 밝히기 위해 교회가 노력하고 있음을 보여주려는 것이었다. 교황은 1982년 10월 갈릴레오의 교적을 공식적으로 회복시켰고, 13년에 걸친 연구 끝에 드디어 1992년 교회가 갈릴레오를 비난한 것은 잘못이었다고 선언했으며, 1994년 5월에는 갈릴레오의 명예를 회복시키기 위해 그를 기념하는 우표를 두 가지 발행했다.

교황 요한 바오로 2세는 다윈의 진화론도 인정했다.

케플러

갈릴레오와 케플러의 편지

케플러는 1596년 코페르니쿠스 이론을 공개적으로 옹호하는 책 《우주의 신비Mysterium cosmogaphicum》를 발간했고, 갈릴레오에게 책을 보내주었다. 1597년 8월 4일, 갈릴레오는 케플러에게 감사의 편지를 보냈다.

[13] John Paul II(1920~2005), 폴란드 출신으로 교황

> 이 세상에 당신과 같은 사람이 좀 더 많았다면, 나는 틀림없이 내 생각을 대중에게 감히 알렸을 것이오. 그러나 그렇기 않기 때문에 자제하려 하오.

두 달 뒤인 1597년 10월 13일, 케플러는 코페르니쿠스 지지자인 갈릴레오에게 자신의 신념을 대담하고 공개적으로 밝히라는 독촉 편지를 띄웠다.

> 용기를 내어 군중 앞에 나서시오. 만약 내가 틀리지 않았다면, 우리와 동의하지 않는 사람은 유럽의 뛰어난 수학자 중 겨우 몇 명에 불과할 것입니다. …

그러나 이미 알아봤듯이 갈릴레오는 자신에 대한 최후의 심판을 먼 미래로 정했다.

▣ 신비로운 행성 이론

케플러의 《우주의 신비》에는 신비로운 행성 이론이 담겨 있다.[14] 이것은 태양을 중심으로 당시에 알려진 6개의 행성(수성, 금성, 지구, 화성, 목성, 토성)이 5개의 정다면체에 순차적으로 내접 · 외접함으로써 거리가 유지된다는 황당한 설정이었다.

행성이 태양 주위를 공전한다는 코페르니쿠스의 이론에 영향을 받은 케플러는 정확하게 여섯 개의 행성이 존재하는 이유와 태양으로부터 특정한 거리에 위치하는 이유를 설명하는 수치적인 관계를 찾으려고 노력했다. 결국 그 열쇠가 수치적이 아니라 기하학적이라고 결론을 내렸다. 인접해 있는 두 행성 사이의 거리가 다섯 가지 정다면체 중 어떤 특정한 다면체와 반드시 관

[14] 케이스 데블린 저/ 허민 · 오혜영 역, 《수학: 양식의 과학》, 경문사, 1996, pp. 252-254.

련되기 때문에 정확하게 여섯 개의 행성이 존재한다고 추론했다.

그는 약간의 실험을 통해 포개진 정다면체와 구면의 배열을 발견했는데, 여섯 개의 각 행성의 궤도는 여섯 개의 구면 중 하나 위에 놓여 있다고 주장했다. (토성의 궤도가 놓여 있는) 바깥 구면에는 정육면체가 내접하고, 정육면체에 내접하는 구면 위에 목성의 궤도가 놓인다. 이 구면에 정사면체가 내접하는데, 화성의 궤도는 정사면체에 내접한 구면 위에 놓여 있다. 화성의 궤도가 놓여 있는 구면에 정십이면체가 내접하고, 이 다면체에 내접한 구면 위에 지구의 궤도가 놓인다. 그리고 이 구에 내접한 정이십면체에는 금성의 궤도가 놓여 있는 구면이 내접한다. 마지막으로, 금성의 궤도가 놓여 있는 구면에 내접한 정팔면체에는 그 위에 수성의 궤도가 놓여 있는 구면이 내접한다.

케플러는 이와 같은 자신의 놀라운 발견을 설명하기 위해서 매우 공들인 상세한 그림을 그렸다. 분명히, 그는 자신의 발견을 대단히 기뻐했다. 그런데 문제는 이것이 모두 무의미하다는 사실이다!

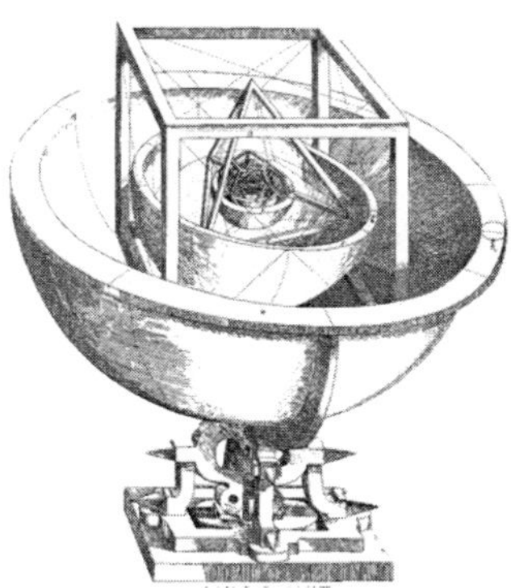

첫째, 포개진 구면들과 행성의 궤도들 사이의 대응은 실제로 정확하지 않다. 케플러는 행성의 궤도에 관한 정확한 자료를 많이 갖고 있었기 때문에 이런 불일치를 분명히 알고 있었다. 그래서 그는 서로 다른 두께를 가진 구면들을 선택해서 자신의 모형을 수정하려고 시도했다. 그렇지만 그는 구면의 두께가 다른 이유를 전혀 설명하지 않았다.

둘째, 우리가 알고 있듯이, 행성은 여섯 개가 아니라 여덟 개 있다. 천왕성과, 해왕성은 케플러 시대 이후에 발견됐다.[15]

현대적인 관점에서 보면, 플라톤과 케플러와 같이 엄청난 재능을 가진 지적 거인이 이런 괴짜 이론을 제안했다는 사실을 믿기 어렵다. 케플러에게 정다면체와 우주의 구조 사이의 관계를 찾도록 유도한 것은 무엇인가?

이에 대한 답은 현대 과학자를 자극하고 있는 것과 똑같은 뿌리깊은 믿음에 의해 그들도 현혹됐다는 점이다. 이것은 세계의 모든 양식과 질서를 수학으로 묘사하고 어느 정도까지는 수학으로 설명할 수 있다는 믿음이다. 당시 유클리드 기하학은 가장 잘 발달된 수학의 분야였으며, 정다면체 이론은 유클리드 기하학에서 최상의 위치를 차지하고 있었다. 즉, 정다면체에 대한 완전한 분류가 이루어졌고 다섯 가지 모든 정다면체가 확인됐으며 광범위하게 연구됐다. 케플러의 이론은 비록 궁극적으로 옹호받을 수 없지만 개념에 있어서 매우 정교했고 동시대의 갈릴레오가 피력한 다음과 같은 견해와 보조를 맞추고 있었다. “자연의 위대한 책은 거기에 쓰인 언어를 알고 있는 사람만이 읽을 수 있다. 그런데 그 언어는 바로 수학이다.” 사실, 케플러로 하여금 자신의 수학적 모형을 관찰 자료와 일치하게 수정하도록 유도한 것은, 또 자신이 설명할 수 없는 ‘허튼 소리’까지 하면서 그 모형의 미적 정밀성을 추구하도록 유도한 것은 바로 수학적 질서에 대한 그의 기본적인 믿음이었다.

브라헤의 조수

케플러는 1597년에 결혼하고 1600년에 프라하로 이주했다. 그곳에는 코펜하겐에서 망명해 온 브라헤가 루돌프 2세의 보호 아래 화성의 운행을 관측하고 있었다. 케플러는 칙허를 얻어 그의 조수가 됐는데, 1601년 10월 브라헤가 갑자기 죽을 때까지 1년 반 동안 함께 연구했다. 브라헤는 임종할 때, 오랫동안 관측한 자료의 정리를 그에게 위탁했다. 케플러는 이와 동시에 은사의

⑮ 국제천문연맹(IAU)은 2006년 8월 24일 밤(한국 시각) 체코 프라하에서 총회를 갖고 명왕성을 기존 9개의 행성 목록에서 퇴출시키기로 결정했다. 이에 따라 태양계 행성은 수성부터 해왕성까지 8개만 남게 됐다.

후계자로서 황실 수학관에 임명됐다. 이같이 당대 최고의 관측가로부터 이론가로 연구가 인계된 사실은 지동설의 발전에 중요한 계기가 됐다.

▣ 행성의 운동 법칙

케플러는 브라헤가 죽은 뒤 재정적인 지원을 제대로 받지 못했지만, 연구를 계속해서 1609년에 《새로운 천문학》을 엮었다. 여기에 '케플러의 법칙' 제1 및 제2 법칙을 수록했다. 그런데 루돌프 2세가 건강 때문에 물러난 뒤 신교도에 관대하지 않은 황제가 등극했고, 이에 케플러는 프라하를 떠나서 오스트리아의 린츠Linz에 정착했다. 제3 법칙은 모든 행성의 자료를 검토하지 않고는 얻어낼 수 없는 것이어서, 그 발견에서는 다시 10년이라는 긴 세월이 소요되어 1619년의 《우주의 조화》에 수록했다.

대부분의 문제는 지속적으로 고심하고 긴 시간 동안 연구하면 풀 수 있다는 말이 자주 인용되곤 한다. 토머스 에디슨이 발명은 1%의 영감과 99%의 노력의 결과라고 말한 바와 같이, 문제는 1%의 상상력과 99%의 노력으로 해결된다. 아마도 과학사에서 케플러가 태양 주위를 공전하는 행성의 문제를 해결할 때 보인 놀라운 인내심보다 위의 명제를 더 명확하게 실증하는 예는 없을 것이다. 행성은 태양이 중심인 궤도를 따라 회전한다는 코페르니쿠스의 이론을 완전히 확신한 케플러는 궤도의 위치와 특성 및 행성이 궤도를 따라 공전하는 방법을 찾으려고 무진 애를 썼다. 그는 입증에 필요한 자료가 거의 없을 때 이루어진 매우 많은 상상적인 시도들을 점검한 뒤에, 행성의 운동을 매우 자세하게 관찰한 브라헤의 방대한 자료를 물려받았다. 문제는 다음과 같은 꼴로 귀착됐다. "브라헤의 방대한 관측 자료와 정확하게 일치하는 행성의 운동 양식을 찾기." 브라헤의 기록이 매우 믿을 만한 자료였기 때문에, 어떠한 답이라도 달 지름의 1/4 정도인 매우 작은 차이로 브라헤가 관측한 위치와 다르면 잘못된 결론으로 파기됐다. 그리고 먼저 그럴듯한 답을 상상해서 추측하고는 고통스러운 인내심을 발휘해서 자신의 추측을 증명하거나 부정하는 데 필요한 산더미만한 지루한 계산을 감수했다. 소득 없이 수백 번 시도했고 엄청나게 많은 계산을 시행했다. 지칠 줄 모르는 열정과 인내로 22년 동안 노력했다. 결국 그는 행성의 운동을 세 가지 법칙으로 해결했다.

I. 행성은 태양 주위를 태양이 하나의 초점이 되는 타원을 궤도로 공전한다.
II. 같은 시간 동안 행성과 태양을 연결하는 선분이 그리는 영역의 넓이는 서로 같다.
III. 행성의 1주기의 제곱은 궤도의 장축 반의 세제곱에 비례한다.

문제 해결가

브라헤의 방대한 자료로부터 행성의 운동 법칙들을 귀납적으로 발견한 과정은 과학사에서 가장 뛰어난 추론 중 하나로 간주된다. 그런데 이렇게 문제를 해결하는 과정은 몹시 고통스럽다. 누구나 감내할 수 있는 것이 아니다. 여기서 문제 해결가가 매우 드문 이유를 알 수 있다. 문제 해결 전문가는 두 가지의 양립하기 어려운 특질을 소유해야 한다. 하나는 끊임없는 상상력이고 다른 하나는 결코 꺾기지 않는 인내심이다.

케플러 스스로도 자신의 업적에 큰 자부심을 가졌다. 책 《우주의 조화》의 머리말에서 자신의 감정을 다음과 같이 쏟아냈다.

> 나는 이 책을 현대 사람들(이것은 문제가 아니다) 또는 후세 사람들을 위해 쓰고 있다. 내 책은 읽어 줄 사람을 100년 동안 기다려야 할지도 모른다. 신은 한 명의 관찰자를 6000년 동안 기다리지 않았는가?

순수 수학과 응용 수학

순수 수학의 어떤 부분이 언제 예상하지 못한 응용을 이끌어낼지 누구도 알 수 없다. 훼웰⑯이 지적한 대로, “만약 그리스 사람들이 원뿔 곡선을 연구하지 않았다면, 케플러는 프톨레마이오스를 능가할 수 없었을 것이다.”

그리스 사람들이 단지 지적 만족을 위해 원뿔 곡선의 성질을 연구하고 1800년이 지난 뒤에, 그것의 놀랍고 실질적인 응용이 나타났다는 사실은 매우 흥미롭다.

불행한 삶

케플러는 평생 동안 독실한 기독교도였다. 자신의 연구를, 기독교도로서 신의 행위를 이해하는 의무의 실천으로 생각했다. 그러나 그의 사생활은 여러 가지 세속적인 불행으로 거의 견딜 수 없을 지경이었다는 이야기가 있다.

케플러는 4세 때 천연두에 감염되어 왼쪽 눈의 시력을 많이 잃었다. 평생 동안 허약했을 뿐만 아니라 심기증⑰ 환자이기도 했다. 17세 때 아버지가 전사한 뒤 가족을 부양하는 부담 속에 젊은 시절을 재미없게 보냈다. 결혼 역시 불행의 씨앗이었다. 1611년 사랑스런 아이가 수두로 죽었고 곧이어 아내Barbara Muller는 미쳐서 죽었다. 가톨릭교도들이 도시를 점령했을 때 그라츠 대학의 강사 자리를 빼앗겼고, 어머니는 마녀로 고발되어 투옥됐는데 고문 감방에서 어머니를 구

⑯ William Whewell(1794-1866), 19세기 영국에서 큰 영향력을 행사한 다양한 분야의 전문가
⑰ 건강에 이상이 없는 데도 병에 걸리지 않았는지 지나치게 걱정하는 증상

출해내기 위해 거의 1년 동안 필사적으로 노력했다. 또, 자신도 이단 선고로부터 가까스로 피할 수 있었으며, 수당은 언제나 체불됐다. 한 이야기에 따르면, 첫 번째 결혼을 거울삼아 열한 명의 여자 중에서 장점과 단점을 조심스럽게 분석하는 주의를 기울였음에도 불구하고 둘째 결혼은 첫째 결혼보다 훨씬 더 불행했다. 그는 별점을 쳐서 부수입을 얻어야 했으며, 오랫동안 밀린 수당을 받으려고 여행하다가 얻은 열병으로 1630년 59세의 나이로 죽었다.

▣ 지구와 행성의 음정

케플러는, 각 천체가 고유의 특징적인 소리를 낸다는 천구에 대한 피타고라스의 음악 이론을 믿었다. 지구는 두 개의 음 '미' 와 '파' 를 낸다고 말했다. 여기서 미mi는 miseria(misery, 비참함), 파fa는 fames(famine, 굶주림)을 나타낸다고 했다.

한편, 케플러는 책 《우주의 조화》에서 화음의 비와 행성들을 관련지었다. 이 비를 행성들이 매일 태양 주위를 공전하는 각도와 비교해서 아주 흥미로운 점을 발견했다. 예를 들면, 토성이 태양에서 가장 먼 곳에서 하루에 공전하는 각도는 1′46″이고 태양과 가장 가까운 곳에서 하루에 공전하는 각도는 2′15″이다. 여기서 1′46″와 2′15″의 비는 약 4 : 5로서 장3도를 나타낸다. 화성의 경우에 이 비는 26′14″ : 38′1″, 즉 2 : 3으로 장5도를 나타낸다. 이런 관계들에 대해 케플러는 "따라서 천체의 운동은 단지 영구히 지속되는 대위법일 뿐이다."라고 했다.[18]

[18] 샌더슨 스미스 저/ 황선욱 역, 《수학사 가볍게 읽기》, 한승, 2002, p. 107.

브라헤 Tycho[Tyge] Brahe 1546~1601

망원경이 발명되기 직전 최고의 천체 관측가인 브라헤는, 덴마크의 명문 귀족의 아들로 스코네(현재 스웨덴령)에서 태어났다. 1569년 코펜하겐 대학에 입학했는데, 이미 예고된 1570년 일식 현상에 큰 감동을 받고 천문학에 관심을 가졌다. 라이프치히 등 북유럽 각지를 편력하면서 천체 관측을 계속했으며 연금술과 점성술에도 관심을 가졌다. 1572년 카시오페이아좌 안에 등장한 새 별을 관측해서 그것이 혜성이 아니며, 따라서 월하계의 것은 아니라고 결론지었다. 1576년 덴마크 왕 프레데리크 2세(Frederick II, 1534~1588)는 그의 재능을 인정해서 스웨덴과의 해협 안에 있는 벤 섬에 천문대를 세우게 했다. 그는 여기에 우라니보르크('하늘의 성', 1576년)와 스테르네보르크('별의 성', 1584년)라는 두 천문대를 건립하여 많은 관측 기기를 설치하고 공동 작업에 의한 조직적인 천체 관측을 장기간에 걸쳐 실시했다. 그 결과 종래보다 관측의 정확도가 훨씬 개선됐다. 1577년에는 거대한 혜성이 발견되어 거리를 추정한 결과, 지난 해의 새 별과 아울러 연구한 끝에 우주를 천상계와 월하계로 양분하는 종래의 아리스토텔레스의 우주상에 의문을 표명하기에 이르렀다. 또 코페르니쿠스설이 '에칸트'를 사용하지 않아도 된다고 하는 이유로 수학적으로는 탁월하다고 생각하게 됐다. 이런 점에서 그는 독자적인 지구 중심설(지구를 중심으로 하여 달과 태양이 공전하며, 태양 둘레를 다른 행성과 혜성이 회전한다)을 생각하기 시작했다. 1588년 선왕이 사망하고 젊은 크리스찬 4세가 즉위했다. 자신의 명성에 도취한 브라헤가 폭군처럼 벤 섬 주민을 마구 다루자, 전과 같은 지원을 받지 못하게 됐고, 이에 1597년 그는 벤 섬을 떠났다. 1599년 신성로마제국 황제 루돌프 2세의 초빙으로 황실 수학관으로 프라하에 갔다. 베르베펠로 궁전에 천문대를 설치하고 케플러 등을 조수로 고용해서 함께 연구했다. 38년 동안 관측한 결과인 《루돌프표》와 우주 모델의 완성은 그가 사망한 뒤 케플러에게 맡겨졌다.

브라헤는 격정적인 성격의 소유자로, 코가 황금으로 되어 있었다고 한다. 그는 1566년 젊은 시절 로스토크 대학에 있었을 때 덴마크의 한 귀족과 결투했다. 그 결과 코의 상당한 부분을 잃었다. 그 뒤 브라헤는 의학과 연금술에 관심을 가졌는데, 사라진 코 부분을 밀랍과 은 및 금으로 이루어진 물질로 대체했다.

메르센 Marin Mersenne

1588~1648

메르센은 노동자 계급의 가난한 집안에서 태어났지만, 어려서부터 학업에 강한 의욕을 보였다. 16세 때 라 플레시La Fleche에 신설된 예수회 학교에 입학했고, 졸업한 뒤에는 파리로 가서 철학과 신학을 공부했다. 1611년에 미님Minim 교단에 들어가 이듬해에 사제가 됐다. 1614년부터 느베르Nevers의 수도원에서 그리고 2년 뒤부터는 파리의 수도원에서 철학과 신학을 가르쳤다.

메르센은 다시 파리로 간 뒤에는 수학 연구를 중요한 과제로 생각했고, 페르마, 파스칼 부자, 로베르발 등과 교제했으며, 데카르트와 갈릴레오 등 당시 지도적인 수학자들과 열심히 편지를 주고받았다. 호이겐스를 비롯해서 많은 유능한 과학자들에게 도움을 주었다. 메르센은 많은 양의 글을 썼지만, 가장 기억되는 업적은 소수와 관련된 수론 연구이다.

▣ 수학관

메르센은 수학을 '순수하게 지적인 상상력의 과학'이라고 주장했다. 그리고 수학은 수량을 다루기 때문에 확실하며, "상상력 또는 순수하게 지적인 과학으로, 절대적으로 가능한 것 이외의 어느 것도 고려하지 않는다."라고 썼다.

메르센의 수학관과 완전히 대치되는 견해를 비력한 사람도 있다. 디드로[1]는 수학자는 도박꾼과 같은데, 수학자와 도박꾼은 모두 스스로 창조한 추상적인 규칙으로 게임을 한다고 말했다.

▣ 메르센 수와 메르센 소수

자연수 $n=1, 2, 3, \cdots$에 대해 $M_n=2^n-1$ 꼴의 수를 '메르센 수'라고 한다. 메르센 수는 두 가지 이유에서 관심을 끄는데, 우선 현재까지 알려진 가장 큰 소수는 메르센 수다. 그리고 고대 그리스의 피타고라스와 관련해서 언급한 대로 소수인 메르센 수, 즉 메르센 소수의 도움으로 완전수를 발견할 수 있다.[2]

메르센은 1644년에 출판된 책 《물리수학론Cogitata physico-mathematica》의 머리말에서 257 이하의 자연수 n 중에서 M_n를 소수로 만드는 것은 다음과 같은 수뿐이라고 주장했다.

$$2, 3, 5, 7, 13, 17, 19, 31, 67, 127, 257$$

메르센의 이런 주장이 완전히 정확하지는 않은데, 몇 가지는 빠뜨렸고 몇 가지는 잘못 포함시켰다. 자연수 $n=61, 89, 107$에 대해 M_n은 소수이고 자연수 $n=67$과 257에 대해 M_n은 합성수다.

메르센이 빠뜨린 처음 경우인 M_{61}은 19자리 수로 1886년 실호프P. Seelhoff와 1887년 페르부신J. Pervusin이 소수라는 사실을 밝혔다. 메르센이 처음으로 잘못 포함시킨 M_{67}이 합성수라는 사실은 1894년 (이 수의 약수를 찾아낼 수 없는 과정을 통해) 파우퀴엠베르그E. Fauquembergue와 1903년 (M_{67}을 두 개의 거대한 소수의 곱으로 표현한) 콜[3]이 밝혔다.

1952년까지, 75년 이상 동안 39자리 수 M_{127}은 가장 큰 소수의 자리를 차지했다. 즉, 당시까지는 겨우 열두 개의 메르센 소수만이 알려져 있었다.

---

❶ Denis Diderot(1713~1784), 프랑스 철학자 · 비평가로 백과 전서 편찬

❷ 2^n-1이 소수이면, $2^{n-1}(2^n-1)$은 완전수다.

환영받은 논문

벨은 매력적인 책 《수학-과학의 여왕과 시녀》에 1903년 콜이 발표한 논문과 관련된 재미있는 이야기를 실었다. 그 논문은 메르센 수 $M_{67}=2^{67}-1$의 인수 분해에 관한 것이었다.

> 1903년 10월에 열린 미국 수학회의 뉴욕 모임에서, 일정에 따라 콜은 〈거대한 수의 소인수 분해에 대해〉라는 수수한 제목의 논문을 발표하기로 되어 있었다. 좌장이 논문을 발표해 달라고 요청하자, 항상 말이 적었던 콜은 칠판에 다가가서 단 한 마디의 말도 없이 분필을 들고 2의 67제곱을 계산했다. 다음에 조심스럽게 1을 뺐다. 그리고 또다시 단 한 마디의 말도 없이 칠판의 빈 곳으로 자리를 옮기고는 보통의 속도로 다음 곱셈을 했다.
>
> $$193{,}707{,}721 \times 761{,}838{,}257{,}287$$
>
> 그 두 결과는 일치했다. … 기록에 의하면 최초로 그리고 유일하게, 미국 수학회의 청중은 논문을 발표한 저자에게 열렬한 박수를 보냈다. 콜은 단 한 마디의 말도 없이 자신의 자리에 앉았다. 아무도 그에게 질문을 던지지 않았다.

몇 년이 지난 1911년 벨은 콜에게 M_{67}을 소인수 분해하는 데 얼마나 긴 시간이 걸렸는지를 물었다. 콜은 "3년 동안의 매주 일요일"이라고 대답했다.

❸ Frank Nelson Cole(1861~1926), 하버드 대학에서 박사 학위를 취득하고(1886년), 하버드, 미시간 대학을 거쳐 1895년부터 여생을 컬럼비아 대학에서 가르쳤다. 미국 수학회에서 수여하는 대수학과 수론의 '콜 상'을 제정했다.

▣ 놀라운 소인수 분해

메르센은 합성수라고 주장한 메르센 수의 소인수를 처음에 모두 제시하지는 않았다. 수에 따라서는 수백 년 뒤에야 그 소인수 분해가 이루어졌다.

프랑스 수학자 풀레[4]는 제2차 세계 대전 중 여가 시간을 이용해서 거대한 메르센 수 $M_{135}=2^{135}-1$을 소인수 분해했다. 그 결과는 다음과 같다.

$$M_{135}=7\times31\times151\times271\times631\times23{,}311\times262{,}657 \\ \times348{,}031\times49{,}971{,}617{,}830{,}801$$

메르센이 합성수라고 주장한 수 M_{251}의 소인수 503과 54,217은 19세기에 발견됐다. 그렇지만 M_{251}의 완전한 소인수 분해는 1984년 2월까지도 이루어지지 않았는데, 이때 두 연구자가 Cray 슈퍼컴퓨터를 이용해서 32시간 동안 조사한 끝에 다음과 같은 소인수 분해를 찾아냈다.

$$2^{251}-1=503\times54{,}217\times178{,}230{,}287{,}214{,}063{,}289{,}511 \\ \times61{,}676{,}882{,}198{,}695{,}257{,}501{,}367 \\ \times12{,}070{,}396{,}178{,}249{,}893{,}039{,}969{,}681$$

▣ 현대의 메르센 수 연구

127보다 큰 지수 n에 대해 매우 거대한 수가 되는 M_n이 소수임을 밝히는 데는 현대의 컴퓨터가 사용됐다. 예를 들면, 1952년 SWAC 계수형 컴퓨터의 도움으로 다섯 개의 새로운 메르센 소수가 발견됐는데, n=521, 607, 1279,

❹ Paul Poulet(?~1946)

2203, 2281과 각각 대응한다. 1957년 스웨덴 컴퓨터 BESK는 n=3217에 대응하는 소수를 발견했고, 1961년 IBM 7090은 n=4253, 4423에 대응하는 또 다른 두 개의 소수를 발견했다. (n< 5000에 대응하는 다른 메르센 소수는 존재하지 않는다.)

n=11213에 대응하는 메르센 소수는 1963년 일리노이 대학에서 발견됐다. 일리노이 대학 수학과는 3376자리의 이 거대한 소수의 발견을 대단히 큰 자랑거리로 여겨서, "$2^{11213}-1$은 소수다."라는 문구를 넣은 사각형의 우편 요금 미터기로 우편물에 날인했다.

2007년 12월 현재까지 밝혀진 44개의 메르센 소수의 발견 연도, 발견자, 사용된 컴퓨터를 요약하면 다음과 같다.

n	2^n-1(소수)	발견 연도	발견자	사용된 컴퓨터
2	3	고대	유클리드의 《원론》에서 언급	
3	7	"	"	
5	31	"	"	
7	127	"	"	
13	8191	1461	Codex Lat. Monac. 14908에서 언급	
17	131071	1588	P. Cataldi	
19	524287	1588	P. Cataldi	
31	2147483647	1750	L. Euler	
61	19자리	1883	I. Pervouchine	
89	27자리	1911	R. Powers	
107	33자리	1914	E. Fauquembergue	
127	39자리	1876	E. Lucas	
521	157자리	1952	R. Robinson	SWAC
607	183자리	1952	R. Robinson	SWAC
1279	386자리	1952	R. Robinson	SWAC

2203	664자리	1952	R. Robinson	SWAC
2281	687자리	1952	R. Robinson	SWAC
3217	969자리	1957	H. Riesel	BESK
4253	1281자리	1961	A. Hurwitz	IBM 7090
4423	1332자리	1961	A. Hurwitz	IBM 7090
9689	2917자리	1963	D. Gillies	ILLIAC II
9941	2993자리	1963	D. Gillies	ILLIAC II
11213	3376자리	1963	D. Gillies	ILLIAC II
19937	6002자리	1971	B. Tuckerman	IBM 360/91
21701	6533자리	1978	L. Nickel, C. Noll	CDC Cyber 174
23209	6987자리	1979	C. Noll	CDC Cyber 174
44497	13395자리	1979	H. Nelson, D. Slowinski	Cray-1
86243	25962자리	1982	D. Slowinski	Cray-1
110503	33265자리	1988	W. Colquitt, L. Welsh, Jr.	NEC SX-2
132049	39751자리	1983	D. Slowinski	Cray-1
216091	65050자리	1985	D. Slowinski	Cray X-MP
756839	227832자리	1992	D. Slowinski, P. Gage	Cray-2
859433	258716자리	1994	D. Slowinski, P. Gage	Cray Y-MP
1257787	378632자리	1996	D. Slowinski, P. Gage	Cray T94
1398269	420921자리	1996	J. Armengaud, G. Woltman	GIMPS
2976221	895932자리	1997	G. Spence, G. Woltman.	GIMPS
3021377	909526자리	1998	R. Clarkson, G. Woltman	GIMPS
6972593	2098960자리	1999	N. Hajratwala	GIMPS
13466917	4053946자리	2001	M. Cameron	GIMPS
20996011	6320430자리	2003	M. Shafer	GIMPS
24036583	7235733자리	2004	J. Findley	GIMPS
25964951	7816230자리	2005	M. Nowak	GIMPS
30402457	9152052자리	2005	C. Cooper, S. Boons	GIMPS
32582657	9808358자리	2006	C. Cooper, S. Boons	GIMPS

GIMPS

위의 표에서 최근에 발견된 10개의 메르센 소수는 모두 'GIMPS'와 관련이 있다. 1996년까지 기록을 갱신하는 데 사용된 크레이Cray 슈퍼컴퓨터들과 어떤 관계에 있는가?

1996년 말 파리의 아프실로그Apsylog에 근무하는 컴퓨터 프로그래머 아르멩고드Joel Armengaud는 표준적인 탁상용 개인용 컴퓨터를 이용해서 35번째의 새로운 메르센 소수를 발견함으로써 기록을 세웠다. 그런데 아르멩고드의 개인용 컴퓨터는 당시 세계에서 가장 강력한 컴퓨터의 하나인 크레이 T94를 어떻게 능가할 수 있었을까? 공동 작업이 해답이다. 아르멩고드는 GIMPS[5]라 부르는 세계적인 연구 계획에 참여했다. 플로리다 주 올랜도의 컴퓨터 프로그래머 월트먼George Woltman이 시작한 이 연구 계획은 전 세계에 퍼져 있는 수백 명의 지원자를 모아서 새로운 소수를 체계적으로 찾으려고 시도했다. 이 집단의 각 회원에게는 메르센 수의 소수 판정에 이용되는 컴퓨터 프로그램과 함께 판정할 몇 개의 메르센 수를 제공했다.

아르멩고드는, 34번째 메르센 소수를 발견한 크레이 연구소의 슬로빈스키D. Slowinski와 게이지P. Gage가 사용했던 것과 똑같은 소수 판정법을 이용해서 이 소수를 발견했다. 그러나 크레이의 두 연구자가 단 한 대의 슈퍼컴퓨터를 사용한 반면에, 이 프랑스인은 GIMPS의 창시자 월트먼이 개발한 판정법을 실행했는데, 이는 인터넷을 통해 수백 명의 지원자에게 과제를 분배하는 방법이었다. 마지막 단계에서, 아르멩고드의 개인용 90메가헤르츠 펜티엄 컴퓨터는 이 수가 소수임을 밝히는 데 88시간이 걸렸다. 다른 사람들이 이 사실을 두 대의 서로 다른 컴퓨터에서 재검토했다.

GIMPS에서 찾은 10개의 새로운 메르센 소수 중에서 마지막 6개는 현재(2007년 12월) 가장 큰 6개의 소수라는 기록도 겸하고 있다.

[5] The Great Internet Mersenne Prime Search, 자세한 내용은 다음 "GIMPS Home Page"를 참조하라. <http://www.mersenne.org/prime.htm>

데자르그 Gérard Desargues

1593~1662

데자르그는 친가와 외가가 모두 부유한 집안에서 1593년 2월 21일 프랑스 리옹에서 태어났다. 사생활은 거의 알려진 바 없다. 채무 관계의 소송 등으로 파리를 자주 방문했는데, 이때 메르센이 주도하는 수학 모임에 참석했다. 거기서 데카르트와 파스칼 부자도 만났으며, 수학에 관한 글을 발표했다.

데자르그는 파리에 거주하고 있던 30대에 일련의 기하학 강의를 무료로 개설했고 당대 사람들에게 상당한 감명을 주었다. 이런 내용은 나중에 책으로 출판했다. 1936년에 실용적인 《투시 화법론》❶을 썼고, 1639년에는 그의 가장 중요한 연구서인 《평면과 원뿔의 교합에 관한 연구 계획 초안》❷을 썼다. 1648년에는 사영 기하학의 기본적인 정리인 '데자르그의 정리' 를 발표했다.❸ 이런 연구를 통해 그는 파스칼과 함께 19세기에 번창한 분야인 사영 기하학의 선구자가 됐다. 파스칼은 데자르그의 연구를 높이 평가했는데, 사실 파스칼은 데자르그가 자신에게 많은 영감을 주었다고 말하기도 했다. 데자르그와 파스칼은 똑같은 해에 죽었다. 당시 데자르그는 69세였고 파스칼은 겨

❶ *Traité de la Section Perspective*

❷ *Brouillon project d' une atteinte aux evenemens des recontres du Cone avec un Plan*

❸ '데자르그의 정리' 는 다음과 같다. "두 삼각형에서 대응하는 꼭지점을 연결한 세 직선이 한 점에서 만날 때, 대응하는 세 쌍의 변의 연장선은 한 직선 위의 점에서 만난다." 이 정리는 보세(Abraham Bosse, 1602~1676)의 투시도법에 관한 연구서에 실려 발표됐다.

우 39세였다.

다양한 관심사

부자였던 데자르그는 원하는 책은 무엇이든지 구입할 수 있었고, 원하는 일에 몰두하기 위해 시간을 낼 수 있었다. 공학과 건축에 조예가 깊었는데, 1640년에 해시계를 제작했다. 그리고 같은 해에 《건축에 있어서 돌 절단법》[4]을 발표해서 건축가 사이에 화제를 불러일으켰으며, 당시의 리옹 시청사를 설계했다.

잊혀진 책

데자르그의 《평면과 원뿔의 교합에 관한 연구 계획 초안》은 원뿔 곡선에 관한 책인데, 대단히 독창적이지만 당시에 별로 주목을 받지 못했다. 다른 수학자들이 거의 완전히 무시했기 때문에, 곧 잊혀졌고 출판된 책 모두가 사라져 버렸다. 2세기 뒤 프랑스의 기하학자 샬[5]이 기하학의 역사를 저술할 때, 데자르그의 업적을 평가할 방법이 전혀 없었다. 그러나 6년 뒤인 1845년 샬은 데자르그의 제자 하이어[6]가 남긴 그 책의 필사본을 우연히 발견했는데, 그 뒤 종합 사영 기하학의 초기 발달에서 고전으로 인식됐다.[7]

데자르그의 책이 처음에 무시된 이유를 여러 가지로 설명할 수 있다. 그 책은 그보다 2년 전 데카르트가 도입한 좀더 유연한 해석 기하학의 그늘에 가려졌다. 기하학자들은 일반적으로 새롭고 강력한 도구인 해석 기하학을 발

[4] *La coupe des pierres en l' architecture*

[5] Michel Chasles(1793~1880), 프랑스 수학자로 기하학과 수학사를 연구했으며, 에콜 폴리테크니크와 소르본 대학의 교수를 역임했다.

[6] Philippe de la Hire(1640~1718)

[7] 1951년에 처음에 출판된 책 한 부가 발견됐다.

전시키거나 기하학에 무한소를 적용시키려고 모든 정력을 쏟고 있었다. 또, 데자르그는 불행하게도 상궤를 벗어난 문체를 구사했으며, 이에 따라 읽기가 몹시 어려웠다. 약 70개의 새로운 용어를 도입했는데, 그 중 많은 것은 식물학에서 유래한 난해한 용어였다. 단 하나의 용어 '대합involution' 만이 살아남았는데, 신기하게도 데자르그의 전문적인 특수 용어인 이 말은 논평자가 신랄한 비판과 조롱을 위한 예로 선택했기 때문에 보존될 수 있었다.

데카르트 René Descartes

1596~1650

데카르트는 1596년 3월 31일 프랑스 투렌Touraine 지방의 라 에이La Haye에서 귀족인 지주 집안에서 태어나 평생 동안 생계를 걱정할 필요가 없었다. 라 플레시에 있는 예수회 학교를 1612년에 졸업한 뒤, 파리로 가서 향락에 빠지기도 했다. 그리고 푸아티에Poitiers 대학에서 법학을 공부하고 1616년에 학위를 취득했으며, 네덜란드 브레다Breda에 있는 군사 학교에 들어갔다.

데카르트는 1617년 네덜란드 마우리츠 공의 육군에 입대해서 최초의 군 생활을 시작했다. 군 생활을 마친 뒤 1620년부터 유럽을 돌아다녔는데, 보헤미아, 헝가리, 독일, 네덜란드, 프랑스 등에 머물렀다. 1623년 파리에 있을 때는 메르센과 만나서 과학 세계와 접촉할 수 있었다. 그 뒤 이탈리아를 방문했다가 1625년 파리에 다시 정착해서 수학 연구와 철학 명상을 계속했고, 잠시 동안 광학 기기의 제작에 종사하기도 했다.

데카르트는 1628년에 오랜 방랑 생활을 중단하고 네덜란드로 이주해서 정착했다. 그곳에서 인생의 절정에 도달했는데, 20년 동안 살면서 철학, 수학, 과학, 저술 등에 전념했다. 해석 기하학의 창안으로 '현대 수학의 아버지' 로 불린다. 그리고 1649년 10월 스웨덴 스톡홀름으로 갔다가, 1650년 2월에 죽었다.

▣ 건강의 조건

데카르트는 태어나고 며칠만에 어머니를 잃었으며, 어려서부터 허약한 체질로 고생했다. 8세 때 라 플레시에 있는 예수회 학교에 입학했다.❶ 그에게 큰 관심을 갖고 있던 신부 샤를레Charlet는 병약한 소년을 교육하기 위해서는 먼저 건강을 증진시켜야 한다고 판단했다. 이에 소년 데카르트에게 아침에 원하는 만큼 늦게까지 침대에 누워 있어도 된다고 허락했으며, 친구들과 어울리고 싶을 때까지 방을 떠나지 말라고 충고했다. 데카르트는 이런 관대한 처방을 평생 동안 즐거운 습관으로 지켰다. 그는 나중에, 아침의 이런 명상 시간이 대단히 생산적이었으며 철학과 수학의 원천이었다고 말했다.

데카르트가 1647년 파스칼을 방문했을 때, 병약한 파스칼에게 자신을 본보기로 따르라고, 즉 매일 정오 가까이까지 침대에 누워 있다가 일어나고 싶은 마음이 들 때까지 누구도 깨우지 못하게 하라고 충고했다. 그리고 그것이 수학에서 좋은 결과를 얻고 건강을 지키는 가장 좋은 방법이라고 설득했다. 불행하게도 파스칼은 손님의 이런 훌륭한 충고에 귀기울이지 않았다.

▣ 심기증의 극복

데카르트는 어린 시절 연약한 체질 때문에 심기증에 걸렸었는데, 오랫동안 죽음에 대해 지나치게 불안해했었다. 중년이 됐을 때 자연은 가장 훌륭한 의사이고 건강을 지키는 비결은 죽음에 대한 공포를 피하는 것이라고 결론을 내렸다. 이렇게 해서 심기증을 극복할 수 있었다.

❶ 이 학교는 1604년 1월에 문을 열었는데, 데카르트는 그러고 몇 달 뒤에 입학했다. 당시 16세였던 메르센도 이 학교에 입학했는데, 두 사람 사이의 교제는 훨씬 뒤에야 이루어진 것으로 보인다.

기적적인 인생

아마도 데카르트의 인생에서 가장 놀라운 일은, 그가 젊은 나이에 총검으로 죽지 않은 사실일 것이다. 그는 오랜 세월을 병영에서 보냈다. 비록 그가 군대에 근무할 때 전쟁이 없는 시간도 많았지만, 30년 전쟁(1618~48)을 피할 수는 없었다. 24세의 젊은 나이로 바바리아Bavaria 선거후의 군대에 들어간 1620년에 쉽게 생명을 잃을 수도 있었다. 당시 그는 프라하의 전장에서 매우 치열한 전투에 참가했다. 또, 사보이Savoy 군주 밑에서 격렬한 전쟁을 치렀는데, 이 전쟁에서 큰 공훈을 세웠다. 그 뒤 프랑스의 왕 밑에 있었을 때 라 로셸La Rochelle에서 포위된 적이 있었는데, 데카르트의 생명은 매우 위험한 상황에 처했었다.

데카르트가 군인 신분이었을 때, 통상적인 경호원도 없이 동 프리시아Frisia로 가는 배를 탄 적이 있었다. 선원으로 가장한 자객이 그를 강탈하고 물에 던져 익사시키려고 했다. 데카르트는 그의 칼을 재빨리 낚아채고 그를 협박해서 해안으로 노를 젓게 했다.

기사도 정신

어떤 시골뜨기가 술에 취해서 데카르트의 애인에게 무례하게 군 적이 있었다. 데카르트는 기사도에 따라서 달타냥[2]의 방식대로 주정뱅이를 추적해서 곧 그의 손에서 칼을 빼앗았다. 그렇지만 아름다운 여인 앞에서 그 시골뜨기를 난도질하는 것이 너무 지저분하다고 생각했기 때문에 그의 목숨은 살려 주었다.

데카르트는 여자를 좋아는 했지만, 결혼한 적은 없었다. 그런데 한 애인

❷ D' Artagnan, 프랑스 작가 뒤마의 3부작 소설 《삼총사(1844)》, 《20년후(1845)》, 《브라즐론 자작(1848)》에 등장하는 주인공의 이름

으로부터 딸 한 명을 얻었다. 그 아이가 일찍 죽었기 때문에, 데카르트는 깊이 상심했다.

回 도전 문제와 우정

출처가 의심스러운 다음과 같은 이야기가 있다. 데카르트는 마우리츠 공의 육군에 가담한 뒤, 어느 날 군대가 주둔하고 있던 브레다의 거리를 걷고 있었다. 이때 네덜란드어로 쓰인 플래카드가 그의 주의를 끌었다. 지나가는 사람을 세우고 플래카드의 내용을 프랑스어 또는 라틴어로 번역해 달라고 부탁했다. 그 행인은 우연히 도르트Dort의 더치 대학Dutch College 학장인 베크만Isaac Beeckman이었는데, 그는 데카르트가 그것에 대답할 수 있다면 그렇게 하겠다고 동의했다. 왜냐하면 플래카드에는 기하학에 대한 도전 문제가 씌어 있기 때문이었다. 데카르트는 그 문제를 몇 시간 안에 해결했다. 이것이 베크만과 깊은 우정을 쌓는 계기가 됐다.

回 해석 기하학 개념의 탄생

데카르트가 해석 기하학에 대해 숙고하도록 이끈 최초의 암시를 설명하는 두 가지 이야기가 있다. 한 이야기에 따르면, 그 암시는 꿈을 통해 얻었다고 한다. 바바리아 선거후의 군대에 있을 때로 성 마르티누스St. Martin 축제 전야인 1619년 11월 10일, 데카르트의 소속 부대가 겨울 동안 도나우 강 기슭에 주둔하고 있었다. 이때, 그는 이상할 정도로 생생하고 밀접하게 연관된 세 가지 꿈을 꾸었다. 그 꿈이 자신의 인생 행로를 완전히 바꾸어 놓았다고 주장했다. 그 꿈이 자신의 인생 목표를 명확하게 해주었고 '불가사의한 과학' 과 '훌륭한 발견' 을 제시함으로써 자신이 그 뒤 노력해야 할 일들을 결정해 주었다고 말했다. 데카르트는 '불가사의한 과학' 과 '훌륭한 발견' 이 정확하게 무엇을 의미하는지 밝힌 적이 없지만, 많은 사람들은 대수학의 기하학에의 응용, 즉 해석 기하학과 모든 과학의 기하학으로의 변환이라고 믿고 있다.

그로부터 18년 뒤인 1637년, 데카르트는 자신의 발상 중 몇 가지를 보편 과학에 관한 그 유명한 철학 연구서 《방법 서설》[3]에서 상세하게 설명했다. 이 책은 그 방법을 예시하는 세 개의 부록을 포함하고 있다. 셋째 부록인 〈기하학La gémétrie〉이 바로 해석 기하학에 관한 것이다.

또 다른 이야기에 따르면, 뉴턴과 사과 이야기처럼 데카르트의 해석 기하학에 관한 첫 영감은 그가 방의 천장 구석에서 기어다니는 파리를 바라보고 있었을 때 나타났다고 한다. 천장에서 파리가 움직이는 경로는, 서로 접하고 있는 두 벽으로부터 파리까지의 거리를 연결시키는 관계를 알면 묘사할 수 있다는 생각이 떠올랐다는 것이다. 이 둘째 이야기의 출처가 의심스럽기는 하지만, 교육적인 가치는 높다.

해석 기하학의 의미

데자르그와 파스칼이 사영 기하학이라는 새로운 영역을 개척하고 있을 무렵, 데카르트와 페르마는 현대적인 해석 기하학의 개념을 마음에 품고 있었다. 두 분야 사이에는 근본적인 차이점이 있는데, 사영 기하학은 기하학의 한 '분야' 인 반면에 해석 기하학은 기하학의 한 '방법' 이다.

평면 기하학에서 해석 기하학의 진수는 실수의 순서쌍과 평면의 점 사이의 대응을 성립시키는 것이다. 이렇게 하면 평면의 곡선과 두 개의 변수를 가진 방정식 사이의 대응이 존재해서, 평면의 곡선은 방정식 $f(x, y)=0$으로 표시되고, 이런 방정식에는 평면의 곡선 또는 점의 집합이 대응한다. 방정식

[3] *Discours de la méthode pour bien conduire sa raison et chercher la vérité dans les sciences*(올바르게 이성을 이끌고 과학에서 진리를 찾는 방법에 관한 서설)

$f(x, y)=0$의 대수적 · 해석적 성질과 이에 대응하는 곡선의 기하학적 성질 사이에도 이와 유사한 대응이 성립한다. 기하학의 정리를 증명하는 작업은 대수학이나 해석학에서 그에 대응하는 정리로 교묘하게 이전된다.

해석 기하학의 방법은 이것보다 더 심오하다. 왜냐하면 유명한 대수학적 또는 해석학적 결과는 예상하지 못했던 새로운 기하학적 결과의 발견을 유도하기 때문이다. 그래서 해석 기하학은 기하학의 문제를 해결하고 새로운 결과를 발견하는 대단히 생산적인 방법으로 밝혀졌다.

역사적인 순간

다음은 화이트헤드[4]의 《수학 개론》에서 인용한 매력적인 문장이다. "북미 서해안을 최초로 발견할 때의 콜럼버스, 태평양을 응시했을 때의 피사로, 연 줄로부터 전기 불꽃이 튀었을 때의 프랭클린, 망원경으로 처음 하늘을 바라봤을 때의 갈릴레오 등과 같이 역사적인 모험과 발견의 순간에 대해 생각할 때 우리는 흥분하지 않을 수 없다. 이런 순간은 추상적인 사고의 영역을 탐구하는 학자에게도 또한 나타난다. 이 중에서도 데카르트가 침대에 누워 좌표 기하학의 방법을 창안했던 그 아침은 대단히 뜻깊은 순간이었음에 틀림없다."

밀[5]은 다음과 같이 말했다. "(해석 기하학은) 데카르트의 다른 어떠한 형이상학적 사색보다도 그의 이름을 불후하게 만들었고, 정밀 과학으로 나아가는 가장 위대한 첫 걸음이 됐다."

❹ Alfred North Whitehead(1861~1947), 영국의 수학자 · 철학자
❺ John Stuart Mill(1806~1873), 19세기 영국의 자유주의 사상가 · 경제학자

데카르트의 죽음

데카르트는 1649년 19세의 스웨덴 여왕 크리스티나[6]로부터 스웨덴 궁정에 지식을 전파하고 자신에게 철학을 가르쳐달라는 간절한 청원을 받았다. 그를 데려가기 위해 특별히 파견된 군함과 왕권의 위엄에 탄복해서, 불안함과 주저함 속에 조용하고 평화스러운 네덜란드의 생활을 버리고 떠들썩하고 활기찬 스톡홀름의 삶을 택했다.

그런데 크리스티나 여왕은 학자라기보다는 운동 선수에 훨씬 더 가까웠는데, 새벽 다섯 시에 추운 도서관에서 창문을 활짝 열어 놓고 철학을 공부하는 것이 가장 적절한 시간과 장소라고 생각했다. 이에 따라 불쌍한 데카르트는 여명도 밝지 않은 이 터무니없는 시각에 따뜻한 침대에서 일어나야 했다. 그리고 방자한 여왕에게 철학을 강의하기 위해서 차가운 바람이 부는 광장을 가로질러 싸늘한 궁정 도서관으로 서둘러 가야 했다. 게다가, 얼마 지나지 않았을 때 데카르트가 여왕에게 기묘한 영향을 주고 있다는 악의에 찬 소문도 들어야 했다.

데카르트에게 스톡홀름의 차갑고 불편한 날씨, 거의 정오까지 침대에 누워 있던 매우 즐겼던 습관의 파괴, 과거의 조용하고 개인적인 생활의 소멸 등은 견딜 수 없는 상황이었다. 피로에 지친 철학자는 석 달의 스웨덴 생활이 지난 뒤 폐렴을 동반한 열병에 걸려 병상에 눕게 됐다. 그리고 10일만인 1650년 2월 11일, 자만심 강한 여왕의 허영심의 희생자가 됐다.

[6] Kristina(1626~1689), 스웨덴 여왕(재위 1632~54). 아버지의 뒤를 이어 6세 때 즉위했고, 18세부터 친정하기 시작했다. 7개 국어를 배웠고 철학과 신학에 깊은 관심을 보였으며, 승마와 사냥도 즐겼다. 스스로 퇴위한 뒤 가톨릭교도가 되어 로마에서 지내다가 그곳에서 생애를 마쳤다.

데카르트의 유골

데카르트는 젊고 야심에 찬 스웨덴 여왕 크리스티나의 궁전에 학문을 전파하다가 스톡홀름에서 죽었고, 그곳에 묻혔다. 곧 그의 유해를 프랑스로 운송하려는 노력은 실패했다. 데카르트가 죽고 17년이 지난 뒤 크리스티나가 왕위를 포기했을 때, 오른손을 제외한 데카르트의 유골이 프랑스 파리로 옮겨졌으며, 현재 판테옹Panthéon이 된 곳에 다시 안장됐다. 오른손 뼈는 그 뒤 프랑스 재무상이 교묘한 술책을 부려 기념품으로 입수했다.

데카르트의 유골이 고국으로 되돌아간 것에 대해, 야코비는 다음과 같이 지적했다. "때로는 위대한 사람들의 유골을 소유하는 것이 그들이 살아 있던 동안에 그들을 소유하는 것보다 더 편할 때가 있다."

수학 표기법

데카르트는 《방법 서설》의 셋째 부록 〈기하학〉에서 알파벳의 처음 글자들로 기지의 양量을 나타내고 마지막 글자들로 미지의 양을 나타내는 현재의 관행을 확립시켰다.

데카르트는 또한 a^3, a^4 등과 같은 현재의 지수 체계를 도입했다. 이 지수 체계는 다른 이들이 고안했을지도, 어쩌면 데카르트의 독창적인 표기일 수도 있지만 중요한 것은 데카르트가 채택한 뒤에야 정착됐다.

데카르트의 말

데카르트는 《방법 서설》에서 다음과 같이 말했다. "무엇이 진리인지를 우리의 힘으로 결정할 수 없을 때, 가장 그럴 듯한 것을 따라야 한다는 것은 매우 확실한 진리다."

그리고 완전수에 대해 다음과 같이 말했다. "완전한 사람과 마찬가지로 완전수는 매우 희박하다." 현재 44개의 완전수가 알려지고 있는데, 데카르트 시대에는 겨우 12개가 알려져 있었다.

소용돌이 이론

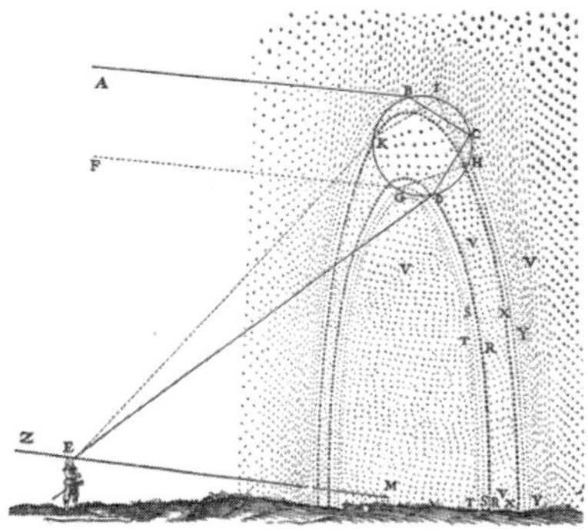

무지개에 대한 데카르트의 설명

《방법 서설》의 첫째 부록은 〈광학〉으로 굴절 법칙을 설명하고 있으며, 둘째 부록은 〈기상학〉으로 무지개가 생기는 이유 등을 밝히고 있다. 이와 같이 데카르트는 자연 현상을 탐구한 자연 철학자였다. 실제로 그는 역학의 발전에도 크게 기여했는데, 관성의 법칙과 운동량의 보존 법칙이 포함된 운동 법칙을 서술하기도 했다.

데카르트는 우주론에도 관심이 컸는데, 1933년에 코페르니쿠스 이론의 관점에서 우주론과 물리학을 다룬 책 《우주론Le Monde》을 완성했다. 그러나 갈릴레이가 종교 재판에서 유죄 판결을 받았다는 소식을 듣자 그 책을 출판하지 않았다. 그러다가 1644년에야 이론을 가다듬어 《철학의 원리Principia Philosophiae》를 발간했다. 이 책에서 그가 주장한 '소용돌이vortex 이론'(또는 '와류 이론')은 18세기 중반까지도 프랑스에서 대중으로부터 큰 인기를 끌었다.

데카르트는 진공의 개념을 받아들이지 않았고, 우주는 에테르와 같은 물질로 가득 찬 물질 공간plenum이라고 생각했다. 이런 물질의 충돌을 통해 힘이 전달되고 운동이 이루어진다고 주장했다. 이런 물질은 신이 우주를 창조할 때부터 소용돌이 모양의 운동을 계속하고 있는데, 태양계의 경우에 행성들은 이 소용돌이 속에 있기 때문에 태양으로부터 벗어나지 못하고 태양 주위를 공전한다는 것이다.

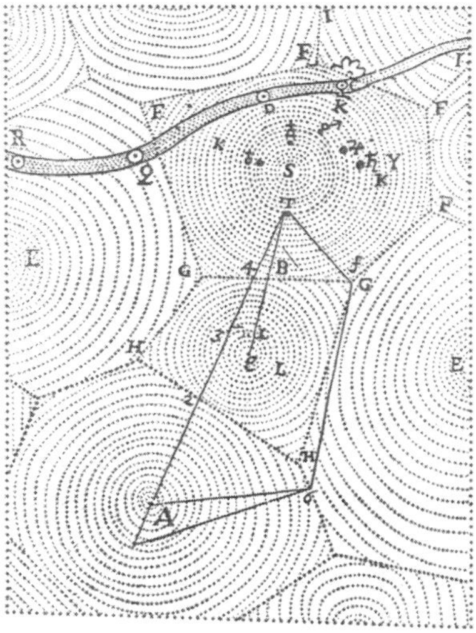

오른쪽 그림은 데카르트의 소용돌이 이론을 그림으로 예시한 것이다. 각 소용돌이는 하나의 태양계를 나타내며, 우주에 이런 태양계가 무한히 널려 있다. 그림에서 S는 태양, T는 지구를 나타낸다. 그리고 그림 위쪽의 구불구불한 띠는 혜성이 지나는 길이다.

프랑스에 뉴턴의 중력 이론이 전파되면서 데카르트의 이론과 경쟁하게 됐고, 타당성에 대한 논쟁이 벌어졌다. 가장 먼저 터져 나온 논쟁은 지구의 형태와 관련된 것이었다. 데카르트의 소용돌이 이론에 따르면 지구는 대체로 구형이지만 적도 지방이 극 지방보다 평평해야 한다. 반면에 뉴턴의 이론에 따르면 적도 지방보다는 극 지방이 평평해야 한다. 이를 확인하기 위해서, 프랑스에서는 1730년대에 적도 지방과 극 지방에서의 거리를 정확히 측정하기 위한 일련의 지구 측정 탐사 작업을 실시했는데, 그 결과로 뉴턴의 이론이 확증됐다.

카발리에리 Bonaventura Francesco Cavalieri

1598~1647

카발리에리는 이탈리아의 밀라노에서 태어났고, 1615년에 예수아티 교단에 가입했다. 1616년에 피사에 있는 예수아티 수도원으로 옮겼는데, 유클리드의 책을 읽고 큰 자극을 받았으며 갈릴레오와 만난 뒤에 천문학 공부에 매진했다. 피사 대학의 수학 강사 카스텔리[1]로부터는 기하학을 배웠다. 그 뒤 밀라노와 파르마Parma 등의 수도원에서 신학을 가르치고 수학을 연구했으며, 1629년부터 여생을 볼로냐 대학의 수학 교수로 후학을 가르쳤다.

카발리에리는 당시 영향력이 가장 큰 수학자의 한 사람이었으며, 삼각법, 기하학, 광학, 천문학, 점성술 등에 관한 책을 상당히 많이 저술했다. 로그의 뛰어난 가치를 인식한 최초의 사람에 속하며, 초기에 로그를 이탈리아에 보급하는 데 크게 공헌했다.

a와 i

틀림없는 오류인데도 역사 책에서 반복적으로 인용되는 경우가 종종 있다. 어떤 역사학자의 실수에 의해 그리고 정확한 자료에 근거하지 않고 잘못된 정보를 기록으로 남기는 일은 쉽게 나타날 수 있다. 그리고 그 뒤의 역사

[1] Benedetto Castelli

학자는 이전의 기록에 근거해서 이런 실수를 반복하는 것도 또한 흔히 나타난다. 이렇게 잘못된 많은 기록이 오랫동안 널리 퍼져 있게 된다.

수학사에서 반복적으로 인용되는 오류의 예로 이탈리아 수학자 카발리에리의 경우를 들 수 있다. 주요한 많은 백과 사전과 역사책 및 사료집은 카발리에리를 예수회 Jesuit 회원이었다고 서술하고 있다. 그러나 사실 카발리에리는 예수회 회원이 아니라 '예수아티Jesuati' 회원이었다.

14세기의 성인 콜롬비니❷가 예수아티라는 종교 단체를 창설했다. 이 교단은 '예수회' 와는 아무런 관련이 없으며, 1367년 (콜롬비니가 죽기 겨우 37일 전에) 교황 우르바누스 5세❸로부터 승인을 받았다. 원래 목적은 당시 유럽에 창궐했던 흑사병으로 병들고 다친 사람을 치료해 주고 죽은 사람을 매장해 주는 일이었다. 시간이 지남에 따라 예수아티 교단은 서서히 소멸됐는데, 1606년 교단을 부활시키려는 시도가 있었다. 카발리에리는 이런 부활 시도가 있은 뒤인 1615년, 17세의 나이에 교단에 가입했다

그렇지만 그 뒤 어떤 폐해가 교단에서 나타났고, 현재 이 단체는 더 이상 존재하지 않는다. 분명히 교회법으로 받아들일 수 없는 증류수의 제조와 판매 및 회원의 점차적인 부족으로 인해, 이 교단은 1668년 교황 클레멘스 9세❹에 의해 금지됐다.

回 불가분량의 방법

카발리에리의 수학에 대한 가장 큰 공헌은 1635년에 최초로 출판된《불가분량의 기하학》❺이라는 책이다. 이 책은 미분 적분학의 전단계인 '불가분

❷ John Colombini(1300?~1367), 이탈리아의 시에나(Siena) 출신의 성직자

❸ Urban V(1310?~1370), 프랑스의 성직자, 로마 교황(재위 1362~1370)

❹ Clement IX(1600~1669), 이탈리아의 성직자, 로마 교황(재위 1667~1669)

량의 방법' 을 다루고 있는데, 현대 수학의 다른 많은 분야와 마찬가지로 이 방법은 고대 그리스의 데모크리토스⑥와 아르키메데스에서 그 유래를 찾아볼 수 있다. 케플러의 적분 시도가 카발리에리에게 직접적인 영향을 끼쳤다는 것은 매우 가능성 있는 가설이다.

카발리에리의 불가분량의 방법에 관한 책은 장황하고 명확하게 씌어 있지도 않다. 그리고 카발리에리의 책에서 그가 의미한 '불가분량' 의 개념을 정확하게 파악하는 것도 쉽지 않다. 주어진 평면 도형의 불가분량은 그 도형의 현을 의미하고, 이렇게 무수히 많고 평행인 불가분량의 집합은 평면 도형을 형성한다고 생각한 것으로 보인다. 마찬가지로, 주어진 공간 도형의 불가분량은 그 도형의 단면이고, 이렇게 무수히 많고 평행인 불가분량의 집합은 공간 도형을 형성한다고 생각했던 것으로 보인다. 그래서 카발리에리는 어떤 평면 도형의 평행인 불가분량 각각을 자체의 축을 따라서 불가분량의 끝점들이 연속적인 경계를 유지하면서 밀어 움직이고 원래의 도형과 새로 생긴 도형이 같은 불가분량으로 이루어지면, 새로 생긴 도형과 원래의 도형의 넓이는 서로 같다고 카발리에리는 주장했다. 주어진 공간 도형의 평행인 불가분량들을 마찬가지 방법으로 밀어 움직이면, 새로 얻은 공간 도형의 부피는 원래의 공간 도형의 부피와 같게 될 것이다. (이 결과는 수직으로 쌓아올린 카드 더미의 옆면을 밀어 곡면으로 만드는 경우에서 예를 찾아볼 수 있다. 이 경우에 새로 얻은 더미의 부피는 원래 더미의 부피와 같다.) 약간 더 일반화하면, 이 결과들은 다음과 같은 이른바 '카발리에리 원리' 가 된다.

⑤ *Geometria indivisibilibus continuorum nova quadam ratione promota*
⑥ Democritus(기원전 460?~370?)

1. 두 평면 도형이 한 쌍의 평행선 사이에 끼여 있고 이 평행선들과 평행인 임의의 선으로 두 평면 도형을 잘랐을 때 생기는 두 선분의 길이가 항상 일정한 비를 이루면, 두 평면 도형의 넓이도 또한 그 비를 이룬다.

2. 두 공간 도형이 한 쌍의 평행면 사이에 끼어 있고 이 평행면들과 평행인 임의의 면으로 두 공간 도형을 잘랐을 때 생기는 두 단면의 넓이가 항상 일정한 비를 이루면, 두 입체 도형의 부피도 또한 그 비를 이룬다.

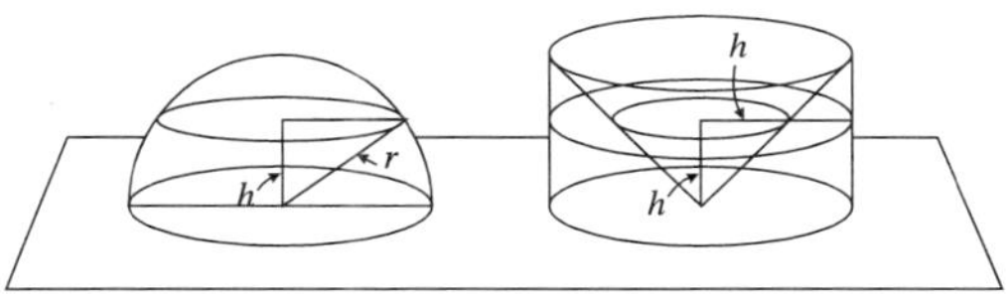

카발리에리 원리는 넓이와 부피를 계산하는 유용한 도구며, 이런 직관적인 기본 원리는 현대의 적분법을 사용해서 엄밀하게 밝힐 수 있다. 카발리에리 원리의 예로서, 구의 부피에 대한 공식을 찾는 다음 과정을 알아보자.

위의 그림에서, 왼쪽 공간 도형은 반지름이 r인 반구를 나타낸다. 그리고 오른쪽 공간 도형은 반지름이 r이고 높이가 r인 직원 기둥으로, 밑면이 직원 기둥의 윗면이고 꼭지점이 직원 기둥 밑면의 중심에 있는 원뿔을 이 직원 기둥에서 제거한 상태를 나타내고 있다. 반구와 원뿔을 제거한 직원 기둥은 같은 평면에 놓여 있다. 이제 두 공간 도형을 밑면에서 높이 h에 있는 밑면과 평행인 평면으로 자른다. 이 평면은 반구를 원판으로 자르고, 직원 기둥을 원환으로 자른다. 초등 기하학에 의해, 두 단면의 면적은 $\pi(r^2-h^2)$으로 서로 같다. 카발리에리의 둘째 원리에 의해, 두 공간 도형의 부피는 같아야 한다. 따라서 구의 부피 V에 대한 공식은 다음과 같다.

$$V = 2(\text{직원 기둥의 부피} - \text{원뿔의 부피}) = 2\left(\pi r^3 - \frac{\pi r^3}{3}\right) = \frac{4\pi r^3}{3}$$

카발리에리 원리를 가정하고 이를 일관되게 적용하면, 중등학교 과정에서 마주치는 공간 도형에 관한 많은 공식을 간단하게 유도할 수 있다. 이런 과정은 많은 교과서에서 채택했으며, 교육적인 근거에서 지지를 받았다.

그런데 앞에서 제시한 대로 불가분량의 방법에는 엄밀한 기초가 없고, 이에 따라 그의 책 불가분량의 기하학은 많은 공격을 받았다. 허시는 다음과 썼다.[7] "카발리에리와 다른 사람들은 영역을 무한소의 양의 넓이를 가진 무수히 많은 조각으로 나누어 그 넓이를 계산했다. 그런데 불행하게도, 호이겐스가 밝혔듯이, 이런 방법으로 틀린 답을 얻을 수 있다."

❼ 로이벤 허시 저/ 허민 역(2003), 《도대체 수학이란 무언인가?》, 경문사, p. 215.

페르마 Pierre de Fermat

1601?~1665

페르마는 프랑스 서부의 보몽드로마뉴Beaumont-de-Lomagne에서 부유한 가죽 상인의 아들로 태어났다. 어린 시절에는 가정에서 교육을 받았고, 툴루즈 대학에서 법학을 배웠다. 30세 때 툴루즈 지방 의회의 의원이 됐고 뒤이어 왕의 칙선의원이 됐는데, 자신의 임무를 성실하고 꼼꼼하게 수행했다.

페르마는 이렇게 법률 관련 일을 하면서 휴식 시간 대부분을 수학 연구에 활용했다. 수학 논문과 기록을 3000가지 이상 남겼지만, 공개적으로 발표한 것은 단 한 편의 논문뿐이다. 그것도 이름을 밝히지 않고 약자 M.P.E.A.S.로 대신했다. 그렇지만 그는 자신이 발견한 많은 수학 결과를 당대의 많은 지도적인 수학자에게 서신을 통해 알렸으며, 이런 방법으로 당대 사람들에게 큰 영향을 주었다.

페르마는 데카르트와 독립적으로 해석 기하학을 발견했고, 파스칼과의 서신 왕래를 통해 수학적 확률론의 기초를 닦았으며, (뒤에 뉴턴과 라이프니츠가 확립한) 미분법을 연구[1]하는 등 많은 수학 분야에 대단히 크게 공헌했다. 이에 17세기 프랑스의 가장 위대한 수학자로 불리고 있는데, 특히 역사상 가장 위대한 수론학자로 인정받고 있다.

[1] 뉴턴은 페르마의 접선 계산법에 기초해서 미분법을 개발했다고 말했다.

그런데 페르마는 수학 연구를 단순한 기분 전환으로 여긴 '아마추어 수학자' 였다. 벨은 그를 '아마추어 수학의 왕자' 라 불렀다. 이와 달리 쿨리지[2]는 그의 책 《위대한 아마추어의 수학Mathématics of Great Amateurs》에서 페르마를 뺐다. 이유는 "그의 수학 실력이 너무 뛰어나기 때문에 아마추어로 간주할 수 없다."는 것이었다.

의문의 생년월일

페르마가 툴루즈 근처의 보몽드로마뉴에서 1601년 8월 17일 태어났다고 주장하는 어느 정도 신빙성 있는 증거가 있다. 그리고 1665년 1월 12일 카트레Castres 또는 툴루즈에서 죽었다고 알려지고 있다. 그의 무덤은 원래 툴루즈의 아우구스티누스 교회에 있었는데, 나중에 지방 박물관으로 이장됐다. 그의 무덤에는 위의 사망 날짜와 함께 페르마의 사망시 나이가 57세였다고 적혀 있다. 이런 모순된 기록 때문에, 페르마의 생존 기간을 통상 (1601?~1665)와 같이 기록하고 있다. 실제로, 많은 이유 때문에 여러 저자가 기록한 페르마의 탄생 연도는 1590에서 1608까지 다양하다.

연구 시간

페르마는 툴루즈 지방 의회에 근무하면서도 최고급의 수학을 대단히 많이 발견했기 때문에, 그가 이런 창조적인 연구를 언제 했는지 궁금해진다. 열쇠는 그가 툴루즈 지방 의회에서 왕의 칙선의원King' s councillor이었다는 사실일 것이라는 설명이 있다. 다른 많은 공무원과 달리, 직권 남용을 피하도록 시민과 떨어져 생활했고 대부분의 사회 활동을 삼갔을 것으로 예상된다. 그

[2] Julian Lowell Coolidge(1873~1954), 미국의 수학자

래서 그는 유력 인사들의 압력을 받지 않고 임무를 수행할 수 있었으며, 상당한 정도의 여가 시간을 확보할 수 있었다.

데카르트와 페르마의 성격 비교

데카르트는 페르마에 비해 수학 논쟁에서 자주 분개하고 쉽게 화를 냈으며 신랄하게 비판했다. 반면에, 페르마는 항상 인내심을 갖고 침착했으며 한결같이 공손했다. 두 사람 사이의 이런 차이점은 그들의 직업을 반영한다. 데카르트는 군인이었고, 페르마는 법률가였다.

페르마 수

위대한 사람 중에는 다채롭고 화려한 삶을 살아서 즐겁고 재미있는 이야깃거리와 일화를 많이 남긴 경우가 있고, 조용하고 단조로우며 평범한 일생을 보내서 특별한 이야깃거리를 남기지 못한 경우도 있다. 페르마는 위에서 둘째 범주에 속한다. 그러나 그에 대해서는 많은 이야기를 할 수 있다. 그의 사생활은 평범했지만, 수학에서 그의 창조적인 업적은 흥미로운 이야기로 가득 차 있기 때문이다.

먼저, 음이 아닌 정수 n에 대해 다음과 같은 꼴로 정의된 '페르마 수 Fermat number'에 대해 알아보겠다.

$$F_n = 2^{2^n}+1$$

소수 생성 공식

유클리드가 《원론》에서 증명했듯이, 소수는 무수히 많이 존재한다. 그래서 수학자들은 아주 먼 옛날부터 소수만을 무수히 많이 생성하는 공식을 찾으려고 노력했다. 페르마는 위에 제시한 공식이 음이 아닌 모든 정수에 대해 그 값이 항상 소수라고 추측했으며, 죽을 때까지 이를 확신했다. 자신의 추측을 증명하지는 못했지만, 예닐곱 번 이상 F_n은 음이 아닌 정수에 대해 항상 소수라는 확신을 피력했다. 실제로 n=0, 1, 2, 3, 4에 대해 각각 F_n=3, 5, 17, 257, 65537이므로 모두 소수다. 1640년 메르센에게 보낸 편지에서, F_0부터 F_4까지의 모든 수가 소수라는 사실을 지적한 뒤에 다음과 같이 썼다. "나는 $2^{2^n}+1$ 꼴의 수가 모두 소수라는 사실을 발견했으며, 오랫동안 이 정리의 진실성을 해석학자들에게 알리고 있다."

페르마에게는 수를 다루는 뛰어난 재능이 있었지만, 위의 주장은 거짓이다. 스위스의 위대한 수학자 오일러는 1732년에 페르마의 실수를 밝혔는데, 열 자리 수 F_5는 소수가 아니라 합성수며 다음과 같이 소인수 분해됨을 밝혔다.

$$F_5 = 4{,}294{,}967{,}297 = 641 \times 6{,}700{,}417$$

그 뒤의 연구는 페르마가 얼마나 잘못됐는지를 보여준다. 2007년 9월 현재, 처음 5개의 페르마 수를 제외하면, 5부터 32까지의 모든 자연수 n에 대한 페르마 수 F_n을 포함해서 지금까지 조사된 231개의 페르마 수가 모두 합성수라는 사실이 밝혀졌다. 사실, n=0, 1, 2, 3, 4 이외의 경우에 F_n이 소수가 되는 경우는 알려지지 않고 있다. 오늘날 수학자들은 일반적으로 처음 다섯 개의 F_n을 제외하면 모두 합성수라고 생각하고 있다.

페르마 수의 크기

페르마 수는 지수를 반복 적용해서 정의하기 때문에, n의 값이 커짐에 따라 매우 빠른 속도로 증가한다. 예를 들면, F_{10}은 309자리 수고, F_{36}은 20조 자리 이상의 수다. 또, 수 F_{73}은 대단히 크기 때문에, 이 수를 이 책에 있는 글자 크기로 인쇄한다면 세계의 모든 도서관에 있는 모든 책도 이 수를 기록하는 데 충분하지 못하다!

페르마 수의 소인수 분해

이미 지적한 대로 1732년 오일러는 페르마 수 F_5가 합성수임을 밝혀냈고, 소인수 641도 찾아냈다. 랜드리F. Landry는 1880년에 F_6이 합성수임을 밝혔고, 소인수 274,177도 찾아냈다.[3]

F_7에 이르면 이야기는 약간 달라진다. 이 수는 1905년 모어헤드J.C. Morehead와 웨스턴A.E. Western이 합성수라는 사실을 밝혔지만, 1970년에 이르러서야 브릴하트J. Brillhart와 모리슨M.A. Morrison이 (IBM 360-91 컴퓨터를 사용해서) 다음과 같이 소인수 분해할 수 있었다.

$$
\begin{aligned}
F_7 &= 2^{128}+1 \\
&= 340{,}282{,}366{,}920{,}938{,}463{,}463{,}374{,}607{,}431{,}768{,}211{,}457 \\
&= 59{,}649{,}589{,}127{,}497{,}217 \times 5{,}704{,}689{,}200{,}685{,}129{,}054{,}721.
\end{aligned}
$$

모어헤드와 웨스턴은 1909년 78자리 수 F_8이 합성수라는 사실도 발견했다. 이 수의 소인수 분해는 1980년에 이르러서야 브렌트Richard P. Brent와 폴라

[3] 아래의 내용은 다음을 참조했다.
케이스 데블린 저/ 허민 역(1999), 《수학: 새로운 황금 시대》 제2판, 경문사, pp. 30-32.

드John M. Pollard가 확률론적인 방법을 이용하는 몬테카를로 방법Monte-Carlo method을 사용하고 Univac 1100/42 컴퓨터에서 두 시간 동안 계산해서 다음과 같이 16자리와 62자리 소인수를 발견했다.

$$F_8 = 1{,}238{,}926{,}361{,}552{,}897 \times 93{,}461{,}639{,}715{,}357{,}977{,}769{,}163{,}558{,}199{,}606{,}896{,}584{,}051{,}237{,}541{,}638{,}188{,}580{,}280{,}321$$

155자리 페르마 수 F_9는 오래 전부터 합성수라는 사실이 알려졌었지만, 소인수 분해는 최근까지도 알려지지 않았었다. 마나세Mark Manasse와 렌스트라Arjen K. Lenstra는, 폴라드가 고안한 교묘한 방법인 수체 체number field sieve를 이용하고, 전자 우편을 통해 전 세계에 퍼져 있는 수백 명의 다른 수학자의 도움을 받아서 1990년 F_9의 소인수들을 찾아냈다. F_9의 소인수 분해는 7자리 소인수 2,424,833과 49자리 및 99자리 소인수의 곱이다.

F_{14}의 경우, 1963년에 이미 합성수라는 사실이 밝혀졌지만, 아직까지 단 한 개의 소인수도 찾아내지 못하고 있다. 1987년 영Jeff Young과 부엘Duncan A. Buell은 약 열흘 동안 Cray-2를 가동한 뒤에 F_{20}이 합성수임을 밝혔지만, 이것의 소인수는 전혀 발견되지 않고 있다.

2007년 9월 현재까지 F_{33}은 소수 여부가 판정되지 않은 가장 작은 페르마 수다. 오늘날까지 조사된 가장 큰 페르마 수는 $F_{2478782}$이다. 그렇지만 $F_{2478782}$ 이하의 모든 페르마 수를 조사한 것은 아니다.[4]

[4] 페르마 수의 소인수 분해 상황은 다음 Fermat factoring status 홈페이지를 참조하라.
<http://www.prothsearch.net/fermat.html>

페르마 수의 소인수 꼴

합성수인 페르마 수 F_n의 소인수는 $k \cdot 2^{n+2}+1$ 꼴이다. 예를 들면, F_{73}의 소인수는 $k \cdot 2^{75}+1$ 꼴이다.

현재까지 합성수로 알려진 231개의 페르마 수 중에서, 9개에 $5 \cdot 2^m+1$ 꼴의 소인수가 있는데, 가장 작은 합성수인 페르마 수 F_5가 이에 속한다. 8개에 $3 \cdot 2^m+1$ 꼴의 소인수가 있는데, 합성수로 알려진 가장 큰 페르마 수 $F_{2478782}$가 이에 속한다. 6개에 $7 \cdot 2^m+1$ 꼴의 소인수가 있다. 아래에 나열한 것은 이렇게 작은 소인수를 포함하는 페르마 수들이다. 작은 소인수 때문에 예상할 수 있었겠지만, 마지막을 제외하면 이런 수들은 다른 합성수인 페르마 수의 발견과 다르게 연대순으로 발견됐다.

F_n	소인수	발견 연도
F_5	$5 \cdot 2^7+1$	1732
F_{12}	$7 \cdot 2^{14}+1$	1877
F_{23}	$5 \cdot 2^{25}+1$	1878
F_{36}	$5 \cdot 2^{39}+1$	1886
F_{38}	$3 \cdot 2^{41}+1$	1903
F_{73}	$5 \cdot 2^{75}+1$	1905
F_{117}	$7 \cdot 2^{120}+1$	1956
F_{125}	$5 \cdot 2^{127}+1$	1956
F_{207}	$3 \cdot 2^{209}+1$	1956
F_{284}	$7 \cdot 2^{290}+1$	1956
F_{316}	$7 \cdot 2^{320}+1$	1956
F_{1945}	$5 \cdot 2^{1947}+1$	1957

F_{3310}	$5 \cdot 2^{3313}+1$	1979
F_{23471}	$5 \cdot 2^{23473}+1$	1984
F_{953281}	$7 \cdot 2^{95330}+1$	1994
F_{125410}	$5 \cdot 2^{125413}+1$	1995
F_{157167}	$3 \cdot 2^{157169}+1$	1995
F_{213319}	$3 \cdot 2^{213321}+1$	1996
F_{303088}	$3 \cdot 2^{303093}+1$	1998
F_{382447}	$3 \cdot 2^{382449}+1$	1999
$F_{2145351}$	$3 \cdot 2^{2145353}+1$	2003
$F_{2478782}$	$3 \cdot 2^{2478785}+1$	2003
$F_{2167797}$	$7 \cdot 2^{2167800}+1$	2007

2007년 9월 현재까지 합성수로 밝혀진 231개의 페르마 수를 세 부류로 나눌 수 있다. $F_5 \sim F_{11}$ 등과 같이 완전히 소인수 분해된 수(7개), F_{12} 및 F_{13}과 같이 일부의 소인수만이 알려진 수(220개), F_{14}, F_{20}, F_{22}, F_{24}과 같이 소인수가 전혀 알려지지 않은 수(4개)로 분류할 수 있다.

페르마 수와 작도 가능한 정다각형

1796년에 페르마 수와 관련된 매우 놀라운 사실이 발견됐다. 고대 그리스 사람들은 자와 컴퍼스를 사용해서 변이 3, 4, 5, 6, 15개인 정다각형을 작도하는 방법을 찾아냈다. 이에 따라 이등분 등의 방법으로 변이 2^n, $3 \cdot 2^n$, $5 \cdot 2^n$, $15 \cdot 2^n$개인 정다각형도 자와 컴퍼스로 작도할 수 있다. 거의 19세기가 될 때까지도 이런 제한된 도구로 이것 이외의 정다각형에 대한 작도 가능성 여부가 알려지지 않았었다. 유명한 수학자 가우스[5]는 겨우 19세 때인 1796년에

변의 개수가 소수인 정다각형을 자와 컴퍼스로 작도할 수 있는 필요 충분 조건은 그 수가 소수인 페르마 수라는 사실을 발견했다. 그래서 그리스 사람들에게 알려지지 않았던 변이 17개, 257개, 65537개인 정다각형은 자와 컴퍼스만으로 작도할 수 있다.

정17각형에 대한 자와 컴퍼스 작도 방법이 여러 가지 제시됐다. 1832년 리켈로트❻는 정257각형에 대한 연구 결과를 발표했고, 독일 링겐Lingen 대학의 헤르메스Hermes 교수는 정65537각형의 작도 문제를 10년 동안 연구했다.

가우스는 정17각형을 자와 컴퍼스만으로 작도 가능하다는 사실을 발견하고는, 수학 연구를 평생 직업으로 선택했다고 한다. 그가 이 발견을 얼마나 자랑스럽게 생각했는지는 자신의 묘비에 정17각형을 새겨 달라고 요청한 데서도 알 수 있다. 그의 요청은 이루어지지 않았지만, 그가 태어난 브라운슈바이크에 그를 위해 세운 기념비의 주춧돌에서 정17각형을 찾아볼 수 있다.

페르마의 무한 강하법

페르마는 바셰❼가 편찬한 디오판토스의 《산학》을 구입해서, 이를 교과서와 공책으로 사용했다. 그리고 수론에 관한 많은 연구 결과를 바로 이 《산학》의 여백에 써놓았다. 그가 죽고 5년이 지난 1670년, 아들 클레망-사무엘Clément-Samuel은 아버지의 원고와 편지를 출판하려고 모았을 때 여러 가지 주석이 붙은 《산학》을 발견했다. 이에 따라 페르마의 여백의 기록들을 《디오

❺ Johann Carl Friedrich Gauss(1777~1855), 독일의 수학자
❻ Friedrich Julius Richelot(1808~1875), 독일의 수학자
❼ Claude Gaspar Bachet de Méziriac(1581~1638)

판토스에 대한 48가지 관찰 결과48 Observations on Diophantus》라는 부록으로 포함시킨 새로운 판을 출판했다. 그 책에서 제VI권의 문제 26과 함께 다음과 같은 여백의 기록을 찾아볼 수 있다.

> 각 변의 길이가 유리수인 직각 삼각형의 넓이는 완전 제곱수가 될 수 없다. 나는 이 정리를 다각적으로 검토하고 끈기 있게 노력한 뒤에야 증명할 수 있었다. 그 증명을 여기에 다시 적는다. 왜냐하면 그 과정을 수론에 적용하면 놀라운 발전을 이룰 수 있기 때문이다.

그리고 그 증명에 대한 지시가 따라 나온다.

페르마가 언급한 과정은 독창적이었는데, 그 뒤 '페르마의 무한 강하법 Fermat's method of infinite descent' 이란 이름을 얻었다. 페르마는 분명히 이 방법을 여러 가지 경우에 적용해서 성공을 거두었다. 예를 들면, 그는 로베르발에게 보낸 편지에서, 모든 자연수는 많아야 네 개의 완전 제곱수의 합으로 나타낼 수 있다고 바셰가 추측한 명제를 증명하려고 시도했을 때 자신이 겪은 어려움을 설명했다. 그리고 그 편지에서 자신이 좋아하는 무한 강하법을 사용해서 결국 증명했다고 말했다. 또, 1897년 라이덴 대학 도서관에 소장된 호이겐스의 원고 더미에서 하나의 논문이 발견됐는데, 그 논문에 페르마의 무한 강하법에 대한 설명이 있다.

▣ 부정적인 명제에의 응용

무한 강하법은 부정적인 결과를 증명하는 데 특히 유용하다. 개략적으로 설명하면 다음과 같다. 어떤 관계 $R(a, b, c, \cdots)$를 만족시키는 자연수 $a, b, c, \cdots$가 존재하지 않는다는 사실을 증명하기 위해서, 그 역을 가정하자. 즉,

적당한 자연수 $a, b, c, \cdots$가 존재해서 관계 $R(a, b, c, \cdots)$가 성립한다고 하자. 그리고 a보다 작은 자연수 a_1이 존재해서 $R(a_1, b_1, c_1, \cdots)$이 성립함을 밝힌다. 다음에 같은 방법으로 a_1보다 작은 자연수 a_2가 존재해서 $R(a_2, b_2, c_2, \cdots)$이 성립함을 밝힐 수 있고, 이렇게 한없이 진행할 수 있다. 그런데 a보다 작은 자연수는 겨우 유한 개만 존재하므로, 이런 과정은 불가능하다. 따라서 모순에 도달하므로, 주어진 관계 $R(a, b, c, \cdots)$를 만족시키는 자연수 $a, b, c, \cdots$는 존재하지 않는다.

페르마의 무한 강하법을 예시하기 위해서, $\sqrt{2}$가 무리수임을 이 방법으로 증명하자. 역으로, 적당한 자연수 a와 b가 존재해서 $\sqrt{2}=\frac{a}{b}$라고 가정하자. 그런데 $\sqrt{2}+1=\frac{1}{\sqrt{2}-1}$이므로 다음이 성립한다.

$$\frac{a}{b}+1=\frac{1}{a/b-1}=\frac{b}{a-b},$$

$$\sqrt{2}=\frac{a}{b}=\frac{b}{a-b}-1=\frac{2b-a}{a-b}$$

여기서 $2b-a=a_1$과 $a-b=b_1$로 놓자. 그런데 $1<\sqrt{2}<2$이므로, $\sqrt{2}=\frac{a}{b}$로 놓고 b를 모든 항에 곱하면 부등식 $b<a<2b$를 얻는다. 그러면 $a<2b$에서 $0<a-b<b$, $a-b=b_1<b$이 성립한다. 또 $0<2b-a=a_1$이고, $b<a$이므로 $a_1=2b-a<a$가 성립한다. 그러므로 a_1과 b_1은 각각 a와 b보다 작은 자연수고 $\sqrt{2}=\frac{a_1}{b_1}$이 성립한다. 이 과정을 또다시 반복해서, a_1보다 작은 자연수 a_2와 b_1보다 작은 자연수 b_2가 존재해서 $\sqrt{2}=\frac{a_2}{b_2}$가 성립한다. 이 과정을 한없이 반복할 수 있다. 그런데 가장 작은 자연수가 있으므로, 이는 모순이다. 따라서 자연수 a와 b에 대해서 $\sqrt{2}=\frac{a}{b}$라는 원래의 가정은 성립될 수 없다.

즉, $\sqrt{2}$는 무리수다.

긍정적인 명제에의 응용

페르마는 1659년 8월 카르카비[8]에게 보낸 편지에서 무한 강하법에 대해 다음과 같이 명확하고 간결하게 설명했다.

"나는 오랫동안 이 방법을 긍정적인 명제에 적용할 수 없었다. 왜냐하면 이를 긍정적인 명제에 적용하는 기법과 과정은 부정적인 명제에 적용할 때보다 훨씬 더 다루기 어렵기 때문이었다. 그래서 내가 '$4n+1$ 꼴의 모든 소수는 두 개의 완전 제곱수의 합이다.' 라는 사실을 증명하려고 했을 때, 엄청나게 큰 고통을 겪었다. 그렇지만 여러 번 숙고한 끝에 드디어 빛을 발견했는데, 반드시 고려해야 할 새로운 원리들을 이용해서 이제는 긍정적인 명제도 이 방법으로 증명할 수 있게 됐다. 긍정적인 명제에서 내 논증 과정은 다음과 같다. 만약 임의로 선택한 $4n+1$ 꼴의 소수가 두 개의 완전 제곱수의 합이 아니라면, 그 수보다 작으면서 이런 성질을 만족시키는 수가 있을 것이고, 또 그 수보다 작은 제3의 수가 있을 것이며, 이런 과정은 계속 반복될 것이다. 이런 방법으로 무한 강하를 시행하면, 이런 꼴의 수 중에서 가장 작은 수 5에 결국 도달한다. 따라서 5는 두 개의 완전 제곱수의 합이 아니어야 한다. 그러나 이는 옳지 않다. 그러므로 귀류법에 의해 $4n+1$ 꼴의 소수는 모두 두 개의 완전 제곱수의 합이다."

물론, 페르마의 무한 강하법을 적용할 때 어려운 부분은 바로 첫 단계에 있다. 즉, 가정한 명제가 고려하고 있는 종류의 모든 수에 대해 참이라면, 임의로 선택한 그런 종류의 더 작은 수에 대해서도 참이 됨을 증명하는 것이다.

[8] Pierre de Carcavi(1600~1684)

4n+1 꼴의 임의의 소수는 두 개의 완전 제곱수의 합이라는 문제와 관련해서, 페르마는 자신이 무한 강하법의 첫 단계를 시행한 방법을 결코 후세에 전하지 않았다. 오일러는 7년 동안 애쓴 뒤인 1749년에야 이 단계의 증명을 찾아낼 수 있었다.

벨은 위에서 언급한 것과 같은 수론의 정리를 증명하는 것이 터무니없이 어렵기 때문에, 다음과 같이 지적했다. "이렇게 겉으로 보기에 유치한 내용을 해결하기 위해서도, 상대성 이론을 이해하는 것보다 더 예리하고 천부적인 지적 능력을 요구한다." 이와 관련해서, 가우스는 다음과 같이 썼다. "이런 [고등 산술] 이론에서는 간단하게 보이는 중요한 명제들이 귀납적으로 쉽게 발견되는 경우가 종종 있다. 그렇지만 본질적으로 매우 심오하기 때문에 수없이 여러 번 시도한 뒤에도 증명을 찾아내지 못하는 경향이 있다. 이에 따라 이론에는 또 다른 매력이 있다. 그런데 성공했을 때도 그것은 종종 매우 지루하고 인위적인 과정일 수 있으며, 간단한 방법이 드러나지 않은 채 오랫동안 숨어 있을 수도 있다."

페르마의 마지막 정리

페르마와 관련해서 '페르마의 마지막 정리'를 고려하지 않을 수 없다. 수많은 뛰어난 수학자의 도전에도 350년 이상 끈질기게 버틴 이 정리는 현재 '공식적으로' 증명됐다.

▣ 수학사에서 가장 관심을 끈 여백의 기록

페르마는 바셰가 번역한 디오판토스의 《산학》 제II권의 문제 8 옆에, 수학사에서 가장 관심을 끈 기록을 남겼다. 디오판토스의 책에서 고려한 그 문제는 "주어진 완전 제곱수를 두 개의 완전 제곱수로 나누기"다. 페르마는 이 문제 옆 여백에 다음과 같이 기록했다.

> 세제곱수를 두 개의 세제곱수로 나누거나, 네제곱수 또는 일반적으로 이 이상의 임의의 거듭제곱수를 같은 차수의 두 개의 거듭제곱수로 나누는 것은 불가능하다. 분명히 나는 이에 대한 훌륭한 증명을 발견했지만, 여백이 너무 좁아서 이를 적을 수 없다.

"$n>2$일 때 $x^n+y^n=z^n$을 만족시키는 자연수 x, y, z는 존재하지 않는다."고 주장하는 이 유명한 추측을 '페르마의 마지막 정리'라고 부른다. 페르마가 실제로 이 추측을 올바르게 증명했는지는 영원히 수수께끼로 남을 것이다.

페르마는 위의 정리를 1637년에 발견했다는 말이 있다. 이를 책의 여백에 기록했기 때문에 영원히 잊혀질 수 있었다. 다행히 그의 아들 클레망-사무엘이 수집한 《디오판토스에 대한 48가지 관찰 결과》의 둘째 항목이 바로 위의 기록이었다.

▣ 증명 시도

대단히 많은 저명한 수학자가 페르마의 마지막 정리를 해결하려고 온갖 노력을 기울였다. 그러나 최근까지도 그 추측은 미해결 상태로 남아 있었다.

$n=4$인 경우는 페르마가 분명히 증명했을 것으로 보인다. 앞에서 언급한 명제 "각 변의 길이가 유리수인 직각 삼각형의 넓이는 완전 제곱수가 될 수 없다."를 이용하면 $n=4$인 경우를 어렵지 않게 증명할 수 있기 때문이다. 위의 명제는 이 경우의 증명을 위해 찾은 것으로 추측된다.

오일러는 $n=3$인 경우에 대한 (다른 사람들에 의해 나중에 완전하게 된) 증명을 제시했다. 1825년경, 르장드르와 디리클레[9]는 $n=5$인 경우에 대해 독자적으로 증명했고, 1839년 라메는 $n=7$인 경우를 증명했다.

이 문제의 연구에서 매우 주목할 만한 진전이 쿠머[10]에 의해 이루어졌다. 1843년 쿠머는 디리클레에게 이 문제에 대한 일반적인 증명이라고 여겨지는 것을 제시했는데, 디리클레는 그 추론에서 잘못된 점을 지적했다. 그래서 쿠머는 이 문제를 새롭고 엄밀하게 연구해서, 이와 연관된 '아이디얼 이론'이라 부르는 고등 대수학에서 매우 중요한 주제를 발전시켰고, 몇 년 뒤에 페르마의 문제를 상당한 정도로 해결할 수 있는 매우 일반적인 조건을 유추했다. 이 문제에 대한 그 뒤의 중요한 발전의 거의 대부분은 쿠머의 연구에 근거하고 있다. 페르마의 마지막 정리가 증명되기 전까지 이것은 400만 이하의 모든 자연수 n에 대해 분명히 참이라는 사실이 밝혀졌다. 그리고 다른 많은 특별한 값 n에 대해서도 참이라는 사실이 알려졌었다.

볼프스켈 상

프랑스 과학원에서는 정기적으로 수학 및 과학 문제를 제시하고 가장 훌륭한 풀이에 상금을 주었는데, 1815년과 1860년에는 페르마의 마지막 정리의 해결에 황금 메달과 350프랑이라는 상금을 제시했었다.

한편, 독일 다름슈타트의 수학 교수 볼프스켈은 1908년 페르마의 마지막 정리를 최초로 완벽하게 증명한 사람에게 줄 상으로 무려 10만 마르크를 괴팅겐 과학원에 유증했다. (이 상금의 유효 기간은 2007년 9월 13일까지였다.) 그리고 상금이 수여될 때까지, 원금에 붙는 이자는 그 과학원의 위원회가 추천하는

[9] Peter Gustav Lejeune Dirichlet(1805~1859), 독일의 수학자

[10] Ernst Eduard Kummer(1810~1893), 독일의 수학자로, 페르마의 마지막 정리에 대한 연구로 유명하다.

볼프스켈 Paul Wolfskehl 1856~1906

파울 볼프스켈은 독일 다름슈타트[11]에서 부유한 유태계 은행가 요제프 볼프스켈[12]의 둘째 아들로 1856년 6월 30일에 태어났다. 그의 형인 법률가 빌헬름 볼프스켈[13]은 아버지가 죽은 뒤 1865년부터 은행을 맡아서 1881년까지 운영했다. 반면에, 파울 볼프스켈은 의학을 공부했는데, 1875년부터 1880까지 라이프니츠, 튀빙겐, 하이델베르크 대학을 다녔고 1880년 의학 박사 학위 취득했다. 그런데 1880년경 다발성 경화증[14]이 처음으로 나타나기 시작했고, 의사로서 오랫동안 환자를 볼 수 없음을 곧 알게 됐다. 그래서 이런 장애 때문에 수학을 공부하기로 결심했다. 분명히, 휠체어에 의지해서도 수학을 연구할 수는 있다.

파울 볼프스켈은 1880년 본 대학에서 수학 공부를 시작했고, 1881년 베를린 대학으로 옮겼다. 이곳에서 1883년까지 수학을 공부했는데, 70대의 쿠머의 강의도 들었다. (쿠머는 1883~1884년 가을 학기까지도 강의했으며, 이 나이에도 수론과 페르마의 마지막 정리에 대한 관심을 학생들에게 환기시켰다.) 쿠머의 영향을 받아서 볼프스켈은 수론, 특히 해석적 수론을 전공했다. 이때 페르마의 마지막 정리에 대해 알게 됐고, 이와 관련된 쿠머의 논문을 깊이 있게 연구했다. 그가 페르마의 마지막 정리를 증명하려고 시도했는지는 명확하지 않지만, 그렇게 추측하는 것이 자연스럽다. 그는 1887년부터 1890년까지 다름슈타트 공과 대학에서 수론을 강의했다. 1887년 교수 자격 취득 시험에 합격했다는 이야기도 있다. 어쨌든 그의 형 빌헬름이 이 대학에 크게 기여했기 때문에, 그의 교수 자격 취득은 볼프스켈 가문에 대한 감사의 표현일 수도 있다.

파울 볼프스켈은 다발성 경화증이 더욱 악화되어 결국 완전히 마비됐고, 1890년 강의를 포기할 수밖에 없었다. 그러나 그 뒤에도 간단한 수학 논문을 몇 편 발표했다. 지속적인 보호가 필요했는데, 1903년 10월 12일 53세의 미혼 여성 마리[15]와 결혼했다. 그런데 마리는 악처로 밝혀졌으며, 볼프스켈의 말년을 산지옥으로 만들었다고 한다. 볼프스켈은 1905년 1월 '페르마의 마지막 정리를 최초로 증명하는 사람'을 위해 유서의 내용을 바꾸었다. 자신의 재산 중 많은 부분인 10만 마르크를 괴팅겐 (왕립) 과학원에 위탁하고 볼프스켈 상의 관리를 부탁했다. 볼프스켈은 1906년 9월 13일에 죽었다.

용도로 쓸 수 있게 했다. 그 위원회의 초대 위원장이 된 힐베르트는 첫 해 이자 2500마르크로 푸앵카레⑯를 괴팅겐 대학에 초청해서 일련의 강의를 듣는데 사용했다. 힐베르트는 그 뒤에도 이런 방법으로 다른 수학자들을 괴팅겐 대학에 초청했다.

그런데 뛰어난 수학자로 볼프스켈 상을 주관했던 힐베르트는 페르마의 마지막 정리를 증명하려고 시도하지도 않았다. 어떤 사람이 그에게 페르마의 마지막 정리를 증명해서 볼프스켈 상을 타려고 노력하지 않는 이유를 질문했다. 이에 대해 그는 다음과 같이 반문했다. "왜 황금 알을 낳는 거위를 죽이려고 하느냐?"

생명을 구한 페르마의 마지막 정리⑰

젊은 수학도 볼프스켈은 수론에 매료되어 쿠머가 선풍을 일으킨 페르마의 마지막 정리를 증명하려고 무진 애를 썼다. 그러나 재능 있는 수학자도 아니었고 수학에 크게 공헌할 운명도 아니었던 그는 다른 사람들과 마찬가지로 실패했다. 그러던 중 어떤 아름다운 여인에게 연정을 품게 됐지만, 실연당하고 말았다. 수학에도 사랑에도 실패한 그는 더 이상 살 의미가 없다고 생각하곤 매우 세심하게 자살 계획을 세웠다. 자살 날짜와 시각을 정하고 자정을 알

⑪ Darmstadt, 독일 Hesse 주의 공업 도시

⑫ Joseph Carl Theodor Wolfskehl(1814~1863)

⑬ Wilhelm Otto Wolskehl(1841~1907)

⑭ 뇌, 척추의 도처에 경화 현상이 일어나는 신경증으로, 언어 장애, 하지의 근력 저하, 정신력 황폐, 안구 진탕증 등이 나타난다. 주로 젊은 사람이 걸린다.

⑮ Susanne Magarethe Marie Frölish

⑯ Jules Henri Poincaré(1854~1912), 프랑스의 수학자

⑰ Davis, P.J. & Chin, W.G., *3.1416 and all that*, Birkhäuser, Boston, 1984; Singh, Simon, "How math can save your life," *Math Horizons*, Feb. 1998, 5-7.

리는 종소리와 함께 자신의 머리에 권총을 쏘기로 했다. 남은 시간 동안 자신의 모든 사업을 정리했고, 마지막 날에는 유서를 쓰고 가족과 가까운 친구들에게 편지도 썼다.

모든 것이 완료됐지만, 자정은 앞으로도 몇 시간이 남았다. 그래서 그는 서재에 들어가 수학 책들을 이리저리 뒤졌다. 그러다가 우연히 페르마의 마지막 정리의 증명 과정에서 코시[18]와 라메가 저지른 실수를 설명한 쿠머의 고전적인 논문을 발견했다. 그는 쿠머의 논문을 한 줄 한 줄 읽어 내려갔다. 그러던 볼프스켈은 쿠머가 가정했지만 정당화시키지 못한 논리적 빈틈을 발견하고 깜짝 놀랐다. 어떤 심각한 오류를 찾아낼 수 있는지 또는 쿠머의 가정을 정당화시킬 수 있는지에 대해 생각했다. 드디어 부적절한 부분을 찾아냈고, 쿠머의 연구 결과를 보완하거나 그의 가정이 거짓임을 증명하려고 모든 노력을 기울였다. 동틀녘이 되어서야 이런 작업이 완료됐다. 쿠머의 가정은 정당했고 그의 주장을 보완할 수 있었다. 볼프스켈은 위대한 쿠머의 연구에서 결함을 발견하고 이를 수정한 사실이 대단히 자랑스러웠으며, 절망과 슬픔의 감정이 사라지고 말았다. 이것은 그의 삶의 의욕을 되살려주었으며 자살의 필요성을 더 이상 느낄 수 없었다. 게다가 이미 정한 자살 시간도 훨씬 지나가 버렸다. 그는 유서와 편지들을 찢어버렸다.

그래서 페르마의 마지막 정리는 '생명을 구한 문제'가 됐고, 볼프스켈은 이에 대한 보은으로 막대한 상금을 기증했을 수 있다.

그런데 바르너는 위에서 언급한 불프스켈의 자살에 관한 이야기를 알고 있는 볼프스켈 가문의 사람과 친구를 찾을 수 없었다고 말했다.[19] 그렇지만

[18] Augustin-Louis Cauchy(1789~1857), 프랑스의 수학자

[19] Barner, Klaus, "Paul Wolfskehl and Wolfskehl Prize," *Notices of the AMS*, Vol. 44, No. 10(Nov. 1997), 1294-1303.

이런 계획이 충분히 존재 가능하다는 점에 많은 사람이 동의했다. 파울 볼프스켈은 당시 자신의 심각한 병과 이에 따른 암담한 미래 때문에 매우 의기 소침했다. 그가 자살을 결심했다면, 그것은 사랑의 실패나 페르마의 마지막 정리의 풀이에 대한 실패 때문이 아니라 오히려 병 때문이었을 것이다. 수론, 특히 쿠머의 논문들에 대한 집념은 볼프스켈의 말년에 대단히 중요한 역할을 했다. 볼프스켈이 페르마의 마지막 정리의 증명에 대한 상을 제정한 동기는 자신의 생명을 살린 이 문제에 대한 보답이라기보다는 오히려 그의 인생에서 진정으로 유일한 사랑인 수론이 말년에 큰 의미를 주었다는 사실과 더 큰 관계가 있다. 또, 애정 없는 아내 마리에게 자신의 전 재산을 물려주지 않겠다는 의지도 한몫 하지 않았을까?

잘못된 증명이 가장 많은 정리

볼프스켈이 페르마의 마지막 정리를 최초로 완벽하게 증명한 사람에게 줄 상금을 유증한 뒤에, 영광을 얻고 돈을 얻으려는 아마추어들의 근거 없는 증명이 범람했다. 이에 따라 페르마의 마지막 정리는 잘못된 증명이 가장 많이 발표된 수학 문제라는 명성을 얻었다.

비록 이 상의 수상에 관한 매우 엄격한 제한이 많이 있지만, 괴팅겐에 있는 위원회는 일주일에 평균 한 편의 풀이를 받았다. 그런데 이런 수치는 이 상이 처음 제정된 첫 해에 비하면 아주 작은 편이다. 첫 해에는 무려 621개의 풀이가 접수됐다! 최근까지 '5000개 이상' 의 풀이가 접수됐다고 한다.

볼프스켈 상에 도전한 사람은 아마추어만이 아니라 전문 수학자도 있었다. 예를 들면, 1882년 π가 초월수라는 증명으로 이름을 날린 수학자 린데만[20]

[20] Carl Louis Ferdinand von Lindemann(1852~1939), 독일의 수학자

도 있다. 린데만은 1901년 오류가 포함된 증명을 발표했다가 곧 취소했다. 그리고 1908년에는 66쪽에 달하는 '증명' 을 발표했다.

란다우의 답장

독일의 수학자 란다우[21]는 무급 강사 시절 볼프스켈 상에 도전하는 사람들을 심사하는 책임을 맡은 적이 있었다. 제출된 풀이는 의무적으로 평가해야만 했다. 매달 그에게 답지하는 페르마의 마지막 정리에 대한 수십 편의 '증명' 을 처리해야 하기 때문에 자신의 연구가 계속해서 방해를 받았다. 그래서 이런 상황에 대처하기 위해 간결한 방법을 고안했다. 그는 답장을 보내기 위해 다음과 같이 고정된 형식의 카드를 수백 통 인쇄했다.

> ____________ 귀하
>
> 페르마의 마지막 정리에 대한 증명을 보내준 데 대해 감사드립니다.
>
> 최초의 오류는 다음에 있습니다:
>
> __ 쪽 __ 째 줄
>
> 이것은 귀하의 증명을 부당하게 만듭니다.
>
> E. M. Landau

현대의 마지막 정리 증명자

볼프스켈 상을 1970년대에 관장한 슐리히팅F. Schlichting은 리벤보임Paul

[21] Edmund Georg Herman Landau(1877~1938), 독일의 수학자로, 1909년부터 1934년까지 괴팅겐 대학 수학 교수를 지냈다.

Ribenboim에게 보낸 편지에서 다음과 같이 썼다.

> 현재까지 접수된 '증명' 전체의 개수는 전혀 알 수 없다. … 현재도 매달 3~4통의 편지가 접수되고 있는데, 재미있고 신기한 내용을 담고 있다. 예를 들면, 풀이의 반만 보낸 어떤 사람은 우리가 1000마르크를 미리 지불하면 나머지 반을 보내겠다고 말했다. 어떤 사람은 내가 그를 지지한다면, 자신이 유명해진 뒤에 출판 및 라디오와 텔레비전 인터뷰에서 얻을 수익금의 1%를 나에게 주겠다고 제안했다. 그리고 내가 그를 지지하지 않으면, 자신의 풀이를 러시아 대학의 수학과로 보내서 자신을 발견하는 영광을 우리로부터 빼앗겠다고 협박했다.

페르마의 마지막 정리를 '증명'한 사람들은 괴팅겐 대학으로만 편지를 보내지 않았다. 아마도 세계 대부분의 대학 수학과에서는 이런 편지를 많이 받았을 것이다. 수학 작가 가드너[22]는 이런 편지에 매우 요령 있게 답변하는 친구를 알고 있었다. 그 친구는 답장에서 자신은 증명을 검토할 만한 능력이 없지만 이를 도와줄 이 분야 전문가의 이름과 주소를 알려줄 수 있다고 말했다. 그 전문가는 바로 직전에 그에게 '증명'을 보낸 사람이었다.

드디어

1993년 6월 23일, 영국 출신으로 미국 프린스턴 대학 수학 교수인 와일스는 영국 케임브리지에 있는 뉴턴 연구소에서 열린 학술 회의에서 연속적인 세 번의 강의를 진행하던 중, 페르마의 마지막 정리를 충분히 함의할 수 있는 새롭고 심오한 결과에 대한 증명을 제시했다. 좀더 정확하게 말하면, 와일스

[22] Martin Gardner(1914~)

는 반안정적인 타원 곡선의 어떤 집합에 대한 시무라 · 타니야마 · 베유의 추측을 증명한 과정을 개략적으로 설명했다. 몇 년 전 버클리의 캘리포니아 대학 교수인 리벳Kenneth Ribet이 밝힌 대로, 그 추측이 모든 반안정적 곡선에 적용될 때 페르마의 마지막 정리는 그 추측의 보조 정리가 된다.

1955년 일본 수학자 타니야마㉓는 타원 곡선족과 모듈라 곡선족이라 부르는 잘 알려진 또 다른 곡선족 사이에 어떤 관계가 있을 것이라고 추측했다. 타니야마에 따르면, 주어진 임의의 타원 곡선과 모듈라 곡선 사이에는 어떤 관계가 있어야만 하며, 그 관계는 시초 곡선의 많은 성질을 '제어' 해야만 한다.

베유㉔는 1968년 주어진 타원 곡선과 관계되어야만 하는 정확한 모듈라 곡선을 결정하는 방법을 밝힘으로써, 타니야마의 추측을 좀 더 명확하게 했다. 그리고 1971년 시무라㉕는 이것이 매우 특별한 방정식족에 대해 적용된다는 사실을 증명했다. 그 뒤 타니야마의 제안은 시무라 · 타니야마 · 베유의 추측으로 불렸다.

이것은 수학자들에게 연구할 명확한 구조를 제시했다. 마지막 정리의 명제를 믿을 이유는 없지만, 시무라 · 타니야마 · 베유의 추측은 대단히 많은 사실이 알려진 기하학적 대상과 그 결과를 믿는 데 훌륭한 논거를 제시할 수 있고 실제로 증명을 찾는 방법을 제시할 수 있는 충분한 구조를 고려했다. 적어도 와일스는 그와 같이 진행하는 방법을 찾았다.

와일스는 그 이후 7년 동안 자신의 발상을 적용할 방법을 찾는 데 모든 노

㉓ Yukata Taniyama(谷山 豊, 1927~1958), 도쿄 대학을 졸업하고 이 대학의 조교수가 됐다. 《현대 수론(1957)》을 시무라와 함께 썼다. 1958년 11월 17일 자살했으며 그의 약혼녀도 한 달 뒤 자살했다.

㉔ André Weil(1906~1998), 파리, 로마, 괴팅겐에서 공부하고 여러 대학에서 가르쳤으며, 시카고 대학(1947~1958)을 거쳐 1958년 이후 프린스턴 대학 교수로 있었다. 수론, 대수 기하학, 군론을 연구하고 있으며, 부르바키 학파의 일원으로 활동했다.

㉕ Goro Shimura(志村 五郎, 1930~), 도쿄 대학을 졸업하고, 1957년 고등 학술 연구소 객원 교수를 거쳐 1964년부터 프린스턴 대학 교수로 있다.

력을 경주했다. 마주르, 플래취, 콜리바긴[26] 등과 다른 사람들이 연구한 새롭고 강력한 방법들을 사용하고 발전시켜서 시무라 · 타니야마 · 베유의 추측을 타원 곡선의 중요한 집합족에 대해 입증하는 데 마침내 성공했다. 이 집합족은 페르마의 마지막 정리의 증명과 관련된 곡선을 포함한다.

사실, 처음에 와일스는 자신의 증명이 마지막 정리를 내포한다고 확신했고 그래서 그의 6월 발표는 페르마의 오래된 난문에 대한 증명이라고 생각했다. 그러나 와일스의 증명에서 몇 가지 논리적 비약이 발견됐다. 와일스가 해결할 수 없었던 한 가지 결함은 케임브리지 대학의 테일러Richard Taylor와의 공동 연구로 1994년 10월에 해결됐고, 페르마의 마지막 정리에 대한 와일스의 논문은 1995년 5월에 발표됐다.[27]

와일스 Andrew John Wiles 1953~

와일스는 옥스퍼드 대학의 신학자의 아들로 1953년 4월 11일 케임브리지에서 태어났다. 1971년부터 옥스퍼드의 머턴 대학을 다니고 1974년 학사 학위를 받았다. 같은 해 케임브리지의 클레어 대학Clare College에 입학했으며, 코츠[28]의 지도로 1980년 박사 학위를 취득했다. 1981년 말 프린스턴 고등 연구소 회원이 됐고, 1982년에는 프린스턴 대학 교수가 됐다. 그 뒤 몇 년 동안 프랑스와 영국을 방문했다.

와일스는 10세 때인 1963년 마을 공공 도서관에서 빌린 책 《마지막 정리》[29]에서 페르마의 마지막 정리를 처음으로 보게 됐는데, 엄청난 영향을 받았다. 이것 때문에 수학

[26] Barry Mazur, Matthias Flach, Victor Kolyvagin

[27] Wiles, Andrew, "Modular elliptic curves and Fermat's Last Theorem," *Annals of Mathematics*, Vol. 141 (1995), 443-551.

[28] John Henry Coates(1945~)

[29] E.T. Bell, *The Last Theorem*, Simon & Schuster, New York, 1961; Victor Gollancz, London, 1962.

자가 되고 싶었고, 이 문제를 풀고 싶었다. "나는 십대 때 이것을 증명하려고 많은 시간을 보냈다. 이것은 언제나 나의 마음 속에 있었다. 그러나 전문 수학자가 된 뒤, 십대의 열정으로 단순히 이 문제를 연구하는 것보다 훨씬 더 많은 것이 있음을 인식했다."

와일스가 유럽을 방문할 당시 중요한 사건이 발생했다. "프라이와 리벳의 결과를 들었을 때 전망이 밝아졌음을 알았다. 그들의 연구 결과가 이 문제를 완전히 변화시켰음을 전혀 의심하지 않았다. 종래, 페르마의 마지막 정리는 수론의 다른 문제들과 같았다. 이것은 수천 년을 갈 것으로 보였고 결코 풀리지 않을 것으로 보였으며 수학자들은 거의 언급하지도 않을 것으로 보였다." 그러나 와일스가 첨가한 대로, "프라이와 리벳이 연구한 결과는 페르마의 마지막 정리를 수학에서 무시할 수 없는 문제의 하나로 만들었다. 너무 많은 것이 이것에 의존했다. 미래의 문제들의 전체 구조물이 이것에 의존했다. … 그리고 이렇게 확신하게되자 방치할 수 없었다."

리벳의 결과를 들은 바로 그 날, 와일스는 이를 이용해서 페르마의 마지막 정리를 증명하는 데 자신의 인생을 바치기로 했다. 자신의 튜더 양식 집 3층에 있는 빈 다락방에 앉아 자신의 비밀스런 계획을 수행했다. 컴퓨터는 필요 없었으며, 절대적인 침묵을 방해할 전화도 필요 없었다. 그의 계획을 알고 있던 프린스턴 대학교 수학과 교수는 카츠Nicholas Katz 뿐이었다. 그는 일종의 대변인 역할을 하기로 했지만, 비밀을 지킬 것을 맹세했다. 7년 동안의 노력 끝에 페르마의 마지막 정리에 대한 증명을 드디어 끝낼 수 있었다.

그 뒤 언론 매체 종사자들이 프린스턴 대학 수학과 전체를 여러 날 동안 점령했었다. 와일스는 특이한 전화도 많이 받았다. 적어도 수학자에게는 매우 특이했다. 의류업체 갭Gap에서는 진바지 광고 모델로 쓰고 싶다고 했다. 유명한 뉴스 진행자 바바라 월터스Barbara Walters의 조수로부터 전화가 왔는데, 월터스의 텔레비전 프로그램에 출연해달라는 초청이었다. 와일스의 응답은 "바바라 월터스가 누구입니까?" 였다. 조수는 그에 대해 알려주었고, 다시 전화하겠다고 말했다. 그 다음 전화에서는 와일스와 결코 인터뷰하지 않기로 결정했다는 말을 들었다. 그 대신 클린트 이스트우드Clint Eastwood로 대체됐다.

▣ 볼프스켈 상금

[볼프스켈 상을 1970년대에 관장한] 슐리히팅은 볼프스켈 상과 관련된 1974년 3월 23일자 편지에서 당시 "이 상금의 가치는 1만 독일 마르트DM을 약간 상회한다."고 말했다. 그렇지만 이것은 잘못 계산된 것이었다. 물론 괴팅겐 과학원이 상금 액수를 비밀로 유지했기 때문이기도 했지만, 상금에 대한 다른 저자들의 부정확한 주장이 일조를 했다. 이런 부정확한 주장은 벨의 책에서 출발했다. 그는 1937년 《수학을 만든 사람들》에서 제1차 세계 대전 뒤의 인플레이션 때문에 볼프스켈 상금이 1페니히도 채 되지 않는[31]다고 썼다. 이렇게 슬픈 이야기는 반복되어 인용됐다. 레머[30]도 1961년에 "상금은 인플레이션 때문에 사라져버렸다."고 썼다. 똑같은 취지로, 데이비스 는 1969년 "파괴적인 인플레이션은 이 상의 가치를 모두 날려버렸다."고 썼다. 슐리히팅의 발표가 있은 뒤에도, 두들리Underwood Dudley는 1978년에 "이 문제의 풀이에 대한 상금이 없을지라도 아마추어 수학자들은 여전히 증명을 시도하고 있다."고 썼다. 버턴David M. Burton은 1988년 그의 수론 책의 개정판에서도 "… 1920년대 독일의 인플레이션은 이 상의 가치를 완전히 소멸시켰다."고 독자에게 알려주었다.

볼프스켈 상금에 관한 슐리히팅의 추측은 1979년 리벤보임의 책을 통해 공개됐는데, 그 뒤 서서히 퍼지게 됐다. 1993년 두들리는 "이 상금은 현재 약 1만 달러이지만 널리 알려지지 않고 있다."고 발표했다. 정확한 상금 액수는

[30] Derrick Henry Lehmer(1905~1991), 캘리포니아 대학 버클리 분교의 수학 교수로서 계산 수학의 대가였다. 그의 아버지 Derrick Norman Lehmer도 시카고 대학에서 일레아킴 무어의 지도로 박사 학위를 받은 1900년부터 이 대학의 수학 교수였다.

[31] Phillip J. Davis(1923~), 미국의 수학자

얀센Uwe Jannsen의 1993년 논문에 처음 등장했는데, 그는 “볼프스켈 교수가 기증한 볼프스켈 상은 이자와 복리에 의해 7만 DM이 될 것이다.”라고 추측했다. 사실, 1995년에는 정확한 금액이었다. 이 상의 규정에는 증명이 인쇄물로 출판되고 상이 수여되기까지 전문가가 증명을 검토하기 위한 2년의 시간이 경과해야 한다고 명시하고 있기 때문에, 1993년 6월 23일 발표된 와일스의 증명이 정확했고 1993년에 인쇄물로 발표했다면 빠르면 1995년에 이만큼의 상금을 받았을 것이다. 그러나 이미 알고 있듯이, 와일스의 증명에는 결함이 있었고 이 결함은 1994년 테일러와 와일스에 의해 보완됐다. 이 증명은 1995년 5월에 발표됐다. 드디어 1995년 9월 괴팅겐 과학원은 발표된 증명이 정확하다면 “약 7만 DM의 상금이 수여될 것이다.”라고 공표했다. 1997년 6월 27일 와일스에게 볼프스켈 상이 수여될 때, 상금은 7만 5천 DM이었다.

1906년 볼프스켈 상금 10만(금-)마르크는 당시 35.8423킬로그램의 금과 교환할 수 있었다. 이것은 오늘날 약 60만 DM의 가치가 있을 것이다. 그렇지만 제1차 세계 대전 이전의 금의 상대적인 가치는 다른 상품과 비교할 때 오늘날보다 약 5배 이상의 가치가 있다. 즉, 이 상금은 오늘날 약 170만 달러의 구매력이 있을 수 있다. 이 돈은 볼프스켈의 유언에 따라 ‘안전하게’ 비밀로 유지됐다. 1920년대 초 바이마르 공화국에서 심각한 인플레이션이 발생한 뒤, 라이히스마르크RM가 1924년에 도입됐고, 볼프스켈 상금은 2만 RM이 됐다. 이자와 복리에 의해 이 상금의 가치는 1948년 7만 5천 RM로 높아졌다. 이것은 약 5%의 연이율을 반영한다. 1948년 화폐 개혁을 통해 독일 마르크 DM가 도입되어, 볼프스켈 상금은 10 : 1로 축소되어 7500DM이 됐다. 약 5%의 연이율은 상금 총액이 지난 49년간 10배로 증가했음을 의미했다. 와일스가 수상한 미국 국립과학원 상 5000달러 또는 미국 수학회 대수학의 콜 상 4000달러와 비교해도, 7만 5천DM의 상금은 여전히 훌륭한 액수이다. (와일스는

1998년 페르마의 마지막 정리에 대한 증명으로 파이잘Faisal 상금 20만 달러도 받았다.)

페르마의 대 · 소 정리

페르마의 마지막 정리를 '페르마의 대 정리' 라 부르기도 한다. 이는 다음과 같은 정수론의 기본적인 정리의 하나인 '페르마의 정리' 또는 '페르마의 소 정리' 와 구별하기 위함이다.

소수 p 및 이와 서로 소인 자연수 a에 대해 $a^{p-1}-1$은 p의 배수다.

페르마의 이름은 광학에서도 찾아볼 수 있는데, "빛은 한 점에서 다른 점까지 통과 시간이 최소인 경로를 따라 이동한다."는 '페르마의 원리' 가 있다.

로베르발 Gilles Persone de Roberval

1602~1675

로베르발의 본명은 페르손Gilles Persone으로 프랑스 로베르발에서 태어났고 파리에서 죽었다. 그가 드 로베르발de Roberbal이라는 영주 칭호를 얻었다는 이야기가 있지만, 이는 사실이 아니다.

로베르발은 14세 때부터 수학을 배우기 시작했다. 프랑스의 여러 곳을 여행하면서 수학을 개인 지도하며 생계를 꾸렸고 대학 교수들과 수학에 대해 논의했다. 이런 여행 중 페르마를 만났고, 1628년 파리로 가서는 메르센, 파스칼 등과 교제했다. 잡지가 없던 시절에 수많은 편지를 통해 수학의 새로운 결과와 개념을 보급했다. 그는 1666년에 창립된 프랑스 과학원의 창설 멤버였다. 접선을 그리는 방법과 고차 평면 곡선 분야에서의 발견으로 유명하다.

토리첼리

우선권 논쟁

로베르발이 생각해 낸 접선 그리는 방법은 토리첼리도 발견했는데, 이에 따라 두 사람 사이에 우선권 논쟁이 야기됐다. 그는 또한 미분 적분학 전 단계인 카발리에리의 불가분량의 방법도 자신이 발견했다고 주장했으며, 토리첼리보다 앞서 굴렁쇠선(사이클로이드) 아래의 넓이를 구했다고 주장했다.

이런 우선권에 관한 분쟁은 해결하기 어렵다. 왜냐하면 로베르발은 언제나 자신이 발견한 결과를 늦게 발표했기 때문이다. 로베르발이 발표를 늦게 한 데는 그가 1634년부터 40년 동안 콜레주 드 르와이얄Collège de Royale의 교수직을 유지했다는 사실에서 알 수 있다. 이 자리는 3년마다 자동적으로 교체됐는데, 물러날 사람이 수학 문제를 내고 공개 경쟁을 통해 그 자리를 다시 채웠다. 로베르발은 이 자리를 유지하기 위해서 자신은 답할 수 있지만 경쟁자들은 답하기에 곤란한 어려운 문제로 이용하려고 자신의 발견을 비밀에 붙였다.

월리스 John Wallis

1616~1703

월리스는 잉글랜드 켄트의 애쉬포드Ashford에서 태어났고 옥스퍼드에서 죽었다. 1632년 케임브리지의 엠마뉴엘 대학(Emmanuel College, 청교도 학교)에 입학해서 윤리학, 형이상학, 지리학, 천문학, 의학 등 여러 분야를 공부했고, 의사가 될 마음은 없었지만 피의 순환에 관한 논문으로 1637년 학사 학위를 받았다. 그 뒤 공부를 계속해서 1640년에는 석사 학위를 받았고, 같은 해에 사제가 됐다. 몇 곳에서 사제로 근무했는데, 찰스 1세와 의회 사이의 제1차 내전❶ 중에는 암호 해독가로서 의회를 도왔다.

월리스는 케임브리지의 퀸즈 대학Queen' s College의 특별 연구원으로 있다가, 1645년 결혼과 함께 사임하고, 런던으로 되돌아가서 자연 과학과 실험에 관심을 가진 과학자 집단과 매주 만났다. (이 집단은 그 뒤 왕립 학회로 발전했다.) 당시 오트레드의 《수학의 열쇠》를 읽고 수학에 관심이 커졌고, 해리엇의 방법과 유사한 사차 방정식의 해법을 스스로 발견하기도 했다. 크롬웰의 임명으로 1649년 옥스퍼드 대학에서 새빌의 기하학 교수가 됐다. 내전에서 의회를 도왔지만 찰스 1세의 처형에는 목소리를 높여 반대한 덕분에, 1660년 왕정복고로 찰스 2세가 왕위에 올랐을 때 교수직을 유지할 수 있었고 이와 동

❶ Civil War(1642~46), 제2차 내전은 1648~52.

시에 왕의 사제로도 임명받았다. 새빌의 교수직을 죽을 때까지 54년 동안 지켰다.

월리스는 당시 가장 유능하고 독창적인 수학자의 한 사람으로, 뉴턴 이전 세대의 영국 수학자들에게 가장 큰 영향을 끼쳤다. 그리고 해석학에 관한 그의 연구는 그 뒤 뉴턴이 수학 · 과학 세계를 개척하는 데 크게 공헌했다. 다방면에 박식했고 많은 저술을 남겼는데, 농아 교육 체계를 최초로 고안한 사람에 속한다는 이야기도 있다.

▣ 무한대 기호

월리스는 1656년에 출판한 책 《무한 산술Arithmetica infinitorum》에서 무한대를 나타내는 데 기호 ∞를 처음으로 사용했다. 그러나 이 기호는 야곱 베르누이가 1713년에 출판한 책 《추측술》에서 사용할 때까지 일반적으로 통용되지 않았다. 이 기호는 로마 사람들이 1000을 나타낼 때 종종 사용했다. 그래서 매우 큰 수를 표현하기 위해 사용된 것으로 보이며 점차로 무한대를 나타내게 됐다.

무한대 기호에 관한 우스갯소리가 있다. 수들은 결코 눕지lie 않는다. [또는 거짓말하지lie 않는다.] 그러나 꼭 하나의 숫자 8은 옆으로 눕는다.

▣ 잘못 주어진 영예

스위스 수학자 란❷이 1659년 취리히에서 독일어로 출판한 책 《독일 대수학Deutsche Algebra》은 1668년 런던에서 《대수학 입문An Introduction to Algebra》이라는 제목으로 브랜커❸가 번역하고 펠❹이 수정 · 보완해서 출판했는데, 영

❷ Johann Heirich Rahn(1622~1676)

국 저술가들에게 상당히 큰 영향을 주었다. 이 책은 '따라서' 를 뜻하는 기호 ∴와 나눗셈 기호 ÷를 최초로 도입한 것으로 유명하다.

그런데 이 번역서에서 역사적으로 진기한 점을 추적할 수 있다. 펠이 영어 번역서에 첨부한 내용 중에서는 월리스와 브룬커[5]가 디오판토스 방정식 $ax^2+1=y^2$을 공동으로 깊이있게 연구한 결과가 있다. 여기에서 a는 제곱수가 아닌 정수이다. 펠은 이런 방정식과 이것 이외에 어떠한 관계도 없지만, 스위스의 위대한 수학자 오일러의 오해 때문에 이 방정식은 수론에서 '펠의 방정식' 으로 불리고 있다.

❸ Thomas Brancker(1636~1676)

❹ John Pell(1611~1685)

❺ William Brouncker(1620~1684), 왕립 학회 최대 회장(1662~1667)

메르카토르 Nicolaus Mercator

1620~1687

메르카토르는 당시 덴마크의 일부였지만 현재 독일 영토인 홀슈타인 Holstein에서 태어났고 파리에서 죽었다. 로스토크Rostock 대학에서 1641년에 학위를 받고, 1642년부터 로스토크 대학에서 그리고 1648년부터는 코펜하겐 대학에서 가르쳤다. 1660년 영국으로 건너가서 개인 지도로 생계를 꾸려 나갔는데, 바다에서 경도를 측정할 수 있는 추시계의 발명으로 1666년 왕립 학회의 연구원이 됐다.

메르카토르는 유클리드의 《원론》을 편집했으며, 구면 삼각법, 기하학, 천문학, 로그 계산, 우주 형상학에 관한 책을 저술했다. 종종 '메르카토르의 급수' 라고 부르는 다음과 같이 잘 알려진 급수를 발견했다.

$$\ln(1+x)=x-\frac{x^2}{2}+\frac{x^3}{3}-\frac{x^4}{4}+\cdots$$

메르카토르의 사영❶이라고 부르는 친숙한 지도는 니콜라우스 메르카토르가 아니라 제라르 메르카토르❷의 업적이다.

❶ Mercartor's projection, 이것에서는 자오선과 일정한 각을 유지하는 구의 경로인 항정선(航程線, loxodrome)들이 직선으로 나타난다.

❷ Gerard Mercator(1512~1594), 플랑드르의 지도 제작자 · 지리학자

보수를 못 받다

메르카토르는 오랫동안 영국에서 살았지만, 1683년 프랑스로 가서 베르사이유 궁전의 분수들을 설계하고 건설했다. 그런데 그가 가톨릭 교도가 아니었기 때문에, 보수를 받을 수 없었다. 그는 끝내 개종을 거부했고, 곧 좌절과 가난으로 죽고 말았다.

파스칼 Blaise Pascal

1623~1662

파스칼은 1623년 6월 19일 프랑스 오베르뉴의 클레르몽Clermont에서 태어났다. 3세 때 어머니가 죽었고, 1631년 아버지[1]는 그의 교육을 위해 파리로 이주했다. 일찍이 수학에서 비범한 재능을 보인 파스칼은 겨우 12세 때 완전히 독자적으로 평면 기하학에 관한 많은 정리를 재발견했고, 16세 때는 사영 기하학에서 활용도가 대단히 높은 '파스칼의 정리'를 발견했다. 그리고 몇 년 뒤에는 최초의 덧셈 기계를 발명하고 제작했으며, 비상한 재주를 발휘해서 물리학과 역학을 연구했다. 1654년 사영 기하학에 관한 포괄적인 저서를 출판했으며, 페르마와의 서신 왕래를 통해 확률론의 기초를 닦았다.

수학의 신동

파스칼은 일찍이 수학에서 비범한 재능을 보였는데, 누나 질베르타[2]는 파스칼의 어린 시절에 관한 이야기를 많이 전해 주었다. 파스칼은 허약해서 너무 많이 놀지 못하도록 했으며 집 안에서 지내야 했다. 아버지는 파스칼의 교육을 우선 언어 교육에 국한해야 하며 15세가 되기 전에는 수학을 절대 가르쳐서는 안 된다고 결정했다. 수학을 제외시킨 것이 오히려 파스칼의 호기

[1] Étienne Pascal(1588~1651)
[2] Gilberta, 나중에 페리에 부인(Madame Périer)이 됨.

심을 자극했고, 가정 교사에게 기하학이 무엇인지 질문하게 했다. 가정 교사는 기하학이 도형과 그 성질을 연구하는 학문이라고 알려주었다.

파스칼은 기하학에 관한 가정 교사의 설명에 자극 받아서 휴식 시간을 포기하고 몇 주일 동안 (아버지의 금지 명령 때문에 몰래) 연구해서 기하학적 도형에 대한 성질을 많이 발견했다. 특히, 삼각형의 세 내각의 합이 180°라는 사실을 발견했다. 이 사실은 종이 삼각형을 접어서 얻은 것이었는데, 아래의 왼쪽 그림과 같이 내접하는 원의 중심에 세 꼭지점을 모아 접거나, 오른쪽 그림과 같이 한 수선의 발에 세 꼭지점을 모아 접어서 찾았을 것이다.

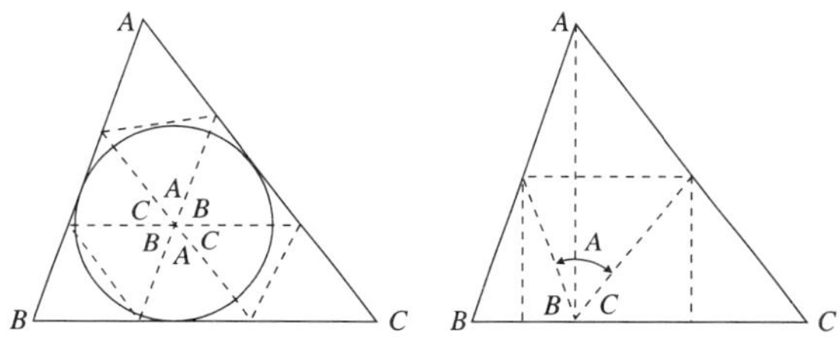

어느 날 그가 기하학 연구를 하고 있었을 때 아버지가 이를 엿보게 됐다. 아버지는 아들의 재능에 대단히 놀라서 고집을 꺾고 유클리드의 《원론》을 주었다. 소년 파스칼은 그 책을 열심히 읽어서 곧 숙달하게 됐다.

파스칼은 14세 때 아버지를 따라 메르센이 주도하는 수학자들의 모임에 참석했다. (그 모임은 1666년 프랑스 과학원으로 발전했다.) 그는 데자르그의 연구 결과에 감탄했는데, 16세 때는 원뿔 곡선에 관한 논문을 썼다. 이 논문에 '파스칼의 정리'가 실려 있다. (이는 〈원뿔 곡선 시론〉으로 1640년에 출판됐다.) 데카르트는 그것을 파스칼이 쓴 것이 아니라 틀림없이 그의 아버지가 쓴 것이라고 생각했다.

파스칼은 1642년에 최초의 계산 기계[3]를 발명했는데(다음 사진), 루앙

[3] 이는 역사상 두 번째의 계산 기계였다.

Rouen에서 징세관으로 일하는 아버지를 도와주기 위해서 고안했다. 그 기계는 여섯 자리를 넘지 않는 수들을 다룰 수 있고, 0부터 9까지의 숫자가 새겨진 일련의 매력적인 숫자판을 갖고 있는데, 하나의 숫자판이 9에서 0으로 회전하면 그 앞에 위치한 숫자판이 자동적으로 한 단위만큼 회전하도록 설계됐다. 이에 따라 덧셈에서 '받아 올림' 과정이 기계적으로 이루어졌다. 파스칼은 50개가 넘는 계산 기계를 제작했는데, 그 중 일부는 아직도 파리에 있는 예술 및 기술 박물관 Consevatoire des Arts et Metiers에 소장되어 있다.

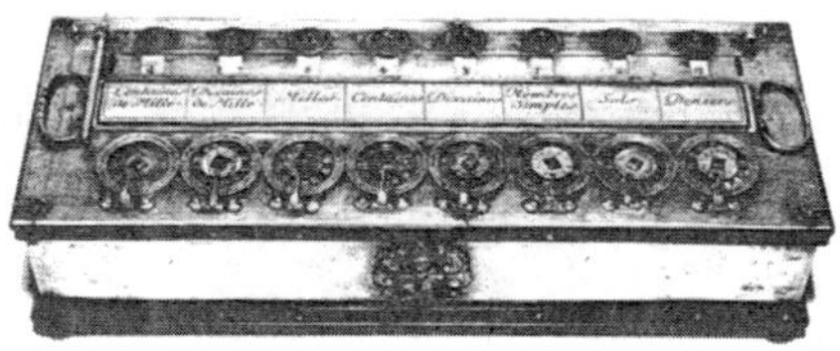

파스칼은 23세 때 공기 압력에 대한 토리첼리의 연구에 흥미를 가졌고, 자신의 비범한 재능을 진공과 같은 주제의 물리학에 적용하기 시작했다.

파스칼의 정리

원뿔 곡선에 관한 파스칼의 업적 중 가장 뛰어난 결과는 현재 그의 이름을 따서 '파스칼의 원리'로 부르는 다음과 같은 정리다(오른쪽 그림 참조). "임의의 원뿔 곡선에 내접하는 임의의 (볼록일 필요는 없는) 육각형에서 마주보는 세 쌍의 대변을 연장해서 얻은 세 교점은 한 직선 위에 놓인다."

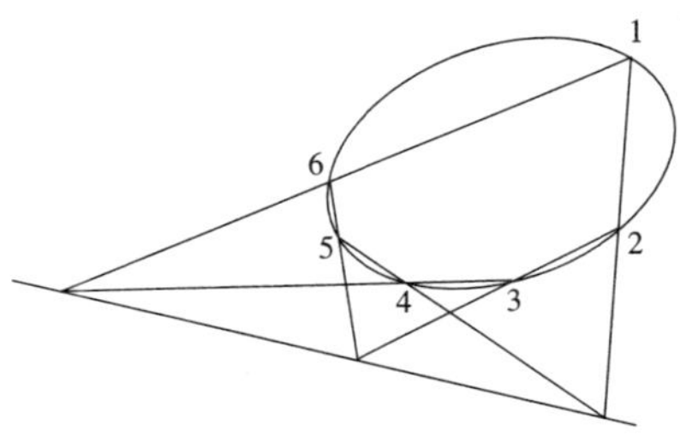

파스칼은 원뿔 곡선에 내접하는 육각형의 여러 가지 형태의 꼭지점을 고려한 특별한 경우들을 생각함으로써 이 정리에 대한 400개 이상의 따름 정리를 유추했다고 한다. 어쨌든, 파스칼 정리의 결과는 대단히 많고 매력적이며,

믿기 어려울 정도로 많은 연구가 이를 통해 이루어졌다. 예를 들기 위해, 파스칼의 정리에서 교점이 동시에 놓이는 직선을 내접하는 육각형의 '파스칼 선' 이라고 하자. 원뿔 곡선 위의 여섯 점으로 육각형을 $\frac{5!}{2} = 60$개 형성할 수 있는데, 파스칼의 정리에 의해 각 육각형에 하나의 파스칼 선이 대응한다. 이런 60개의 파스칼 선은 세 개씩 '슈타이너 점' 이라 부르는 20개의 점을 통과하고, 슈타이너 점들은 네 개씩 '플뤼커 선' 이라 부르는 15개의 선 위에 놓인다. 또, 파스칼 선들은 세 개씩 '커크만 점Kirkman point' 이라 부르는 점에서 교차하는데, 60개의 커크만 점이 있다. 각 슈타이너 점에는 세 개의 커크만 점이 대응하는데, 이 네 점은 모두 '케일리 선' 이라 부르는 선 위에 놓인다. 20개의 케일리 선이 있으며, 이 선들은 네 개씩 '살몽 점Salmon point' 이라 부르는 15개의 점을 통과한다. 이 이외에도 이 형상에 대한 훨씬 더 많은 확장과 성질이 있으며, 파스칼의 정리에 대한 서로 다른 증명의 개수는 현재 대단히 많이 존재한다.

수학사에서 가장 위대한 인물이 '될 수 있었던 사람'

파스칼의 놀랍고도 조숙한 활동은 1650년 갑자기 중지됐다. 약한 체질 때문에 고통받던 그는 수학과 과학에 대한 연구를 포기하고 종교적인 명상에 몰두하기로 결정했다. (그의 아버지는 1651년 사망했다.) 그러나 그로부터 3년 뒤, 일시적으로 수학 · 과학 연구에 복귀했다. 유체 압력에 관한 몇 가지 실험을 했으며, 그 결과로 '파스칼의 원리' ❹를 발견했다. 1648년에 거의 완성했는데, 1653년에 다시 연구해서 1654년에 〈원뿔 곡선 일반론〉을 썼고, 이항 계수를 연구한 책 《산술 삼각형론Traité du triangle arithmétique》도 썼다. 페르마와

❹ "밀폐된 용기 속에서 정지하고 있는 유체 중의 한 점의 압력을 어떤 크기만큼 늘리면, 유체 중의 모든 점의 압력은 같은 크기만큼 늘어난다."

의 서신 왕래를 통해 확률에 관한 수학적 이론의 기초를 다졌다.

그러나 1654년 말, 이렇게 재개한 수학 활동을 중지하게 된 사건이 발생했다. 말을 타고 가다가 뉘일리Neuilly에 있는 다리의 높은 난간에 부딪혀 거의 죽을 뻔한 일이 벌어졌다. 극적으로 난간 사이에 끼어 살아남긴 했지만, 이 사건을 파스칼은 자신의 수학 활동이 신을 즐겁게 하지 않는다는 강력한 암시로 받아들였다. 그 뒤 이 사건을 작은 양피지에 써서 가슴에 품고 다니면서 도덕적인 지침으로 삼았고, 충실하게 종교적인 명상으로 되돌아갔다.

파스칼은 1658년 꼭 한번 더 수학으로 되돌아 왔다. 심한 치통을 겪고 있었을 때, 어떤 기하학적 착상이 떠올랐다. 그러자 갑자기 치통이 사라졌다. 그는 이것을 신의 의지로 생각하고, 8일 동안 생각을 발전시켜서 굴렁쇠선에 대한 매우 완벽한 결과를 얻었으며 몇 가지 문제를 해결했다. 이것들은 그 뒤 도전 문제로 제시되어 다른 수학자들을 당혹스럽게 만들었다.

파스칼은 수학사에서 가장 위대한 인물이 '될 수 있었던 사람' 으로 불려왔다. 대단히 비범한 재능과 매우 날카로운 기하학적 통찰력을 가졌기 때문에, 조건이 좀 더 유리했더라면 훨씬 더 많은 업적을 남겼을 것이다. 그러나 거의 평생 동안 건강으로 고통받고, 성년 초기부터는 종교적 신경증에 의한 정신적인 고뇌에 시달려야만 했다.

수학적 확률론의 기원[5]

17세기 중반 상류층 귀족인 메레[6]는 주사위 한 개를 네 번 던질 때 6의 눈이 적어도 한 번은 나온다는 데 돈을 걸었다. 다른 사람들이 그와 내기를 하는 것이 현명하지 않다는 사실을 깨달을 때까지, 그는 이 내기로부터 상당한 이익을 얻었다. 그는 경험을 통해 진 경우보다 이긴 경우가 더 많다는 사실을 알고 있었다. 그렇지만 주사위 한 개를 네 번 던질 때 6의 눈이 적어도 한 번은 나올 확률이 $1-\left(\frac{5}{6}\right)^4$, 즉 약 51.8%라는 사실은 알지 못했다.

충동적인 도박꾼이었던 메레는 또 다른 내기놀이를 찾아냈다. 주사위 두 개를 동시에 24번 던져서 나온 눈의 합이 12가 되는 경우가 적어도 한 번 있다는 데 돈을 걸기 시작했다. 이 내기가 처음에는 그에게 유리해 보였지만, 그는 점점 돈을 잃기 시작했다. 이에 절친한 친구 파스칼에게 이 내기를 분석해 달라고 부탁했다. 이렇게 해서 확률론이 탄생하게 됐다.❼ 두 개의 주사위를 던질 경우에 모두 36가지의 경우가 나오는데, 파스칼은 메레의 문제를 거꾸로 생각해서 주사위 두 개를 던져서 나온 눈의 합이 12가 되지 않을 확률을 계산했다. 그 값은 $\left(\frac{35}{36}\right)^{24}$, 즉 약 50.9%다. 이에 따라 메레는 돈을 잃게 될 확률이 51%임을 알게 됐다.

파스칼은 확률에 점점 더 흥미를 갖게 되어 수학자인 친구 페르마와 함께 다른 도박의 경우도 분석해 보기로 했다. (당연히 확률 연구에는 파스칼의 삼각형이 유용하게 쓰인다.) 확률론에 대한 정식 연구가 도박꾼 한 명과 수학자 두 명에 의해 시작됐다는 사실이 놀랍지 않은가?

확률론의 활용

오늘날 초기 프랑스 문학의 본보기로 읽히고 있는 파스칼의 유명한 《프로방샬 서간Provincial Letters, 1656~57》과 《팡세Pensées, 1656~58》는 그가 짧은 생애

❺ 샌더슨 스미스 저/ 황선욱 역, 《수학사 가볍게 읽기》, 한승, 2002, p. 91.

❻ Antoine Gombaud Chevalier de Méré(1607~1680)

❼ 메레는 파스칼에게 그 이전부터 논의되던 '득점의 문제'도 문의했다. 이에 대해서는 "하워드 이브스 저/ 허민 · 오혜영 역, 《수학의 위대한 순간들》 개정판, 경문사, 2003, pp. 274-274"를 보라.

를 마감하기 직전에 쓰였다.

파스칼은 《팡세》 제7장에서, 영원한 행복의 가치는 무한하기 때문에, 비록 행복을 보장하는 종교적인 삶의 확률이 매우 작더라도, (이 둘의 곱으로 측정되는) 기대값은 종교적인 삶을 보상하기에 충분하다는 주장을 개진했다.

팡세에는 신앙에 관한 다음과 같은 글도 있다. "설령 신이 존재하지 않더라도, 신을 믿음으로써 잃는 것은 아무것도 없다. 반면에 신이 존재한다면, 믿지 않음으로써 모든 것을 잃는다."

매우 실용적인 공헌

오늘날 우리가 알고 있는 바퀴 하나로 움직이는 외바퀴 손수레를 파스칼이 발명했다는 사실은 흥미롭다. 또, 그는 35세 때 승합 마차를 생각해냈다.

사람보다 훌륭한 개

파스칼은 다음과 같이 말한 적이 있다. "더 많은 사람을 알게 될수록 개를 더 좋아하게 됐다."

배로 Isaac Barrow

1630~1677

배로는 영국의 런던에서 태어났고 케임브리지에서 죽었다. 케임브리지의 트리니티 대학을 1649년에 졸업하고 특별 연구원으로 뽑혔다. 1652년에 석사 학위를 취득했고, 1655년에 케임브리지 대학 그리스어 교수직에 도전했지만 정치적인 문제로 실패했다. 영국을 떠나 유럽의 여러 지역을 다니며 공부하다가, 1659년에 영국으로 되돌아가서 사제가 됐다. 그리고 정치 상황이 바뀌어 1660년에 드디어 케임브리지 대학의 그리스어 교수가 됐다. 1662년에는 런던 그레셤 대학의 기하학 교수로 옮겼다가, 1664년 케임브리지 대학에서 최초의 루카스 수학 교수로 선임됐다.

배로는 1659년 교수직을 사임했고, 1670년에 찰스 2세의 전속 사제가 됐다. 1672년에는 왕으로부터 '잉글랜드 최고의 학자' 에게 주는 트리니티 대학의 부총장으로 임명받았는데, 이때 렌Wren 도서관을 창설했다.

배로는 접선을 결정하는 방법을 개발해서 미분법의 발달에 공헌했고, 적분과 미분이 역연산임을 최초로 인식해서 미분 적분학의 기본 정리의 발견에도 일조했다. 짧은 생애에 많은 업적을 남긴 배로는 여러 가지 점에서 당대의 에라스토테네스라는 말을 들었다. 에라스토테네스와 같이 뛰어난 운동가였으며, 다재 다능한 학자였다. 수학, 그리스학, 물리학, 신학 등의 다양한 분야에서 탁월한 재능을 보였다. 그런데 에라스토테네스가 그렇듯이, 그도 (그리스학을 제외하면) 모든 분야에서 당대 최고의 위치에 오르지는 못했다.

사고뭉치

배로는 어린 시절에 몹시 짓궂은 장난꾸러기였고 못 말리는 사고뭉치였다. 아버지에게도 큰 골칫거리였다. 어린 시절의 어느 날 저녁 그는 분개한 아버지의 기도를 엿듣게 됐다. "주여, 만약 어떤 이유에서든 당신이 제 자녀 중 하나를 데려가기로 결정하신다면, 저는 아이작Isaac을 최우선으로 내놓겠습니다."

강건한 사람

배로는 작고 여위고 창백해 보였으며 골초였다. 그렇지만 대단히 강건한 신체 때문에 곡마단의 힘센 사람처럼 재주를 부릴 수 있었다. 철봉을 구부려 매듭을 지을 수 있었고 이를 다시 풀 수도 있었다. 오랫동안 수영해서 먼 거리도 갈 수 있었다.

배로는 임기 응변의 재치와 대담한 용기도 있었다. 언젠가 동유럽을 여행할 때, 그가 탄 배가 항해 도중 해적에게 납치됐다. 그는 남다른 재치와 용기를 발휘해서 배와 모든 승객을 구출했다.

관대한 스승

배로는 언제나 성실했고, 존경할 만한 성품을 지녔다. 제자 뉴턴의 뛰어난 자질을 곧 인식했으며, 뉴턴의 성과를 세상에 알리려고 노력했다. 1669년에는 관대하게도 케임브리지 대학의 루카스 교수직을 사임했는데, 이는 뉴턴에게 그 자리를 물려주기 위해서였다.

렌 Christopher Wren

1632~1723

렌은 영국의 윌트셔Wiltshire에서 태어났고, 런던에서 죽었다. 1649년 옥스퍼드의 워드햄 대학Wadham College에 입학해서 1651년에 학사 학위, 1653년에 석사 학위를 받았다. 특별 연구원으로 선임되어 많은 과학 실험을 시행했고, 해부학, 수혈 방법, 도시 방어 전략, 축성 방법 등을 연구했으며, 양수기, 도시 방어용 군사 각도 측정기, 측량 도구, 경도 측정기 등을 고안했다. 믿기 어려울 정도로 다양한 분야에서 놀라운 능력을 발휘했다.

렌은 1657년 그레셤 대학의 천문학 교수가 됐는데, (훅❶과 같이) 독자적으로 중력의 역제곱 법칙을 제시했다. 1661년부터 1673년까지 옥스퍼드 대학에서 새빌의 천문학 교수직에 있었고, 왕립 학회의 창설에 이바지했으며 회장(1680~1682)을 지냈다.

렌은 1658년에 굴렁쇠선의 한 호의 길이는 생성 원의 반지름의 여덟 배라는 사실을 증명했는데, 이를 통해 수학자로서의 명성을 얻었다. 또, 1669년에는 일엽 쌍곡면이 선직면❷이라는 사실을 발표했다.

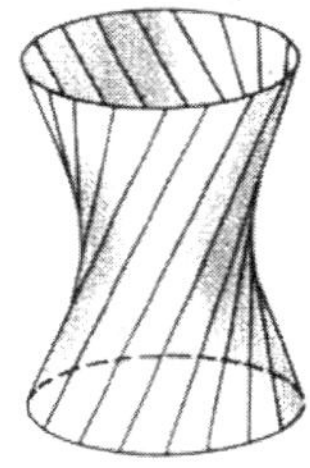

일엽쌍곡면

❶ Robert Hooke(1635~1703), 영국의 물리학자로 훅의 법칙을 발견했다. 뉴턴과 광학에 대해 격렬한 논쟁을 벌였는데, 역제곱 법칙을 먼저 발견했다고 다투었다.

❷ 직선의 운동에 의해 그려지는 곡면. 기둥면, 뿔면, 접선 곡면, 일엽 쌍곡면 등이 있다.

수학자에서 건축가로

어떤 사람의 생애 중 발생한 사건 때문에, 예상했던 분야가 아닌 다른 분야에서 그 사람의 명성이 후세에게 남는 경우가 종종 있다. 바로 렌이 이런 경우이다. 1666년 런던 대화재가 없었다면, 그는 건축가가 아닌 수학자로서 후세에게 알려졌을 것이다. 런던 대화재 이후, 런던 시 재건 장관에 임명되어 시 전체를 다시 설계하고 공공 건물을 비롯해서 51개의 성당 재건축 공사를 지휘했다. 이에 따라 수학자로서의 명성은 탁월한 재능을 보인 건축가로서의 명성에 완전히 압도됐다.

렌은 특히 세인트 폴 대성당St. Paul' s Cathedral을 설계했다. 두 번의 실패 뒤인 1675년에 세 번째 설계안이 채택됐고, 35년의 대공사를 거쳐 완성됐다.

사행시와 묘비

건축가로서의 명성을 얻은 렌을 주제로 한 다음과 같은 사행시가 있다.[3]

Sir Christopher Wren
Said, "I am going to dine with some men.
If anybody calls
Say I' m designing St. Pauls."
(크리스토퍼 렌 경은 말했다.
"나는 어떤 사람과 식사를 하려고 합니다.
만약 누가 나를 찾으면
나는 세인트 폴 대성당을 설계하고 있다고 말하시오.")

[3] 사행시는 가벼운 형태의 해학적인 운문으로, 영국에서 큰 인기를 얻었었다. 사행시의 영어 이름인 '클러리휴(clerihew)'는 이런 형태의 시 창시자 벤틀리(Edmund Clerihew Bentley, 1875~1956, 영국의 저널리스트 · 시인 · 추리작가)의 중간 이름을 따서 붙여졌다. 위의 렌에 관한 사행시는 벤틀리의 가장 잘 알려진 시다. 고대 그리스 아르키메데스에 있는 드 라 비어의 시도 사행시의 예다.

렌의 묘비도 그를 건축가로 영원히 기록하고 있다. 그의 묘비는 그가 다시 설계하고 건축한 세인트 폴 대성당에 있는데, 다음과 같이 고상한 문구를 담고 있다.

> Si monimentum requiris, circumspiece.
>
> (만약 당신이 기념비를 찾는다면, 당신 주위를 살펴보라.)

뉴턴 Isaac Newton

1642~1727

뉴턴은 율리우스력으로 1642년 성탄절(그레고리력으로는 1643년 1월 4일) 링컨셔의 울즈소프Woolsthorpe에서 유복자로 그리고 미숙아로 태어났다. 2세 때 어머니는 개가해서 떠났고,❶ 그는 외가에 맡겨졌다. 뉴턴의 할아버지는 성공한 자작농으로 1623년에 장원을 구입해서 아들에게 물려주었지만 자신의 이름도 적을 줄 몰랐다. 그 아들도 마찬가지였다. 반면에 뉴턴의 교육을 맡은 외삼촌William Ayscough은 케임브리지 대학 석사 출신의 사제였다. 뉴턴은 어렸을 때 독창적인 기계 모형을 고안하고 실험하는 데 흥미를 느꼈고, 이에 대단한 재주를 보였다.

뉴턴은 1661년에 케임브리지의 트리니티 대학에 입학해서 공부했고, 1664년에는 4년 동안 연구할 수 있는 재정적인 지원을 얻어서 석사 학위 과정을 시작했다. 그런데 1665년과 1666년에 학교가 흑사병 때문에 문을 닫자, 뉴턴은 고향집으로 가서 지냈다. 이 기간이 바로 그가 일반화된 이항 정리를 고안하고 미분법(뉴턴의 용어로는 '유율법')과 적분법을 발견했으며, 운동의 법칙과 중력 이론을 생각해 낸 'anni mirabiles굉장한 해' 였다.

뉴턴은 1667년에 케임브리지로 되돌아가서, 2년 동안 주로 광학 연구에

❶ 어머니(Hannah Ayscough)는 1653년에 새 남편(Barnabas Smith)도 죽자, 세 아이와 함께 울즈소프로 되돌아갔다.

몰두했다. 1669년 루카스 교수직을 사임한 스승 배로의 뒤를 이어 교수직에 올랐다. 이때부터 1687년까지가 그에게 대단히 생산적인 연구 기간이었다. 특히 대작 《자연 철학의 수학적 원리》(간단하게 《원리》)❷에 실릴 내용을 연구했는데, 이 책은 친구 핼리의 자금으로 1687년 중반에 출판됐다.

뉴턴은 1670년대를 보내면서 수학과 물리학에 대한 관심이 줄어들기 시작했는데, 그 뒤로는 주로 화학과 연금술 및 신학에 몰두했으며, 1688년부터는 대학 대표로 런던으로 가서 의원 생활을 하기도 했다. 1678년에 겪었던 신경쇠약 증상이 1693년에 또다시 나타나서 몇 년 동안 고생했는데, 그 뒤로는 연구 활동을 중지했다. 1696년에 조폐국 검사관으로 임명됐고, 1699년에는 국장으로 승진했으며, 1701년에는 루카스 교수직을 사임했다. 1703년에는 왕립 학회 회장으로 선출됐는데, 해마다 재선되어 죽을 때까지 그 자리를 지켰다. 1705년에는 과학자로서는 최초로 작위를 받았다.

뉴턴은 말년에 미분 적분학의 발견에 대한 표절 시비로 라이프니츠와 불행한 논쟁에 휘말리기도 했다. 고통스러운 지병 끝에 84세의 나이로 1727년에 죽었으며 웨스트민스터 사원에 묻혔다. 평생 결혼하지 않았고, 죽을 당시 하나를 제외한 모든 치아가 있었으며 백발이었다. 역사는 그를 역사상 가장 위대한 수학자로 기록하고 있다.

재치 있는 어린 발명가

뉴턴은 어린 시절에 여러 종류의 작은 기계 장치와 장난감을 스스로 만들어 놓았다. 예를 들면, 수차, 풍차, 해시계, 수력으로 작동하는 나무 시계 등을 제작했고, 친구들을 위해 완벽하게 조립한 장난감을 많이 만들었다. 쥐의

❷ *Philosophiae Naturalis Principia Mathematica*

힘을 이용해서 밀가루를 만드는 장난감 제분기도 만들었다. 그리고 호롱불을 운반할 수 있는 연을 한밤중에 날려서 동네 사람들을 놀라게 했는데, 사람들은 그것을 혜성이라고 생각했다.

어리석은 천재

천재도 때로는 어리석을 수 있다는 사실을 지적하는 뉴턴의 어린 시절에 관한 이야기가 있다. 뉴턴은 고양이들이 출입할 수 있도록 헛간 문의 아래 부분에 구멍을 만들었다. 두 개의 구멍을 만들었는데, 큰 것은 큰 고양이를 위한 것이고 작은 것은 어린 고양이를 위한 것이었다. 큰 구멍 하나면 충분할 텐데 …

꼴찌에서 첫째로

뉴턴은 외부의 큰 자극이 있어야만, 탁월한 능력을 발휘하고 연구를 완성하며 결과를 공개한 것으로 보인다. 그런 성격을 알 수 있는 일화가 있다. 그랜텀Grantham에 있는 중학교에 다닐 때 뉴턴은 처음에는 매우 태만하게 공부했다. 실제로 성적이 최열등반에서도 꼴찌에서 둘째였다. 어느 날 등교하고 있는데 꼴찌에서 셋째인 학생이 생각에 몰두해 있던 뉴턴의 배를 발로 걷어찼다. 뉴턴은 그 불량배에게 도전했고, 학교가 파한 뒤 교회에서 끈질기게 싸워서 결국 승리를 거뒀다. 그를 공부에서도 이기기로 결심하고는 열심히 노력해서 결국 성공했는데, 그 뒤 점점 성적이 올라서 학교 전체에서 최우수 학생이 됐다.

과학 실험

뉴턴은 16세 때 크롬웰이 죽은 바로 그 날 최초로 순수한 과학 실험을 실시했다고 노년에 말하곤 했다. 엄청난 폭풍이 불던 바로 그 날 뉴턴은 바람의 강도를 확인하기 위해서 먼저 바람과 같은 방향으로 멀리 뛰기를 하고 다음에 바람과 반대 방향으로 멀리 뛰기를 했다. 바람이 없는 날에 멀리 뛰기 한 결과와 거리를 비교함으로써 바람의 강도를 측정했다. 그 뒤에도 바람이 불 때마다, 이런 방법으로 바람의 강도가 어느 길이만큼인지를 측정했다.

그 뒤에도 뉴턴의 실험은 계속됐는데, 대학 재학 시절 자신의 눈을 도구로 삼아서 위험하고 고통스런 실험을 하기도 했다. 인간이 빛과 색을 감지하는 방법을 정확하게 이해하기 위해서 납작한 막대기를 '가능한 한 눈의 뒤쪽 가까이 있는 뼈 사이에' 밀어 넣어 고정시켰다. 이것은 눈을 멀게 할 수도 있는 위험 천만한 짓이었다. "내 눈을 그 끝으로 누르면 … 여러 개의 흑백 원과 색깔이 있는 원들이 나타나는데, 송곳 바늘로 눈을 계속해서 누르면 그 원들은 분명해진다."는 사실을 조심스럽게 기록했다.

▣ 수학에의 입문

뉴턴은 1661년 케임브리지의 트리니티 대학에 입학했는데, 원래 목표는 법학 학위였다. 대학에 다니던 중, 수학에 깊은 관심을 갖게 된 계기가 있었다. 첫 10월 학기가 시작될 무렵, 스투어브리지 장Stourbridge Fair으로 산책을 나갔다가 점성술에 관한 책을 우연히 구입했다. 처음에는 기하학과 삼각 함수가 포함되어 있었기 때문에 읽기가 쉽지 않았다. 이에 유클리드의 《원론》을 구입했는데, 매우 쉽게 읽을 수 있었다. 그 다음은 수준을 높여서 데카르트의 〈기하학〉을 읽었는데, 이것은 조금 더 어려웠다. 이런 책들로부터 수학에 대한 흥미를 느꼈고 수학을 중요한 연구 대상으로 생각하게 됐다. 그리고 계속해서 오트레드의 《수학의 열쇠》, 케플러와 비에트의 책들, 월리스의 《무한 산술》 등을 공부했다. 그리고 결국 수학에서 창의적인 연구를 시작했다.

그 뒤 루카스 교수로 부임한 배로의 영향도 받았을 것이다.

논쟁 기피

뉴턴은 루카스 교수가 된 뒤 처음 몇 년 동안은 광학 연구에 몰두했다. 광학 이론 연구와 실험으로부터 많은 결과를 얻었는데, 일부 과학자, 특히 훅으로부터 격렬한 공격을 받았다. 처음에는 순수하게 과학적이던 논쟁이 곧 흠이나 잡고 완전히 어리석은 비난으로 변질되는 과정을 겪으면서, 큰 혐오감을 느꼈고 과학에 대해서는 아무것도 발표하지 않겠다는 결심까지 했다.[3] 과학자들이 학문적인 논쟁을 개인적인 말싸움으로 바꾸었다고 몹시 불쾌해했는데, 이에 대한 혐오감이 1678년에는 신경 쇠약 증세로까지 발전했다.

뉴턴의 이런 반응은 역사적으로 중요한 의미가 있다. 그는 발견한 과학적 사실을 대부분 여러 해 동안 발표하지 않았다. 그래서 미분 적분학의 발견과 관련된 표절 시비로 나중에 라이프니츠와의 품위 없는 논쟁에 휘말렸다. 바로 이 논쟁 때문에, 뉴턴을 지도자로 섬기는 영국 수학자들은 유럽 대륙과의 학문 교류를 스스로 단절했으며 이로 인해 영국에서 수학 발전은 거의 100여 년 동안 지체됐다.

뉴턴은 미분 방정식을 매우 중요하게 생각해서 이에 대한 문장을 철자를 바꾸어 암호문으로 쓴 적이 있다. 현대적으로 자유롭게 번역하면 다음과 같다. "자연의 법칙은 미분 방정식으로 표현된다."[4]

얼빠진 행동

뉴턴이 생각에 몰두했다가 얼빠진 행동을 했다는 우스운 이야기들이 있

[3] 뉴턴은 광학에 관한 연구서인 《광학(Opticks)》을 훅이 죽은 뒤인 1704년에야 발간했다.

[4] Vladimir I. Arnol' d, *The College Mathematics Journal*, vol 25, no 5, p. 371.

다. 예를 들면, 뉴턴은 몇 명의 친구를 초대해서 저녁 식사를 대접하다가, 포도주를 가져오려고 자리를 뜬 적이 있었다. 그러다 생각에 빠져서 자신의 용무를 잊어버렸다. 결국 자신의 방으로 가서 중백의(소매가 넓은 흰 성직자복)를 입고 교회로 가버렸다.

또 다른 경우로, 뉴턴은 의사인 친구를 만찬에 초대해서 닭 요리를 대접했다. 뉴턴은 잠시 자리를 뜨면서 닭 요리 위에 덮개를 씌워 놓았다. 그 친구는 장난삼아 닭을 뜯어먹고는 뼈만을 남기고 다시 덮개를 씌워 놓았다. 잠시 뒤에 돌아 온 뉴턴은 친구에게 인사하고 앉아서 덮개를 벗겼다. 뼈만 있음을 발견한 그가 말했다. “아 참, 내가 깜빡했군. 이미 식사를 끝냈지.”

어느 날 뉴턴은 그랜텀에서 말을 타고 집으로 돌아가고 있었다. 그랜텀을 바로 지나 스피틀게이트 동산을 오르다가 말에서 내려 걸어갔다. 도중에 말은 도망가고 뉴턴은 빈 고삐만을 잡고 동산을 올라갔다. 뉴턴이 이 사실을 알게 된 것은 동산 꼭대기에 올라가서 말안장에 뛰어 오르려고 할 때였다.

▣ 의회 의원

뉴턴이 살았던 시기의 잉글랜드는 정치적으로 대단히 혼란스러웠다. 1640년에 청교도 혁명이 일어났고, 1649년 크롬웰이 왕을 처형하고 공화정을 수립했다. 1660년에는 왕정이 복고됐다가, 1688년 시민 계급에 의한 명예혁명이 일어나 입헌 군주제가 됐다. 1707년에는 스코틀랜드와 함께 그레이트브리튼 왕국이 출범했고, 스튜어트 왕조의 마지막 여왕 앤[5]이 죽자 1714년 왕관은 독일 하노버 공작 집안의 조지 1세[6]에게 넘어갔다.

[5] Anne(1665~1714), 제임스 2세의 막내딸, 영국의 여왕(재위 1702~14)

[6] George I(1660~1727), 아버지 에른스트 아우구스투스의 뒤를 이어 하노버 선거후가 됐으며(재위 1698~1727), 어머니가 영국왕 제임스 1세의 손녀였으므로 하노버 왕조 초대의 영국왕(재위 1714~1727)이 됐다.

뉴턴은 정치에 큰 관심이 없었지만, 제임스 2세[7]의 가톨릭화에 반대해서 대학을 지키려고 노력했다. 1688년 케임브리지 대학은 의회 대표의 한 명으로 뉴턴을 선출했다. 그런데 매우 훌륭한 선택은 아니었던 것으로 보인다. 뉴턴이 의회에 재직한 전체 기간을 통해 발언한 것으로 알려진 유일한 말은 창문을 열어달라는 요청이었다.

조폐국장의 예금 계좌

뉴턴은 1696년부터 조폐국에서 일했는데, 지폐 위조 방지에 큰 역할을 했다. 실제로 그는 지폐 위조범들에게 공포의 대상이었는데, 그가 재직하던 동안 많은 지폐 위조범을 교수대로 보냈다.

스펜스J. Spence 신부는 《책과 사람의 일화, 소견, 성격》[8]에서 뉴턴에 관한 다음과 같은 흥미로운 일화를 들려주고 있다. "뉴턴은 대수학이나 유율법에는 대단히 정통했지만, 일상적인 계산을 쉽게 해결하지 못했다. 이를테면 조폐국장으로 있었을 때 자신의 예금 계좌를 확인해 줄 사람을 찾곤 했다."

뉴턴의 농담

뉴턴은 월리스와 친했다. 월리스의 일기장에는 뉴턴이 자신의 개 다이아몬드에 대해 허풍을 떨었던 일이 기록되어 있다.

뉴턴이 말했다. "내 개 다이아몬드는 수학을 좀 알아요. 오늘 점심 식사 전에 정리 두 개를 증명했어요."

"그 개는 천재군요." 월리스가 대꾸했다.

"아, 그 정도는 아닙니다." 뉴턴이 말했다. "첫째 정리에는 오류가 있고,

[7] James II(1633~1701), 영국 왕(재위 1685~88), 찰스 1세의 차남이며 찰스 2세의 동생
[8] *Anecdotes, Observations, and Characters of Books and Men*, 1858

둘째 것에는 반례가 있습니다."

뉴턴에 대한 찬사

뉴턴은 역사상 가장 위대한 수학자라고 거의 보편적으로 인정받고 있다. 과학 문제를 꿰뚫어 보는 통찰력과 수학적으로 처리하는 능력은 누구도 추월할 수 없을 것이다. 그에 대한 찬사를 많이 발견할 수 있는데, 미분 적분학의 발견과 관련해서 다투었던 라이프니츠도 다음과 같이 고상하게 평가했다. "태초부터 뉴턴이 살았던 시기까지 발견된 수학 중에서 절반이 훨씬 더 넘는 것을 뉴턴이 발견했다." 그리고 라그랑주는 뉴턴이 역사상 가장 뛰어난 천재이며, 우주 체계를 단 한 번만 입증할 수 있기 때문에 그는 최상의 행운아였다고 지적했다. 가우스는 다른 뛰어난 수학자에 대해서는 'magnus' 'clarus' 'clarissimus' 와 같은 형용사를 사용했지만 뉴턴만을 위해 'summus' 라는 접두사를 사용했다. 윌슨[9]은 뉴턴과 셰익스피어를 위한 기념비에 대해서는 다음과 같이 평했다. "뉴턴을 위한 기념비! 셰익스피어를 위한 기념비! 하늘을 쳐다보라. 인간의 마음을 주의 깊게 살펴라. 행성과 열정, 사랑과 별이 사라질 때까지 그들의 이름은 사라지지 않을 것이다."

수학자가 아닌 사람들도 뉴턴에게 찬사를 보냈다. 시인 포프[10]는 그의 업적을 다음과 같이 시로 표현했다.

> Nature and Nature' s laws lay hid in night;
> God said, "Let Newton be," and all was light.

[9] John Wilson(1741~1793), 케임브리지 대학생이었을 때 "p가 소수이면 $(p-1)!+1$은 p의 배수다."라는 초등 수론의 멋진 정리를 발견했다. 이런 사실을 발견하고 1761년 케임브리지 대학 수학 졸업 시험에서 1급 합격자였는데도 수학에서 더 이상의 중요한 업적을 남기지 못했다.

[10] Alexander Pope(1688~1744), 영국의 시인

(자연과 자연의 법칙들은 밤의 어둠 속에 묻혀 있었다.

신이 '뉴턴아 있어라' 하고 말하자, 모든 것이 밝아졌다.)

심리학자 엘리스⑪는 뉴턴을 '앵글로색슨 최상의 대표적인 천재' 라고 표현했다. 뉴턴의 묘비에는 "신과 같은 정열로 행성들의 운동과 형태, 혜성들의 진로, 바다의 조수를 최초로 설명한 사람" 이라고 적혀 있다.

사실, 뉴턴 이전에 다른 사람들도 만유 인력의 법칙을 예견했다. 그러나 뉴턴은 그것을 보완하고 증명했으며 결론을 유도했다. 드 모르간⑫은 이런 상황을 요약해서, 앞으로부터 읽거나 뒤부터 읽어도 똑같은 회문으로 다음과 같이 말했다. "만유 인력의 개념은 새로운 것이 아니었다not new. 그러나 뉴턴이 해냈다went on."

뉴턴의 자평

다른 사람들의 찬사와는 대조적으로 뉴턴은 자신의 업적을 다음과 같이 겸손하게 평가했다. "나는 내가 세상에 어떻게 비쳤는지 모른다. 그러나 내 자신에게 나는 바닷가에서 장난치며 때로는 보통 것보다 부드러운 조약돌과 예쁜 조개를 찾으며 스스로 즐기는 어린이와 같았다고 생각한다. 그렇지만 진리의 큰 바다는 모두 발견되지 않은 채로 내 앞에 놓여 있었다." 또 선임자들에 대한 존경심으로 다음과 같이 설명한 적도 있다. "만약 내가 다른 사람들보다 조금 더 멀리 볼 수 있었다면, 그것은 내가 거인들의 어깨 위에 서 있었기 때문이다."

뉴턴은 인내심과 조심성 이외에 다른 사람과 자신 사이에 어떠한 차이점

⑪ (Henry) Havelock Ellis(1859~1939), 영국의 심리학자 · 저술가

⑫ Augustus De Morgan(1806~1871), 영국의 수학자

도 없다고 생각했다. 그는 새로운 사실을 발견한 방법에 대해 질문을 받고는 "그것에 대해 항상 생각함으로써"라고 대답했다. 그는 종종 하루에 18~9시간씩 글을 쓰고 연구하면서 보내기도 했다. 자신이 어떤 것을 성취했다면 그것은 단지 근면함과 끈기 있는 사고에 의한 것이었다고 주장한 적도 있다. "나는 연구할 대상을 항상 곁에 두고, 최초의 여명이 서서히 나타나서 조금씩 조금씩 완전하고 명확한 빛이 되기를 기다린다."

가장 위대한 수학자

일스[13]는 20세기 초에 가장 유명한 100명의 수학자를 저명도에 따라 나열하는 작업을 시도했다.[14] 일스는 서열을 정하기 위해 이른바 '공간 방법space method'을 사용했는데, 이 방법에서 저명도는 선택된 세계의 표준적인 백과 사전과 인명 사전에 실린 수학자에 대한 설명이 차지하는 공간을 단순히 측정함으로써 결정됐다. 그의 목록은 뉴턴을 1위로 해서 100위인 제논까지의 수학자를

[13] Walter Crosby Eells(1886~1962)

[14] 일스의 발표 내용은 당시 인쇄물로 발표되지는 않았는데, 《수학 교사(The Mathematics Teacher)》 1962년 11월호에 "One hundred most eminent mathematicians"(582-588)라는 제목으로 게재됐다.

나열했다. 일스의 논문이 실린 잡지의 속표지에서, 북쪽에서 시작해서 시계 바늘이 도는 방향을 따라 한 바퀴 돌아 다시 북쪽까지 이어지는 일스의 목록에 등장하는 처음 32명의 수학자의 약자를 볼 수 있다. 그리고 관심을 가진 독자는 위에서 인용한 일스의 논문을 읽기 전에 각 약자가 의미하는 이름을 조심스럽게 판독해 볼 수 있을 것이다.

신학자 뉴턴

미분 적분학을 배운 학생들은 뉴턴을 정확한 논리에 따라 우주 구조의 비밀을 밝힘으로써 인류 공영에 이바지한 위대한 과학자이자 수학자라고 생각할 것이다.

그런데 뉴턴은 자신의 연구 목적이 신의 존재를 옹호하는 것이었다고 주장했다. 평생 동안 《성서》의 사건들을 여러 가지 천문 현상과 연결시킴으로써 연대를 추정하려고 노력했다. 그런 열정에 깊이 빠져 있었기 때문에, 평생 동안 지구의 종말과 지옥의 위치에 대한 실마리를 찾기 위해 〈다니엘서〉를 조금씩 연구했다. 2006년에 세상이 멸망할 것이라고 친구에게 쓴 편지가 최근에 발견되기도 했다.

다음과 같은 이야기도 있다. 무신론자인 핼리는 언젠가 뉴턴의 면전에서 몇 가지 신학적인 문제에 대해 농담을 했다. 신앙심이 깊었던 뉴턴은 다음과 같이 면박을 주었다. "나는 이것들에 대해 연구했다. 그렇지만 당신은 하지 않았다."

새로운 지구론?

1696년 인상적인 제목의 《새로운 지구론New Theory of the Earth》이라는 큰 책이 출판됐다. 많은 것을 수학적으로 풀어놓은 이 책은 지구와 태양계의 기원을 설명하려고 진지하게 노력했다.

이 모든 것은 거대한 혜성 꼬리의 무질서한 운동 속에서 출발했다. 이 꼬리 안에서, (지구를 포함한) 행성과 위성들이 서서히 형태를 갖추었으며, 모두 완전한 원 궤도를 따라 공전했다. 태초에, 지구는 축을 중심으로 자전하지 않았는데, 이에 따라 창조시의 '하루'는 1년과 실제로 같았다. 아담과 이브가 금단의 사과를 따먹기 전까지는 그 혜성의 꼬리가 지구를 자전시키지 않았는데, 그 뒤 드디어 지구가 자신의 궤도를 한 바퀴 도는 동안 정확하게 360번 자전했다. 그때 달은 지구 주위를 정확하게 30번 공전했다. 지구의 대기는 따뜻하고 깨끗했으며, 습기가 매우 고르게 분포되어 있어서 무지개가 형성될 수 없었다.

그 뒤 기원전 2349년 11월 28일, 하느님은 또 다른 혜성을 지구에 보냈는데, 세상의 사악함을 응징하는 수단으로 보낸 것이었다. 그 혜성의 꼬리로부터 응축된 물안개가 지구에 떨어졌는데, 그것은 세찬 비가 되어 40일 동안 밤과 낮을 가리지 않고 지구에 떨어졌다. 노아는 그의 가족과 동물들을 가득 채운 방주를 절멸 상태에서 겨우 구했다. 지구에 떨어진 어마어마한 양의 물이나 어떤 자기력에 의해 지구의 궤도는 타원이 될 수밖에 없었으며, 1년은 현재와 같이 365+일로 증가했다. 시간이 지나면서 하늘은 맑아졌고 최초의 무지개가 나타났으며 여분의 물이 지구의 내부로 흘러 들어갔다.

위의 설명은 세상의 창조를 설명하는 《구약》과 정확하게 일치하는데, 많은 그림과 그리스어로 된 학문적인 주석을 첨부하고 여러 문명 세계의 전설을 진실로 삼아서 그 정당성을 옹호했다.

이 《새로운 지구론》은 휘스턴[15]의 책인데, 그는 1703년 뉴턴의 뒤를 이어

[15] William Whiston(1667~1752)

케임브리지 대학의 루카스 수학 교수가 됐다. 이 책은 동료들로부터 큰 환영을 받았으며, 뉴턴과 로크[16]로부터 대단한 칭찬을 받았다. 수학자 휘스턴은 또한 성직자였다.

뉴턴의 침대

뉴턴이 어렸을 때 사용했던 침대는 수학 박물관이라면 분명히 소장하고 싶은 훌륭한 물건일 것이다. 그런데 이 침대는 한 개인이 소장하고 있다.

주식 시장 정보로 유명한 바브슨[17]은 1948년 중력 연구 재단Gravity Research Foundation을 창설했다. 이 재단은 중력에 관한 모든 종류의 연구에 관심을 가졌다. 다소 우스꽝스럽게도 이 재단이 추진하는 사업은 얼토당토않는 것이 대부분이다. 예를 들면, 태양과 달의 인력이 뇌 또는 척수에 어떤 혼란을 야기할 수 있기 때문에, 이 재단은 정신병 환자들이 달의 위상에 따라 어떻게 영향을 받는지에 대한 자료를 여러 해 동안 수집했다. 보름날 경찰이 얼마나 더 많이 출동했는지를 확인하려 했고, 사고율과 달의 위상 사이에 어떤 상관관계가 있는지를 알아보기 위해 보험 회사들과도 또한 접촉했다. 이 재단은 중력과 마음가짐에 대한 연구도 했다. 높은 산 위에 올라가야 한다면, 중력이 줄어든 만조시에 등산하는 것이 최선이라고 이 재단은 주장했다. 그리고 곡물의 작황, 상업, 선거에 미치는 중력의 영향도 논의했다.

1951년 가을, 이 재단은 뉴보스턴에서 최초의 여름 회의를 열었다. 회의의 전람회에는 뉴턴의 원래의 침대가 전시됐는데, 만유 인력 법칙의 발견자에 대한 이 재단의 깊은 존경심 때문에 구입한 것이었다. 바브슨의 부인은 뉴턴이 쓴 책과 그에 관한 책을 가장 많이 소장한 사람에 속한다.

[16] John Locke(1632~1704), 영국의 철학자

[17] Roger Ward Babson(1875~1967), 미국의 통계학자로 실업 교육에 공헌

뉴턴의 업적에 대한 또 다른 평가

현대적인 과학 교육을 받은 사람의 입장에서는 뉴턴의 업적을 달리 생각할 수 있다. 투르스델[18]은 다음과 같이 말했다. "나는《자연 철학의 수학적 원리》의 세 권 어느 것에서도 결코 즐거움을 얻을 수 없다. 이것은 어수선하고 볼품없으며 애매하고 혼란스럽다."[19]

다음과 같이 말한 사람도 있다. "오늘날의 지적인 사람이 몇 년 동안 수학 공부에 전념한다면 위대한 뉴턴이 반세기 동안 연구하고 숙고한 것보다 더 많은 것을 배울 수 있다."[20]

부당한 명예?

와인스톡은 뉴턴의 명성이 지나친 것이라는 사례를 나열했다.[21] 와인스톡은 만유 인력에 대한 훅의 설명이 뉴턴보다 적어도 10년 앞섰으며, 그의 공적으로 돌리는 이항 정리는 이미 1300년대 이전에 인쇄물로 등장했고, 분수 지수를 가진 이항 급수는 뉴턴보다 6년 앞서 제임스 그레고리가 추측했다고 주장했다. 또한 뉴턴의 《원리》에 대해서도 대단히 비판적으로 평가했다. 그리고 백색광과 뉴턴의 방법에 대한 와인스톡의 주장을 요약하면 다음과 같다.

> 일반적으로 뉴턴은 프리즘과 렌즈의 굴절을 이용해서 백색광이 서로 다른 여러 가지 색깔의 중첩임을 실험을 통해 최초로 입증했다고 한다. 뉴턴의 이런 실험은 빠르면 1664년이나 1666년이 될 수 있으며, 1672년이 되서야 발표됐다. 그런데 볼로냐 대학

[18] Clifford Truesdell(1919~2000), 미국의 수학자 · 자연철학자 · 수학사학자 · 논평가

[19] *The College Mathematics Journal*, vol 25, no 3, MAA. p. 178.

[20] *The American Mathematical Monthly*, vol 99, no 8, MAA. p. 761.

[21] Robert Weinstock, "Isaac Newton: Credit Where Credit Won' t Do," *The College Mathematics Journal*, vol. 25, no. 3 (May 1994), 179-192.

의 수학 및 물리학 교수 그리말디[22]는 뉴턴보다 몇 년 전에 이미 이런 사실을 실험을 통해 확인했다. 그가 죽고 2년 뒤인 1665년에 출판된 책 《빛의 수리 물리학》에 이에 관한 실험 결과가 실려 있다.

방정식의 근에 대한 수치적인 근사값을 얻는 '뉴턴의 방법' 또는 '뉴턴 · 래프슨 방법' 이라 불리는 표준적인 알고리즘이 있다. 그런데 뉴턴이나 래프슨[23]이 이 방법을 알고 있었다는 어떠한 증거도 없다. 카조리[24]의 책에는 뉴턴이 다항식의 영점에 근사키는 약간 서투른 반복 방법을 고안했다는 사실이 적혀 있을 뿐이다. 래프슨이 도입한 방법도 다항 방정식에만 사용할 수 있는 것이다. 콜러스트롬Nick Kollerstrom의 최근의 연구를 통해, 다항식으로 제한하지 않고 이 방법을 최초로 발견하고 (1740년에) 발표한 사람은 '심프슨의 공식' 과 관련된 심프슨이라는 사실이 밝혀졌다. 이것은 뉴턴과 래프슨이 모두 사망하고 상당한 시간이 지난 뒤의 일이다.

역사를 정확하게 기술하기는 결코 쉽지 않다. 와인스톡의 위와 같은 주장을 모든 사람이 받아들이는 것은 아니다. 이에 대한 반론도 만만치 않다.

[22] Francesco Maria Grimaldi(1618~1663), 이탈리아의 물리학자 · 수학자로 광학에 대해 연구했다.

[23] Joseph Raphson(1648~1715)

[24] Florian Cajori(1859~1930), 스위스에서 태어나 미국에서 활동한 수학사학자

라이프니츠 Gottfried Wilhelm von Leibniz

1646~1716

17세기의 만능 천재인 라이프니츠는 독일 라이프치히에서 윤리학(도덕 철학) 교수의 아들로 1646년 7월 1일에 태어났다. 1652년에 아버지Friedrich Leibniz는 죽었고, 편모 슬하에서 자랐다. 1661년 겨우 14세의 나이로 라이프치히 대학에 입학했고, 1663년에 일반 학사 학위를 받았다. 그 해 예나Jena 대학에서 수학을 공부했고 다시 라이프니츠 대학으로 가서 법학 박사 학위를 목표로 공부했다. 법학 학사 학위를 받았지만, 1666년에 논문을 제출하고도 어리다는 표면상의 이유로 박사 학위는 받을 수 없었다. 곧바로 알트도르프Altdorf 대학으로 옮겨 1667년에 법학 박사 학위를 취득했다. 그 뒤 뉘른베르크에서 역사를 활용한 교육 방법에 관한 훌륭한 글을 써서 마인츠Mainz의 선거후❶에게 헌정했다. 이를 계기로 선거후로부터 여러 가지 법전을 다시 편찬하는 과제를 위임받았다. 그 뒤 외교관으로 여생을 보냈는데, 처음에는 마인츠의 선거후를 위해 그리고 1676년경부터 죽을 때까지는 하노버의 선거후들을 위해 일했다.

라이프니츠는 1672년 외교적인 목적으로 파리에 있었을 때, 학술계의 동향에 큰 관심을 가졌다. 당시 그곳에 거주하고 있던 네덜란드의 뛰어난 수학

❶ 신성 로마 제국의 제후 중 황제 선거권을 가졌던 제후

자 호이겐스를 만났는데, 그로부터 수학을 배웠다. 1673년에는 정치적인 목적으로 런던을 방문했는데, 자신이 발명한 곱셈 계산기를 왕립 학회에 제출했다(아래 그림). 하노버 군주의 사서가 되기 위해 파리를 떠나기 전에 이미 미분 적분학의 기본 정리를 발견했고 이 분야의 많은 기호를 개발했으며 미분법의 기본 공식을 많이 고안했다.

라이프니츠는 1682년 멩케Otto Mencke와 함께 《학술기요Acta Eruditorum》라는 잡지를 발간했으며, 편집장이 됐다. 1700년에는 베를린 과학회를 창설했고, 이와 유사한 학회를 드레스덴, 빈, 상트 페테르부르크에도 창설하게 했다. 말년에는 미분 적분학의 발견과 관련된 뉴턴과의 불미스런 논쟁으로 어려움을 겪었다. 1714년 그의 고용주는 잉글랜드 최초의 독일인 왕 조지 1세가 되어 떠났고, 그는 하노버에 잊혀진 채 남아있었다. 1716년 그가 죽었을 때 장례식에는 그의 충직한 비서만이 참석했다.

▣ 다양한 재능

라이프니츠는 다방면에서 천재성을 보였는데, 법학, 종교, 정치, 역사, 문학, 논리학 등에서 뛰어난 업적을 남겼다. 산스크리트 학자로서도 명성을 얻은 매우 재능 있는 언어학자였고 철학에서도 높은 위치를 점했다.

라이프니츠는 수학에서도 다양한 분야에 공헌했다. 20세가 되기 전에 '보편학characteristica generalis' 의 개념을 처음으로 연구하기 시작했다. 이는 '보편

수학' 을 포함하는 개념으로서 나중에 불[2]의 기호 논리학으로 그리고 더 뒤에는 화이트헤드와 러셀의 《수학적 원리》에서 꽃을 피웠다.

수학적 사고에는 두 가지의 광범위하고 대조적인 영역, 즉 연속적인 영역과 이산적인 영역이 있다. 라이프니츠는 이 두 가지 사고 영역에서 최상의 수준에 있었던 수학사에서 거의 유일한 사람이다.

적절한 기호의 고안

라이프니츠는 편리하고 유용하며 함축성 있는 기호를 선택하는 안목도 높았다. 오늘날까지 사용되고 있는 미분법의 도함수 기호 $\frac{dy}{dx}$를 도입했다. 그뿐만 아니라, 1675년에는 현대적인 적분 기호를 도입했는데, 라틴 단어 summa(합)의 머리글자인 S를 길게 늘여서 카발리에리의 불가분량들의 합을 나타내는 적분 기호로 사용했다.

비범한 책략가

라이프니츠는 1670년에 프랑스의 이집트 침공을 제안했다. 이는 루이 14세가 유럽, 특히 독일을 침략하려는 계획을 바꾸게 하려는 의도였다. 2년 뒤 프랑스 외무 장관은 이의 논의를 위해 라이프니츠를 파리로 초청했다. 20대 중반의 젊은 외교관은 유럽 문화의 중심지 파리를 들뜬 마음으로 방문해서 4년 동안 머물렀지만 왕과의 면담은 성사되지 않았다. 그래서 프랑스의 이집트 공정은 나폴레옹 시대까지 거론되지 않았으며, 이에 관한 라이프니츠의 글은 하노버의 문서 보관소에 묻혀 있었다. 실제로 1798년에 이집트를 침략했던 나폴레옹은 1803년 하노버를 점령했을 때, 독일 수학자 라이프니츠가

[2] George Boole(1815~1864), 잉글랜드 출신의 수학자로, 아일랜드 코크의 퀸스 대학 교수를 지냈다.

이미 백 년 휠씬 전에 프랑스의 이집트 침공을 제의했다는 사실을 알게 됐다.

종교의 단일화와 중국에의 포교

라이프니츠는 종교를 단일화하기 위한 여러 가지 웅대한 방안을 구상했으며, 신교와 구교를 재결합시키려고 시도했다. 이런 노력이 실패로 끝나자, 당시 신교의 두 종파를 재결합시키려고 시도했다.

벨은 라이프니츠가 물리학에서의 열역학의 제2법칙과 같은 종교에서의 기본 법칙을 간과했다고 지적했다. 종교에서의 기본 법칙은, 각 종파는 둘로 쪼개지는 경향이 있고, 그 둘은 또다시 각각 둘로 쪼개지는 과정을 반복해서, 종파의 수는 사람의 수와 같아질 때까지 계속해서 분리된다는 것이다.

또 다른 경우로, 라이프니츠는 자신이 창안한 이진법에서 창조의 형상을 확인했다. 이진법에서는 1과 0으로 모든 수를 표현한다. 여기에서 신을 1에 무를 0에 대응시키면, 이진법에서 모든 수의 생성은 신이 무로부터 모든 것을 창조한 상황을 연상시킨다. 라이프니츠는 이런 생각에 매우 심취됐으며, 여기에 중국 전체를 기독교화할 수 있는 방법이 있다고 생각했다. 중국수학위원회 위원장이며 예수회 수사인 그리말디[3]에게 편지를 통해, (과학에 특별한 애착심이 있던) 중국 황제를 개종시키면 이에 따라 자연스럽게 중국 사람 전체를 기독교로 개종시킬 수 있다는 희망을 피력했다.

단자론

라이프니츠는 지식을 구성하고 있는 다양하고 복잡한 모든 개념을 간단한 원소들로 분해할 수 있다면 그리고 그런 원소 각각을 명확한 기호로 표현

[3] Filippo Maria Grimaldi(1639~1712), 1669년 광동에 잠입해서 활동하다가 강희제의 부름을 받고 북경에서 궁정 천문학자로 일했다.

할 수 있다면, 일종의 '인간 사고의 알파벳' 을 얻을 수 있다고 생각했던 것으로 보인다. 그런 기호들을, 즉 인간 사고의 알파벳을 결합함으로써 진정한 지식 체계를 형성할 수 있을 것이고, 이에 따라 진실을 더욱더 적절하게 표현하고 기호화할 수 있을 것이다. 그러므로 가장 효과적인 지식의 도구는 철저한 분석에 입각한 종합적인 계산이라고 생각했던 것으로 보인다. 그는 "복잡한 추론을 포기하고 간단한 '계산' 을 선택하며, 모호하고 불확실한 의미를 가진 낱말들을 포기하고 불변의 기호들을 선택한다면, 논쟁을 쉽게 끝낼 수 있고 어떠한 분파도 침묵시킬 수 있을 것이다."라고 생각했다. 그래서 "모든 잘못된 추론은 '계산 실수' 에 불과하다. 두 회계원 사이의 토론이 필요 없듯이, 두 철학자 사이에 논쟁이 발생해도 토론이 필요 없다. 그들은 펜을 들고 계산대에 앉아서 (필요하면 다른 친구를 불러) 상대방에게 '계산해 보자' 고 말하는 것 이외에 더 이상의 말이 필요 없을 것이다."

뉴턴과 라이프니츠 사이의 논쟁

미분학에서 현재 사용하고 있는 기호의 발견은 모두 라이프니츠의 공적으로 돌릴 수 있지만, 미분학 자체의 발견에 대한 공적은 뉴턴과 나누어야 한다. 사실, 뉴턴은 그가 명명한 대로 '유율학fluxional calculus' 을 고안했는데, 이는 라이프니츠가 '미분학' 을 고안하기 이전이었다. 그렇지만 뉴턴은 1687년까지 이에 관한 글을 발표하지 않았다. 이렇게 뉴턴의 발표가 지연됐기 때문에, 수학사에서 발견의 우선권에 관한 가장 격렬한 논쟁이 야기됐다.

回 논쟁의 시작

뉴턴은 유율학을 1665년에 이미 발견했지만 몇 명의 동료만이 그 내용을 알고 있었다. 몇 년이 흐른 뒤, 뉴턴은 왕립 학회의 서기 올덴버그❹를 통해 라이프니츠에게 보낸 편지에서 자신의 방법은 설명하지 않고 결과만을 나열했다. 당시 이미 자신의 방법을 개발했던 라이프니츠는 답장에서 자신의 미분학을 뉴턴에게 설명했다. 서신 왕래는 거기에서 끝났다. 그 뒤 라이프니츠의 미분학은 유럽 대륙의 지도적인 수학자들에게 입에서 입으로 전파됐다. 유럽 수학자들은 미분법을 여러 가지 문제에 적용해서 놀라운 성공을 거두었다.

라이프니츠는 1684년에야 잡지 《학술기요》를 통해 발표한 논문 〈접선 및 최대값과 최소값을 찾는 새로운 방법, 이 방법은 분수 또는 무리수에 의해서 제약을 받지 않으며, 이것을 위한 뛰어난 계산법〉❺에서 미분법을 간결하게 설명했다. 그러나 이에 상응하는 뉴턴의 업적은 언급하지 않았다. 그 뒤 뉴턴은 1687년에 발간한 《원리》의 주석에서 이전에 라이프니츠와 왕래했던 편지에 대해 언급했다.

이런 과정을 거친 뒤에, 뉴턴과 라이프니츠의 동시대 사람들과 후계자들은 표절에 대한 비난과 함께 우선권에 대해 논쟁하게 됐다. 논쟁은 때로는 아주 품위를 잃기도 했고, 영국과 독일 사이의 정치적 싸움으로 비화하기도 했다. 영국 수학자들은 국가적인 자존심이 걸린 문제라 여겼기에 논쟁이 있은

❹ Henry Oldenburg(1618?~1677), 독일 출신으로 영국에서 외교관과 자연 철학자로 활동했다. 왕립 학회의 초대 서기로서 유럽 전체의 과학자들과 폭넓은 네트워크를 형성했다.

❺ A new method for maxima and minima as well as tangents, which is not restricted by fractional or irrational quantities, and a remarkable type of calculus for this

뒤 1세기 이상 동안 유럽 대륙과의 학문적인 교류를 중단했으며, 뉴턴의 용어와 기호를 확고부동하게 고수했다. 이것은 영국의 수학 발전에 큰 지장을 초래했다.

역사적인 연구를 통해서, 뉴턴과 라이프니츠는 서로 다른 경로를 따라 각자의 방법으로 근본적으로 같은 결과에 도달했다는 결론에 귀착했다. 따라서 두 사람은 미분학의 독립적인 발견자로 간주해야 한다.

참고로 유율법에 대한 뉴턴의 연구 결과 발표를 요약하면 다음과 같다. 뉴턴은 1666년 10월에 유율법에 관한 최초의 논문을 작성했다고 한다. 그러나 1704년에 발간한 《광학》의 부록에서 유율법에 대해 간략하게 설명한 것이 이에 대해 최초의 발표였다. 유율법을 좀 더 자세하게 설명한 책 《해석De Analysi》은 1669년에 저술되어 1670년대 초부터 비공식적으로 유포됐는데, 1711년에야 출판됐다. 미분 적분학에 관한 완전한 설명서인 《유율법과 무한급수The Method of Fluxions and Infinite Series》는 1671년에 저술됐는데, 그가 죽은 뒤인 1736년에야 출판됐다.

▣ 도전과 응전

뉴턴의 유율법과 라이프니츠의 미분법의 상대적인 우월성에 대한 영국과 유럽 대륙 사이의 논쟁에서, 당시의 관행에 따라 두 접근 방법을 시험하는 도전 문제들이 제시됐다. 예를 들면, 1696년 6월 요한 베르누이와 라이프니츠는 공동으로 두 개의 도전 문제를 '이 세상에서 가장 통찰력 있는 수학자들에게' 제시했다. 둘 중에서 더 좋은 문제는 다음과 같다. "같은 연직선 위에 있지 않은 두 점이 서로 다른 높이에 있고 마찰을 무시했을 때, 이 두 점을 잇는 곡선 중에서 질점이 중력만의 힘으로 위의 점부터 아래의 점까지 가장 짧은 시간에 내려오는 곡선을 결정하라." 이것이 그 유명한 '최속 강하선

brachistochrone' 문제인데, 이 문제의 해는 거꾸로 된 굴렁쇠선(사이클로이드)으로 밝혀졌다. 이 문제 및 이와 동반된 문제는 6개월 동안 유럽 수학자들을 당혹스럽게 만들었다. 풀이가 접수되지 않자, 라이프니츠는 기간을 공개적으로 1년 더 연장했다.

그 뒤 곧 어떤 사람이 이 두 문제를 뉴턴에게 보냈는데, 1697년 1월 26일 오후 4시 조폐국에서 퇴근하는 길에 뉴턴의 손에 들어갔다. 뉴턴은 유율법을 옹호하는 자신을 시험하기 위한 문제라는 것을 감지하고, 저녁 식사 뒤 앉은 자리에서 두 문제를 모두 풀었다. 그리고 다음 날 그 풀이를 왕립 학회에 제출했고, 《왕립 학회 철학 회보Philosophcal Transactions of the Royal Society》에 익명으로 게재했다. 풀이를 본 베르누이는 "아, 사자는 발톱만 봐도 안다."고 외쳤고, 라이프니츠와 베르누이가 실망했다는 이야기가 있다. 뉴턴의 놀라운 문제 해결 능력은 55세에도 과거와 다름없이 왕성했음을 알 수 있다.

뉴턴의 수학 능력이 쇠퇴하지 않았음을 보여주는 또 다른 사례는 그가 74세 때인 1716년에도 나타났다. 라이프니츠는 어렵다고 생각한 문제를 유럽 수학자들에게 도전 문제로 제시했는데, 이는 의심할 바 없이 뉴턴을 겨냥한 것이었다. 그것은 단일 매개 변수 곡선족의 직교 곡선들을 찾는 문제였다. 예전과 마찬가지로 이 문제를 접수한 시각은 뉴턴이 조폐국의 일과를 마치고 기진맥진해서 집으로 돌아온 늦은 오후였다. 그리고 또다시 접수한 바로 그날 저녁 문제를 풀었다. 뉴턴에게는 아무리 어려운 문제라도 자신의 모든 지력을 한순간에 집중시켜 풀어버리는 누구와도 견줄 바 없는 능력이 있었다.

초기의 미분 적분학

미분 적분학의 넓고 놀라운 응용력 때문에, 당시의 수학자들은 미분 적분학에 매료됐다. 그래서 기초가 매우 불만족스러운데도 그에 조금도 신경쓰지 않고 엄청나게 많은 양의 논문을 쏟아낸 것은 자연스러운 일이었다. 이 새롭고 획기적인 도구의 활용은 논리적인 안정성에 대한 검토보다 훨씬 더 큰 흥미를 주었다. 미분 적분학의 논리적인 기초에 대한 세심하고 엄밀한 검토는 이런 열광적인 적용의 시기가 지난 뒤에야 이루어졌다.

버클리의 반대

뉴턴과 라이프니츠가 미분 적분학을 발견하고 거의 100년이 흐른 뒤까지도 이 분야의 기초를 논리적으로 강화하기 위한 진지한 연구는 거의 없었다. 그렇더라도, 이 분야의 약한 근거에 대한 비판이 없지는 않았다. 몇 명의 수학자는 기나긴 논쟁을 벌였고, 두 창시자도 이 분야의 기본적인 개념에 대한 자신들의 설명에 만족하지 않았었다.

수학자가 아니라 유명한 형이상학자인 버클리는 미분 적분학의 부실한 기초를 아주 훌륭하게 비판했는데, 가정 단계에서 전환의 오류를 범하고 있다고 주장했다. 그의 비판은 뉴턴의 방법 중 한 가지를 고려하면 명확해질 것이다.

뉴턴은 《곡선의 구적Quadrature of Curves, 1704》에서 x^3의 도함수를 다음과 같이 구했다(뉴턴은 도함수를 '유율fluxion'이라고 불렀다). 뉴턴의 논법을 바꾸어 다음과 같이 말할 수 있다.

> x가 증가해서 x+o가 되고 동시에 x^3은 증가해서 $(x+o)^3$, 즉 다음이 된다.
>
> $$x^3+3x^2o+3xo^2+o^3$$
>
> 그리고 증가한 양 또는 증분 o와 $3x^2o+3xo^2+o^3$의 비는 다음과 같다.
>
> $$1 : 3x^2+3xo+o^2$$
>
> 이제 증분을 삭제하면 마지막 비율은 $1 : 3x^2$이다.
>
> 따라서 x에 대한 x^3의 변화율은 $3x^2$이다.

버클리가 반대하는 가정의 전환은 명백하다. 논증의 한 단계에서 o는 없어지지 않는 것으로 가정한 반면에 다른 부분에서는 그 값을 0으로 택하고 있다. 버클리의 비판에 대한 응답이 있었지만, 극한에 대한 논리적으로 엄밀한 취급 없이는 그 반대에 효과적으로 대처할 수 없었다. 다른 접근 방법도 혼란을 줄이지 못한다는 사실이 밝혀졌다.

사실, 미분 적분법에 대한 초기의 모든 설명은 불명확하고 복잡했으며 이해하기도 쉽지 않았다. 신비롭고 불합리한 점도 많았는데, 요한 베르누이의 다음과 같은 명제는 그런 예다. "한없이 작은 양만큼 증가하거나 감소하는 양은 증가하는 것도 아니고 감소하는 것도 아니다."

죽은 수량의 영혼

버클리는 책 《해석학자The Analyst》의 제35절에서 유율 또는 (현대 용어로) 도함수에 대해 다음과 같이 말하고 있다. "그렇다면 이런 유율이란 도대체 무엇인가? 사라지는 증분의 속도. 그렇다면 이렇게 사라지는 증분은 무엇인가? 이것은 유한한 수량도 아니고 한없이 작은 수량도 아니며, 더욱이 아무것도 아닌 것도 아니다. 우리는 이것을 죽은 수량의 영혼이라고 불러야 하지 않겠는가?"

그란디의 신비로운 계산

미분 적분학의 부실한 기초 중에서 무한 과정과 관련된 모든 문제는 오랫동안 치열한 논쟁의 대상이었다. 예를 들면, 피사 대학에서 처음에는 철학 교수였고 나중에는 수학 교수였던 성직자 그란디[7]는 기하학에 관한 책을 많이 남겼는데, 다음과 같이 1과 −1이 교대로 나타나는 등비 급수에 대해 연구했다.

$$1-1+1-1+1-1+\cdots$$

만약 이 급수의 합을 S라고 하면, 이 값은 얼마일까? 이 급수를 무리짓는 한 가지 방법에 따라서 다음을 얻는다.

$$\begin{aligned} S &= (1-1)+(1-1)+(1-1)+\cdots \\ &= 0+0+0+\cdots=0 \end{aligned}$$

다른 방법에 따라서는 다음을 얻는다.

$$\begin{aligned} S &= 1-(1-1)-(1-1)-(1-1)-\cdots \\ &= 1-0-0-0-\cdots=1 \end{aligned}$$

이런 두 가지 가능성에 직면해서, 일부 수학자는 0과 1은 같은 정도로 가능한 합이 될 수 있으므로, 이 급수의 정확한 합은 평균값 $\frac{1}{2}$이라고 주장했다. 물론, 이 값은 순수하게 형식적인 방법으로 다음과 같이 구할 수도 있다.

$$S=1-(1-1+1-1+1-1+\cdots)=1-S$$

[7] Luigi Guido Grandi(1671~1742)

그러므로 $2S=1$, 즉 $S=\frac{1}{2}$이다. 그란디는 이 급수의 합이 $\frac{1}{2}$이어야 한다고 믿었다. 이를 옹호하기 위해 다음과 같은 예를 들었다. 어떤 사람이 두 아들에게 유산으로 보석을 주면서 각자 1년씩 교대로 보관하라는 조건을 달았다. 그래서 그 보석은 아들 각자에게 시간적으로 반씩 속하게 된다. 그리고 그란디는 계속해서 다음 공식은 '무로부터의 창조'를 지적한다고 제안했다.

$$\begin{aligned}\frac{1}{2}&=1-1+1-1+1-1+\cdots\\&=(1-1)+(1-1)+(1-1)+\cdots\\&=0+0+0+\cdots\end{aligned}$$

롤의 비판

미분 적분학을 배운 학생은 롤[8]을 잘 알고 있다. 미분 적분학의 초기 부분에는 그의 이름이 붙은 '롤의 정리'가 있는데, 그 정리는 "$f(x)=0$의 연속적인 두 실근 사이에는 $f'(x)=0$의 실근이 적어도 하나 존재한다."고 주장한다. 그런데 롤은 가장 목청을 높여 미분 적분학을 비평한 사람에 속하며, 미분 적분학은 잘못된 결과를 유도하고 건전하지 못한 추론에 근거하고 있다는 점을 증명하려고 애썼다. 미분 적분학에 대한 그의 불평이 대단히 거셌기 때문에, 프랑스 과학원은 여러 번 중재를 맡아야 했다.

[8] Michel Rolle(1652~1719), 프랑스의 수학자로, n째 제곱근을 위한 기호 $\sqrt[n]{\ }$ 를 고안하기도 했다.

미분 적분학 발견의 의미

수학사에서 17세기는 대단히 생산적인 기간이었는데, 이 세기의 놀라운 수학적 성과 중에서도 가장 획기적인 것은 두 말 할 것도 없이 17세기 말 뉴턴과 라이프니츠에 의한 미분 적분학의 발견이었다. 이 새로운 도구는 이전에 수학자들을 당혹스럽게 만들었고 해결할 수 없는 것으로 생각됐던 많은 문제를 놀랍고도 성공적으로 해결하는 데 거의 믿을 수 없을 정도의 힘을 발휘했다. 일반적인 방법으로 곡선의 길이, 매우 임의적인 곡선으로 둘러싸인 영역의 넓이, 온갖 종류의 공간 도형의 겉넓이와 부피, 난해한 최대화와 최소화 문제, 변화율과 관련된 내용을 포함하는 모든 종류의 문제, 접선 · 법선 · 점근선 · 포락선[면] · 곡률 등에 관한 기하학적 문제, 속도 · 가속도 · 일 · 에너지 · 힘 · 압력 · 무게 중심 · 관성 · 중력 등에 관한 물리학적 문제 등과 같은 문제에 대처할 수 있게 했다.

미분 적분학이 발견된 뒤, 수학자들은 기하학으로 대변되는 옛 수학과 해석학으로 대변되는 새 수학 사이에서 여러 가지 중요한 차이점을 발견했다. 수학에서 연구 대상과 연구 방법의 변화 및 수학 내부의 상호 관계에서 주요한 차이점 등이 발견됐다.

▣ 고정과 변화

옛 수학은 정적인 반면에 새 수학은 역동적이다. 그래서 옛 수학은 사진술에 있어서 스틸(정지) 사진 단계에 비교되는 반면에 새 수학은 활동 사진 단계에 비교된다. 또, 옛 수학과 새 수학의 관계는 해부학과 생리학의 관계와 비유되는데, 해부학은 죽은 시체를 연구하고 생리학은 살아 있는 몸을 연구한다. 일반적으로 옛 수학은 고정된 것과 유한한 것 자체에 관심이 있는 반면에 새 수학은 변화하는 것과 무한한 것을 포함한다.

바위로서의 수학

수학의 연구 방법도 바뀌었다. 수학을 그 내부의 구성 요소를 관찰하려는 거대한 바위와 비유할 수 있다. 옛 수학자는 망치와 정을 이용해서 그 바위를 외부로부터 서서히 부수려고 시도하는 끈기 있는 석수에 비유된다. 그 뒤의 수학자는 전문적인 광부에 비유되는데, 약점이 있는 광맥을 찾아서 그런 전략적인 장소를 뚫고 내부에 장약을 장치해서 바위를 산산이 부숴버린다.

떠오르는 대륙으로서의 수학

수학은 양적으로 증가하면서, 각 분야 사이의 관계가 긴밀해지고 명확해졌다. 세월이 흐르면서 발전하는 수학을 바다 속으로부터 서서히 떠오르는 대륙으로 생각할 수 있다. 처음에는 단 한 개의 섬이 나타나고, 섬의 크기가 커짐에 따라 여러 개의 섬이 이곳 저곳에서 떠오른다. 육지가 계속해서 떠오름에 따라, 섬 중 일부는 지협으로 따라 연결되고 결국은 한 쌍의 섬이 하나의 큰 섬으로 합쳐진다. 드디어 대륙의 형태를 갖추는 순간에 이르고, 단지 몇 개의 호수와 내해가 남는다. 대륙이 더욱 떠오르면, 이런 호수와 내해는 줄어들고 결국 하나씩 하나씩 사라진다. 옛 수학은 일반적인 대륙의 형태를 아직 갖추지 못했고 육지 부분은 주로 다양한 크기의 섬으로 형성되어 있는 상황과 비교된다. 새 수학은 떠오른 대륙의 일반적인 형태가 명확해져서, 과거의 섬 대부분이 이제는 육지로 연결된 상황과 비교된다.

베르누이 가문 The Bernoullis

수학계에서 통용되는 법칙으로, 어떠한 가문도 뛰어난 수학자를 많아야 한 명 배출한다는 말이 있다. 실제로 대부분의 가문은 뛰어난 수학자를 단 한 명도 배출하지 못했다. 이를테면 뉴턴의 경우 그 선조와 후세 및 친척을 모두 조사해도 또 다른 위대한 수학자를 발견할 수 없다. 그렇지만 이 법칙에도 예외는 있다. 아마도 가장 두드러진 예가 스위스의 베르누이 가문일 것이다. 이 가문은 3대에 걸쳐 적어도 여덟 명의 뛰어난 수학자를 배출했다. 이런 수학자를 중심으로 베르누이 가문의 가계표를 아래 그림과 같이 요약할 수 있다. (그 여덟 명의 뛰어난 수학자에게는 번호를 붙였다.)

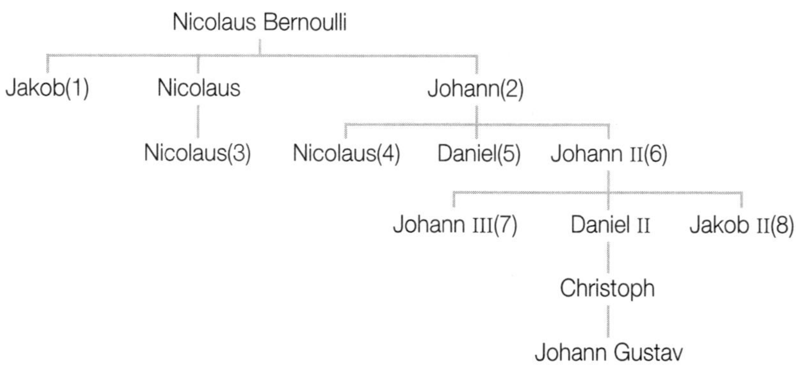

베루누이 가문은 칼뱅파로 원래 네덜란드 안트베르펜(Antwerpen, 현재는 벨

기에)에 살았는데, 16세기 말 에스파냐의 침공과 신교도에 대한 박해를 피해 스위스 바젤로 이주했고 상업에 종사했다.

베르누이 가문의 1세

(1) **야곱 베르누이** Jakob[Jacques] Bernoulli, 1654~1705
(2) **요한 베르누이** Johann Bernoulli, 1667~1748

베르누이 가문에는 두 명의 걸출한 스타가 있는데, 야곱과 요한 형제다. 자녀 중에서 야곱 베르누이는 다섯째였고 요한 베르누이는 열째였으며, 13살의 차이가 있었다. 이들은 모두 처음에 선택한 전공에 흥미를 잃고, 라이프니츠의 논문들이 잡지《학술기요》에 게재되기 시작했을 때 수학자가 되기로 결심했다. 이들은 미분 적분학의 놀라운 힘을 인식하고 다양한 문제에 활용한 최초의 수학자에 속한다. 사실 미분 적분학에 관한 라이프니츠의 글들은 매우 모호했는데, 베르누이 형제가 최초로 그 이론을 제대로 이해했고 널리 적용했다. 함께 공부하고 연구했던 두 형제는 곧 치열한 경쟁자가 됐으며, 각자 자신들의 생각을 라이프니츠와 거의 끊임없이 교환했다.

야곱 베르누이는 1654년 12월 27일 스위스 바젤에서 태어났다. 아버지[1]의 뜻에 따라 바젤 대학에서 1671년에 철학 석사 학위, 1676년에는 신학에서 학위를 받았다. 이렇게 대학에서 철학과 신학을 전공하면서도, 자신의 관심

[1] Nicolaus Bernoulli(1623~1708)

사인 수학과 천문학을 꾸준히 공부했다. 그 뒤 제네바에서 개인 지도를 했고, 프랑스, 네덜란드, 영국을 방문해서 당시의 지도적인 수학자 · 과학자들을 만나서 연구했다.

야곱 베르누이는 1683년에 스위스로 돌아가서 바젤 대학에서 역학을 가르치면서, 수학과 물리학 연구를 계속했다. 드디어 1687년에 바젤 대학의 수학 교수가 되어 죽을 때까지 그곳에서 가르쳤다.

야곱 베르누이의 수학 업적 공헌 중에는 초기의 극좌표 사용, 평면 곡선의 곡률 반지름에 대한 직교 좌표와 극좌표 공식의 유도, 다양한 밀도를 가진 현과 중심에 힘이 작용하는 현의 현수선 모양의 곡선에 대한 연구, 많은 양의 고차원 곡선에 대한 연구, 이른바 동시선❷의 발견 등이 있다. 한쪽 끝이 고정되어 있고 다른 쪽 끝에 질점이 있는 탄력적인 막대가 이루는 형태, 마주보는 두 꼭지점이 같은 높이에 수평으로 고정되어 있으며 무거운 액체를 담고 있는 유동적인 직사각형의 얇은 판에 의해 이루어지는 형태, 바람이 가득 찬 직사각형 돛의 형태 등을 결정했다. 등주 문제❸를 제안하고 검토했으며, 이에 따라 변분법을 연구한 최초의 수학자에 속한다. 또한 수학적 확률론을 최초로 연구한 사람에 속하는데, 이 분야의 책 《추측술Ars conjectandi》은 그가 죽은 뒤인 1713년에 발행됐다.

현재 수학에는 야곱 베르누이의 이름을 간직한 것이 여러 가지 있다. 그 중에는 통계 및 확률론에서 '베르누이 분포'와 '베르누이 정리'가 있고, '베르누이 방정식'은 미분 방정식의 첫 단계에서 찾아볼 수 있으며, 수론의 '베르누이 수'와 '베르누이 다항식'이 있고, 미분 적분학의 첫 단계에서 마주치

❷ isochrone, 어떤 특성을 동시에 지니는 모든 지점을 이어서 생기는 도면 위의 선

❸ isoperimetric problem, 둘레가 일정한 평면 도형 중에서 넓이가 최대인 것과 겉넓이가 일정한 입체 중에서 부피가 최대인 것은 구하는 문제. 디도의 문제(Dido's problem)라고도 한다.

는 '베르누이의 염주형lemniscate' 등이 있다. 1690년 잡지 《학술기요》에 게재된 동시선 문제에 대한 야곱 베르누이의 풀이에서 미분 적분학의 의미에서의 '적분' 이라는 단어를 최초로 접하게 된다. 라이프니츠는 적분학을 '합분법calculus summatorius' 이라 불렀는데, 라이프니츠와 요한 베르누이는 1696년 이것을 '적분법calculus integralis' 으로 부르기로 합의했다.

요한 베르누이는 1667년 7월 27일 스위스 바젤에서 태어났다. 아버지의 뜻에 따라 가업인 양념 사업을 물려받으려고 일을 했지만, 재능도 발휘하지 못했고 흥미도 느끼지 못했다. 이에 또다시 아버지의 뜻에 따라 1683년 바젤 대학에 입학해서 의학을 전공하면서도, 형 야곱과 함께 수학을 공부했다. 2년만에 형과 같은 정도의 수학 실력을 쌓았다. 1691년에 제네바에서 미분법을 가르쳤으며, 파리로 가서 로피탈을 비롯해서 여러 수학자들을 만났다.

요한은 1694년 의학에 관한 논문으로 박사 학위를 받았는데, 주제는 의학에 대한 수학의 응용이었다. 1695년 네덜란드 그로닝겐 대학의 교수가 됐고, 야곱이 사망한 1705년 바젤 대학에서 형의 자리를 승계했으며 그곳에서 활동적인 여생을 보냈다.

요한 베르누이는 형 야곱보다 수학에 더 크게 공헌했다. 샘이 많고 심술궂었지만, 자신의 아들들과 오일러를 비롯해서 제자 양성에는 가장 성공적이었다. 미분 적분학을 대단히 풍요롭게 만들었으며, 이 새로운 학문의 힘을 유럽 대륙에서 인정받게 만드는 데 매우 큰 영향을 끼쳤다. 매우 다양한 주제에 대해 글을 남겼는데, 반사 및 굴절과 관련된 광학 현상, 곡선족에 대한 직교곡선의 결정, 급수에 의한 곡선의 구장법과 넓이의 구적법, 해석적 삼각법,

지수 해석 등이 이에 속한다. 또 다른 두드러진 업적 중 하나는 '최속 강하선'의 문제에 대한 공헌이다. 이 곡선은 적당한 굴렁쇠선의 호로 밝혀졌다. 이 문제는 야곱 베르누이도 또한 논의했었다. 굴렁쇠선은 '등시 곡선'[4] 문제의 해이기도 하다. 이 문제는 1673년 호이겐스와 1687년 뉴턴이 풀었으며, 호이겐스는 이를 추 시계의 제작에 응용하려고 시도했다. 요한 베르누이, 오일러, 라그랑주 등은 이를 좀 더 일반적으로 논의했다.

야곱 베르누이의 문장과 묘비

다른 아버지들처럼 야곱 베르누이의 아버지도 아들이 원치 않는 직업을 선택하도록 강요했다. 야곱이 신학자가 되기를 원한 아버지는 아들이 천문학과 수학을 공부하는 데 격렬히 반대했다.

이에 따라서 야곱은 자신의 문장紋章으로 태양의 이륜 마차를 운전하는 파에톤[5]과 함께 구호 'Invito patre sidera verso(나는 아버지의 뜻에 반해 별들을 연구했다')를 사용했다.

야곱 베르누이는 등각 소용돌이선(또는 로그 나선) $\gamma=a^{\theta}$이 그 자체로 신개선, 주폐선, 반사와 굴절의 화선 등을 재연하는 방법에 감동했다. 아르키메데스를 흉내내어, 자신의 묘비에 기독교도가 즐거이 인용하는 문구인 'Eadem mutata resurgo(나는 똑같은 방법으로 부활할 것이다, 비록 변할지라도')라는 비문과 함께 등각 소용돌이선을 새겨달라고 유언

야곱 베르누이의 묘비

[4] tautochrone, 한 질점이 곡선의 어느 곳에서 출발하더라도 같은 시간 내에 그 곡선의 주어진 점까지 도달하는 곡선

[5] Phaethon, 태양의 신 헬리오스의 아들. 아버지의 마차를 잘못 부려 지구에 너무 접근해 큰 불이 날 뻔한 것을 제우스가 번갯불로 쳐서 죽임.

했다.

바젤에 있는 수도원을 방문하면 야곱 베르누이의 묘비에서 그의 유언에 따라 새겨진 비문과 소용돌이선을 찾아볼 수 있다(사진). 그런데 그 곡선은 등각 소용돌이선의 특성을 제대로 표현하지 못했다.

▣ 요한 베르누이의 비열함

요한 베르누이는 형 야곱보다 13살 어렸다. 요한은 처음에 형이 우월하다고 느꼈기 때문에 극도로 시샘했고 적의를 품었다. 매우 비열하게 행동하기도 했는데, 등주 문제에 대한 자신의 잘못된 풀이를 형의 풀이와 바꾸려고 필사적으로 시도한 적도 있었다. 이에 두 형제 사이에 나쁜 감정이 오랫동안 지속됐다.

요한 베르누이는 아들도 시샘했다. 1734년 자신이 수상하리라고 예상했던 프랑스 과학원 상을 아들 다니엘과 함께 받게 되자, 아들과 동등하게 취급받는 데 크게 분개했다. 이에 러시아의 상트 페테르부르크에서 7년 동안 머물다 온 아들을 집에서 내쫓아 버렸다. 그리고 아들 다니엘의 가장 중요한 연구서인 《유체 동력학Hydrodynamica》보다 앞서 이 분야를 연구한 것처럼 보이기 위해 1739년 이후에 《수력학Hydraulica》을 출판하면서 표지에는 '1732년 발간' 으로 표시했다.

▣ 로피탈 법칙의 유래

$f(a)=g(a)=0$이고 $g'(a)=0$일 때, $\frac{0}{0}$ 꼴의 부정형에 대해 다음 관계가 성립한다는 '로피탈의 법칙' 이 있다.

$$\lim \frac{f(x)}{g(x)} = \frac{f'(a)}{g'(a)}$$

이것은 프랑스 수학자 로피탈[6]이 1696년에 출판한 책 《무한소 해석》[7]에 처음으로 등장했다. 로피탈 후작은 아마추어 수학자였는데, 라이프니츠가 1684년과 1686년에 쓴 두 편의 짧은 논문을 통해 학계에 제시한 새로운 미분적분학에 깊은 감명을 받았다. 로피탈이 새롭고 흥미로운 이 수학 분야를 스스로 숙달했는지는 확인할 수 없지만, 1691~92년의 몇 달 동안 총명하고 젊은 물리학자이자 수학자인 요한 베르누이를 개인 교사로 고용했었다. 베르누이가 고향 바젤로 떠난 뒤에도 후작은 그와 계속해서 편지를 주고받았으며, 동시에 자신의 독창적인 발견을 발표했다.

로피탈은 1696년에 책을 출판하면서, 라이프니츠와 베르누이에 대한 사의를 매우 막연하게 다음과 같이 표명했다. "나는 그들이 발견한 사실들을 자유롭게 사용했다. 그래서 그들이 자신의 발견이라고 주장하고 싶다면, 나는 솔직하게 그들에게 돌려주겠다."

로피탈

로피탈이 베르누이에게 어느 정도 의존했는지 오랫동안 불가사의한 상태로 있었다. 베르누이는 로피탈로부터 그 책을 받은 뒤, 정중하게 사의를 표했고 그 책을 칭찬했다. 그러나 그 뒤 후작이 살아 있던 중에 쓴 몇 개의 개인적인 편지에서 무한소 해석의 내용 중 많은 부분이 실제로는 자신의 것이라고 주장했다. 그리고 로피탈이 죽은 뒤인 1704년에는 $\frac{0}{0}$ 꼴의 부정형에 대한 법칙이 포함되어 있는 제163절은 자신의 발견이라고 공개적으로 주장했다. 이런 형태의 우선권에 대해 흥미를 느끼는 수학자들은 수학자로서 베르누이의 탁월한 능력과 마

[6] Guillaume Francois Antoine de l' Hopital 또는 De Lhospital(1667~1748)

[7] *Analyse des infiniment petits pour l' intelligence des lignes courbes*

찬가지로 그의 비열한 성격을 저울질하면서, 로피탈이 베르누이에게 의존한 정도에 대해 부정확한 이론을 폈다. 일반적으로 받아들일 만한 결론은 비교적 최근까지도 이루어지지 않았었다.

1691~92년으로 추정되는 요한 베르누이의 미분법에 대한 논문이 발표된 1922년에 이르러서야 상당한 정도로 명확해졌다. 베르누이의 논문과 로피탈의 책을 비교하면 상당한 정도로 중복되는 부분이 있음을 알 수 있다. 그래서 베르누이는 로피탈의 발견 중 많은 것을 도와준 것으로 보인다. 그러나 정확한 상황은 베르누이의 초기 편지가 발표된 1955년이 되어서야 밝혀졌다. 1694년 후작과 그의 개인 교사 사이에는 실제로 거래가 있었는데, 베르누이가 다음 세 가지 조건에 동의한다면 로피탈은 그에게 해마다 300리브르[8]를 수당으로 주겠다고 제의한 거래였다.

1. 후작이 그에게 보낸 모든 수학 문제를 연구한다.
2. 모든 발견을 후작에게 알린다.
3. 로피탈에게 보낸 원고를 다른 사람에게 돌리지 않는다.

이것으로 우선권 문제는 해결했다. 다음 글은 파리에 있던 로피탈이 바젤에 있던 요한 베르누이에게 1694년 3월 17일에 보낸 (생소한 제안을 담은) 편지의 일부를 번역한 것이다.

나는 당신에게 기쁜 마음으로 300리브르의 수당을 지급하려고 합니다. 이 수당은 금년 1월 1일부터 시작될 것이고, 금년의 전반기 몫으로는 당신이 잡지들을 보내주었

❽ 옛 프랑스의 통화 단위

기 때문에 200리브르를 보내고 후반기 몫으로 150리브르를 보낼 것입니다. 그리고 앞으로도 이와 같이 지급하려고 합니다. 나는 이것이 매우 적은 액수임을 알기 때문에, 곧 수당을 올릴 것을 약속합니다. 개인적인 문제가 조금 더 해결되는 대로 약속을 이행하겠습니다. … 나는 이를 위해 당신의 시간을 모두 요구할 정도로 무례하지는 않습니다. 그러나 나는 내가 당신에게 물어보는 것에 대해 당신이 가끔씩 몇 시간을 할애해서 연구해 주기를 요구하고자 합니다. 그리고 또한 다른 사람들에게는 이에 대해서 발설하지 말고 당신이 발견한 것들을 나에게 보내주기를 요구합니다. 당신이 나에게 보낸 원고를 M. Varignon이나 다른 누구에게도 보내지 말 것을 요청합니다. 왜냐하면 그들이 공개한다면 나는 즐겁지 않기 때문입니다. 이 모든 것에 대해 회신바라며, 나를 믿기 바랍니다. 이만 줄입니다.

Le M. DE LHOSPITAL

베르누이의 회신은 발견되지 않았다. 그러나 1694년 7월 22일자 편지로부터 그가 이 제안을 받아들였다는 사실을 알 수 있다. 갓 결혼했으며 직장을 찾고 있던 가난한 젊은 과학도에게 작은 횡재였음이 분명하다. (그는 다음 해에 네덜란드의 그로닝겐 대학에 초빙됐다.) 이 흥미로운 관계가 얼마나 오래 지속됐는지는 알 수 없지만, 베르누이의 재정 상태는 좋아졌으며 로피탈의 재정 상태는 더 이상 좋아지지 않았다. 1695년에 이르러 이 관계는 끝이 난 것으로 보인다.

베르누이가 그의 후원자에게 문제와 함께 답을 곁들여 보낸 몇 개의 편지가 현재 발견됐는데, 1694년 7월 22일자 편지에는 $\frac{0}{0}$ 꼴의 부정형에 대한 법칙이 포함되어 있다. 그 형식은 《무한소 해석》에서 발견할 수 있는 것과 매우 유사하다. 베르누이의 예들도 또한 로피탈이 사용한 것과 거의 같다.

그래서 상황은 명확해졌다. 로피탈의 책이 출판됐을 때, 베르누이는 그 책의 어느 부분이 자신의 것인지를 발설할 수 없다는 약속을 지켜야 했다. 단지 개인적으로 표현할 수밖에 없었다. 그러나 후작이 죽은 뒤 더 이상 조용히 있을 필요를 느끼지 않았고, 또 그 책의 가장 뛰어난 결과인 $\frac{0}{0}$ 꼴의 부정형에 대한 법칙이 자신의 것이라는 사실을 주장하고 싶었다. 그러나 자신의 주장을 증명할 수는 없었다. 이제야 그는 명예를 회복하게 됐다.

불화의 사과

평면에서 직선 위를 구르는 원 위의 한 점이 그리는 곡선을 '굴렁쇠선' (사이클로이드)이라고 한다(오른쪽 그림).

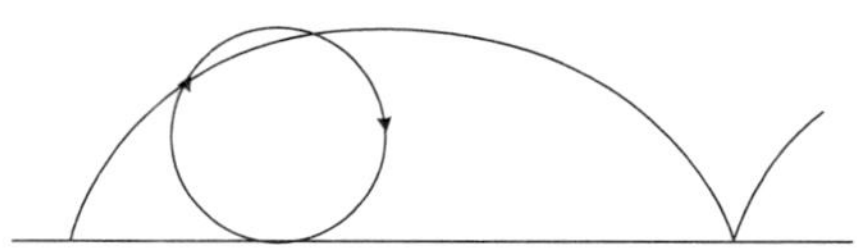

굴렁쇠선은 역학적인 성질 때문에 최속 강하선 또는 등시 곡선이라고도 한다. 이를 어떤 수학사학자는 '불화의 사과' ⑨로, 어떤 이는 아름답지만 전쟁의 원인인 '기하학의 헬레네' ⑩라고 불렀다.

굴렁쇠선은 발견된 순간부터 논쟁을 야기했다. 사실, 발견 자체도 논쟁거리였다. 굴렁쇠선이 그리스 시대에는 알려지지 않았다고 생각한다. 하지만 이 곡선은 부벨스⑪가 1501년에 쓴 책에 분명히 설명되어 있고, 통상 그를 진정한 발견자라고 간주하고 있다.

17세기 과학 혁명 시대의 뛰어난 수학자들은 굴렁쇠선의 멋진 성질에 사

⑨ 펠레우스와 테티스의 혼례식에서 불화의 여신 에리스만 초대받지 못했으므로, 화가 난 에리스가 '가장 아름다운 분에게' 라고 써서 여러 신 가운데 던져 넣은 황금 사과. 이것을 둘러싸고 헤라, 아테나, 아프로디테 세 여인이 다투자, 파리스가 그것을 아프로디테에게 준 것이 원인이 되어 트로이 전쟁이 일어났다.

⑩ 제우스와 레다 사이에서 태어난 미녀이며, 메넬라우스(Menelaus)의 아내. 파리스에 의해 유괴된 것이 발단이 되어 트로이 전쟁이 터졌다고 한다.

⑪ Charles de Bouvelles(1471~1553), 프랑스의 수학자 · 철학자

로잡혀 있었다. 갈릴레오, 파스칼, 로베르발, 토리첼리, 데카르트, 페르마, 렌, 윌리스, 호이겐스, 요한 베르누이, 라이프니츠, 뉴턴 등이 이 곡선을 연구했는데, 과학 혁명의 스타들을 총망라한 명단과 같다.

갈릴레오는 뛰어난 수학자 중에서 굴렁쇠선에 흥미를 느낀 최초의 인물이었다. 1599년경 굴렁쇠선의 넓이는 생성하는 원의 넓이의 세 배에 가깝다고 실험적으로 측정했으며, 굴렁쇠선의 호는 다리를 건설하는 데 적절할 것이라고 주장했다. 실제로, 그런 다리들이 나중에 건설됐다. 그는 또한 제자 토리첼리와 비비아니에게 굴렁쇠선에 대한 관심을 심어 주었다.

프랑스의 기하학자 로베르발은 1630년대에 굴렁쇠선의 넓이가 생성하는 원의 넓이의 세 배와 정확하게 일치한다는 사실을 수학적으로 증명했다. 그러나 애쓴 보람도 없이 그렇게 작은 결과를 얻기 위해 너무 많은 노력을 했다는 데카르트의 공격을 받았다. 데카르트가 좀 더 간단한 증명을 제시하자, 로베르발은 답을 이미 알고 있었기 때문에 간단한 증명을 찾을 수 있었을 것이라고 평가 절하했다. 데카르트는 굴렁쇠선의 접선을 찾음으로써 모욕적인 공격을 피하려고 했으며, 로베르발과 페르마에게도 찾아보라고 도전했다. 페르마는 성공했지만, 로베르발은 성공하지 못했거나 할 수 없었다. 비비아니도 접선을 발견했다.

로베르발은 자신의 증명 결과를 곧바로 발표하지 않았기 때문에, 몇 년 뒤 증명의 우선권에 대한 또 다른 논쟁에 휘말렸다. 이번에는 토리첼리와의 논쟁이었는데, 토리첼리는 넓이에 관한 결과를 거의 확실하게 독자적으로 구했다. 로베르발이 토리첼리를 표절했다고 비난한 뒤 곧 그는 죽었는데, 틀림없이 이런 비난에 대한 환멸이 죽음에 이르게 한 요인이 됐을 것이다.

파스칼은 굴렁쇠선의 기하학적 성질을 체계적으로 연구했다. 앞에서 언급한 대로, 어느 날 밤에 다른 병과 함께 치통으로 고통을 받고 있었을 때, 굴렁쇠선에 대해 생각하기 시작하자 고통이 줄어들었다고 한다. 이를 신이 계시하고 승인한 마지막 수학 과제로 생각하고는, 8일 동안 연구해서 밑변에 평행인 임의의 직선으로 생성되는 부분의 넓이, 축 또는 밑변을 중심으로 회전해서 생성되는 회전체의 부피, 이런 도형들의 무게 중심 등과 함께 다른 여러 가지 결과를 해결했다. 이런 결과들을 얻기 위해서는 여러 가지 삼각 함수의 적분이 필요했는데, 어떤 연산은 그 이전에는 시도되지 않았었다.

파스칼은 이런 문제들을 풀어보라고 유럽 수학자들에게 도전했는데, 단지 두 개의 형식적인 답만을 받았고 아무도 충실한 답을 제시하지 못했다. 월리스가 한 가지 답을 제시했는데, 나중에 그 답에 있는 많은 오류를 수정해서 발표했다. 비공식적으로 호이겐스, 렌, 페르마 등이 도전 문제 중 일부를 해결했다.

호이겐스는 굴렁쇠선의 수학적인 성질로부터 역학적인 성질을 유도해 내는 데 큰 관심을 가졌다. 순수한 수학적인 결과로 굴렁쇠선의 축폐선이 동등한 굴렁쇠선이 된다는 사실을 발견했다. 그러나 이 발견의 응용에 훨씬 더 큰 관심을 나타냈는데, 굴렁쇠선이 등시 곡선이라는 사실, 즉 거꾸로 된 굴렁쇠선의 호를 따라서 중력의 가속에 의해 자유 낙하하는 물체는 그 호의 어느 점에서 출발하더라도 바닥에 도달하는 시간이 같다는 사실을 발견했다. (이를 활용해서 굴렁쇠선을 따라 운동하는 추시계를 제안했는데, 그런 것을 제작하는 데는 기계적으로 실현하기 어려운 사항이 있다는 사실이 밝혀졌다.)

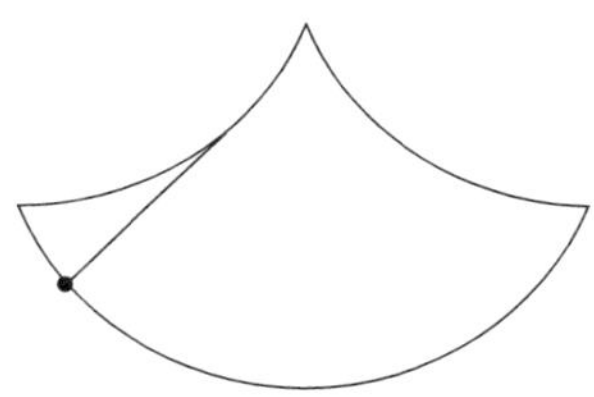

굴렁쇠선에 관한 가장 유명한 발견은 1696년에 이루어졌는데, 당시 요한 베르누이는 한 질점이 어떤 점에서 다른 점으로 가장 짧은 시간에 떨어지는 경로의 방정식을 결정하려고 시도했다. 이는 변분법에 대한 최초의 형식적인

연구였다. 그러나 이것은 그 이상의 중요성이 있는데, 베르누이는 미분 적분학의 발견에 관한 뉴턴과 라이프니츠의 열렬한 지지자들 사이에서 벌어진 격렬한 논쟁에 이 문제를 사용할 기회를 얻었기 때문이다. 라이프니츠와 베르누이는 편지를 통해 그들 이외에는 이 문제의 해인 최속 강하선과 등시 곡선을 구할 수 있는 유럽 수학자가 손가락으로 셀 수 있을 정도로 적을 것이며, 그렇기 때문에 이를 풀 수 있는 사람은 미분 적분학에 완벽하게 정통했음을 보여주는 증거라는 데 동의했다. 이 문제는 수학자들에게 도전 문제로 정식으로 제시됐다.

앞에서 언급한 대로, 뉴턴은 이 문제를 풀었다.

베르누이 가문의 2세

(3) **니콜라우스 베르누이** Nicolaus Bernoulli, 1687~1759
(4) **니콜라우스 베르누이** Nicolaus Bernoulli, 1695~1736
(5) **다니엘 베르누이** Daniel Bernoulli, 1700~1782
(6) **요한 베르누이** 2세 Johann II Bernoulli, 1710~1790

야곱과 요한의 조카로 니콜라우스가 있는데, 이 사람도 수학에서 약간의 명성을 얻었다. 니콜라우스는 1704년 바젤 대학에서 야곱의 지도로 석사 학위를 받았고, 5년 뒤에 확률론의 응용으로 박사 학위를 받았다. 한때 갈릴레오가 차지했던 파두아 대학의 수학 교수직을 1716년에 차지했고, 1722년에 바젤 대학으로 돌아가 9년 동안 논리학 교수를 역임한 뒤 법학 교수가 됐으며 총장을 네 번 역임했다. 기하학, 미분 방정식, 무한 급수, 확률 등에 대한 방대한 글을 남겼다.

요한 베르누이는 또 다른 니콜라우스, 다니엘, 요한 2세 등 세 명의 아들을 두었는데, 이들은 모두 18세기의 수학자와 과학자로 이름을 날렸다.

니콜라우스 베르누이

니콜라우스는 수학에 크게 공헌할 것이라고 기대되었으며 상트 페테르부르크 과학원의 초청을 받았는데, 그곳에 도착한 지 겨우 8개월만에 불행하게도 익사했다. 곡선, 미분 방정식, 확률 등에 대한 글을 썼다.

니콜라우스가 상트 페테르부르크에서 제시한 확률론의 한 문제는 나중에 '페테르부르크 역설'로 알려졌다. 그 문제는 다음과 같다. A가 동전을 처음 던졌을 때 앞면이 나오면 1전을 받고, 두 번 던졌을 때까지도 앞면이 나오지 않으면 2전을 받으며, 세 번 던졌을 때까지도 앞면이 나오지 않으면 4전을 받는다고 하자. 이렇게 계속 시행할 때, A의 기대값은 얼마인가? 수학 이론은 A의 기대값이 무한대임을 보여 주는데, 이것은 역설처럼 보인다.

다니엘 베르누이

다니엘은 요한의 세 아들 중에서 가장 유명하다. 아버지의 뜻에 따라 철학과 의학을 배웠지만, 수학 연구로 명성을 얻어 1725년에 형 니콜라우스와 함께 상트 페테르부르크 과학원에 초빙됐다. 1733년까지 그곳에 머물면서 그의 인생에서 가장 활발하고 생산적인 연구 활동을 벌였다. 진동하는 현에 대해 연구했고, 페테르부르크 역설을 연구했으며 확률론에서 '도덕적 기대값moral expectation'의 개념을 고안했다. 특히, 유체 역학을 연구했는데, 1738년에 출판한 《유체 동력학Hydrodynamica》에는 오늘날 초등 물리 교과서에서 찾아볼 수 있는 그의 이름이 붙은 유체 역학의 원리가 등장한다.

다니엘은 1734년에 바젤로 돌아갔지만, 수학이나 물리학을 강의할 수 없었고, 자신의 주요 연구 분야가 아닌 식물학을 가르쳐야 했다. 1743년부터는 생리학을 강의할 수 있었다. 1750년에 드디어 물리학 교수가 되어 1776년까지 물리학을 가르쳤으며 뛰어난 업적을 남겼다.

다니엘은 평생 동안 천문학과 항해와 관련된 문제 풀이로 프랑스 과학원 상을 열 번 수상했다.

요한 베르누이의 셋째 아들 요한 2세는 원래 법률학을 배웠지만, 나중에 수학을 공부했고 프랑스 과학원 상을 적어도 4번 받았다. 이런 경력으로 아버지가 죽은 뒤 바젤 대학의 수학 교수직을 승계했다. 그는 특히 열과 빛에 대한 수학 이론에 관심을 가졌다.

요한 베르누이 2세

부전자전

직업 선택에 있어서, 요한 베르누이는 아버지가 자기에게 강요했던 바를 아들 다니엘에게 강요했고, 다니엘은 아버지가 할아버지의 뜻을 거역한 바와 똑같이 아버지의 뜻을 거역했다.

요한 베르누이는 다니엘을 사업가로 키우려고 했다. 그렇지만 다니엘이 13살 때 바젤 대학으로 보내 일단 철학과 논리학을 공부시켰다. 다니엘은 이때 이미 수학을 공부하고 싶었고, 아버지와 형으로부터 미분 적분학을 배웠다. 1715년에 학사 학위, 1716년에 석사 학위를 받았는데, 아버지는 다니엘을 상인을 만들려고 도제살이를 시키려고 했다. 이에 다니엘이 강력하게 저항하자, 아버지는 수학을 전공해서는 돈을 벌 수 없다면서 다니엘을 다시 바젤 대학으로 보내 이번에는 의학을 전공시켰다. 다니엘은 몇 곳의 대학에서 공부하다가 1720년에 바젤 대학에서 의학으로 박사 학위를 받았다.

다니엘은 의학을 전공하면서도 아버지로부터 수학을 배웠다. 그리고 아버지와 같이 의학에 수학을 활용한 논문으로 박사 학위 논문을 썼다. 아버지와 같이 그 뒤로는 더욱더 수학 · 과학 연구에 몰두하게 된다.

다니엘 베르누이의 불운과 명성

다니엘 베르누이는 박사 학위를 받은 뒤에, 아버지와 같이 학자의 길을 걷고 싶었다. 바젤 대학의 두 가지 교수직에 응모했다. 하나는 해부학과 식물학 교수직이었는데, 제비뽑기로 결정하는 마지막 과정에서 탈락했다. 다음에는 논리학 교수직에 도전했는데, 마지막 선택 과정인 제비뽑기에서 역시 탈락했다. 이에 이탈리아의 베네치아로 가서 실용 의학을 배우려고 했지만 병에 걸려 그러지도 못했다.

그렇지만 다니엘은 베네치아에서 수학을 연구했으며, 골드바흐의 도움으로 1724년에 처음으로 논문을 발표했다. 그 논문은 확률, 유체 흐름, 미분 방정식, 기하학 등 네 가지 주제를 다루었다. 그리고 모래시계를 제작했는데, 거친 파도로 배가 심하게 흔들릴 때도 모래가 일정한 속도로 떨어지도록 설계했다. 이를 1725년에 프랑스 과학원에 제출해서 상을 받았다. 위의 논문과 프랑스 과학원의 상으로 큰 명성을 얻어, 상트 페테르부르크 학술원의 초청을 받게 됐다.

다니엘 베르누이의 두 가지 작은 사건

허턴[12]은 《철학과 수학 사전》[13] 제1권에서 다니엘 베르누이에 관한 두 가지 짧은 이야기를 기록했다.

어느 날 다니엘 베르누이는 낯선 사람과 동행하게 되었다. 그 사람은 꽤 교양이 있었고 다니엘과 대화하는 것을 몹시 즐거워했다. 그 사람이 다니엘의 이름을 물었다. 다니엘은 공손하게 대답했다. "저는 다니엘 베르누이입니다." 낯선 사람은 다니엘이 농담을 하는 것으로 생각해서 다음과 같이 응수했다. "나는 뉴턴입니다." 다니엘은 믿을 수 없을 만큼 어린 나이에 이미 큰 명성을 얻고 있었다.

다른 이야기는 다음과 같다. 다니엘이 고명한 스위스 수학자 쾨니히⑭를 저녁 식사에 초대했다. 저녁 식사를 하면서 쾨니히는 고생을 많이 했지만 결국 해결한 어떤 어려운 문제에 대해 자화자찬하며 떠벌렸다. 다니엘은 차분히 식사를 하고 주인 역할을 계속했다. 그리고 차를 마시기 위해 두 사람이 자리를 물렸을 때 그 문제에 대한 쾨니히의 풀이보다 훨씬 더 세련된 풀이를 쾨니히에게 제시했다.

베르누이 가문의 3세

(7) **요한 베르누이 3세** (1744~1807)
(8) **야곱 베르누이 2세** (1759~1789)

요한 베르누이 2세는 요한 3세, 다니엘 2세, 야곱 2세 등 세 명의 아들을

⑫ Charles Hutton(1737~1823), 영국의 수학자
⑬ *Philosophical and Mathematical Dictionary*, London, 1815.
⑭ Samuel König(1712~1757), 바젤에서 요한과 다니엘의 지도로 공부했고, 클레로 및 모페르튀이와 함께 연구했다.

두었다. 요한 3세는 아버지와 같이 법률을 공부하다가 나중에 수학으로 방향을 바꾸었다. 겨우 19세 때 베를린 과학원의 수학 교수로 초청을 받았고, 천문학, 확률론, 순환 소수, 부정 방정식 등에 관해 글을 남겼다.

요한 베르누이 3세

야곱 2세도 처음에는 법률을 공부했지만, 그 뒤 상트 페테르부르크 과학원의 수학 교수가 됐다. 그의 연구는 삼촌이자 스승인 다니엘 베르누이의 연구와 관계가 있다.

야곱 베르누이 2세

베르누이 가문에는 덜 유명한 후손으로 다니엘 2세(1751~1834), 다니엘 2세의 아들 크리스토프(Christoph, 1782~1863), 크리스토프의 아들 요한 구스타프(Johann Gustav, 1811~1863) 등이 있다.

또 다른 수학 가문

수학자를 배출한 또 다른 가문으로는 이미 언급한 고대 그리스 수학의 쇠퇴기에 살았던 테온과 히파티아 부녀, 17세기 네덜란드의 반 슈텐 가문, 17세기와 18세기의 이탈리아 · 프랑스의 카시니 가문, 17세기 영국의 그레고리 삼촌과 조카, 18세기 프랑스의 클레로 가문, 미국의 레머 부자와 버코프 부자 등이 있다. 클레로 가문과 버코프 부자에 대해서는 뒤에서 별도로 설명하겠다.

반 슈텐 가문

- **프란스 반 슈텐**(Frans van Schooten, 1581~1646)
- **프란스 반 슈텐**(Frans van Schooten, 1615~1660)
- **페트루스 반 슈텐**(Petrus van Schooten, 1634~1679)

스위스 베르누이 가문과 같이, 네덜란드의 반 슈텐 가문도 3대에 걸쳐 수학 관련 교수를 배출했다. 그러나 베르누이 가문과 달리, 반 슈텐 사람 중 누구도 일류가 되지는 못했다. 이들은 모두 라이덴 대학 교수였으며, 모두 수학에 호의적이었다. 첫째 사람은 프란스 반 슈텐인데, 공학 교수로서 1627년 삼각 함수표를 제작했다.

둘째 사람은 첫째 사람의 아들인데, 이름도 역시 프란스 반 슈텐이다. 그는 라이덴을 방문한 데카르트와 알게 되어 메르센을 포함한 파리의 수학자들과 교제했고 영국도 방문했다. 라이덴 대학에서 아버지의 조교가 됐고 아버지가 죽은 뒤 공학 교수직을 물려받았다. 호이겐스를 가르쳤으며 친구가 됐다. 비에트의 책을 편집했고, 원근 화법에 관한 글을 썼으며, 데카르트의 기하학을 1649년에 라틴어로 번역해서 해석 기하학의 보급에 크게 공헌했다.

프란스 반 슈텐

프란스의 이복 동생인 페트루스 반 슈텐은 잠시 동안 라이덴 대학에서 수학 교수직을 역임하다가, 라틴어 교수가 됐다.

카시니 가문

- 조반니 카시니(Giovanni Domenico Cassini, 1625~1712)

• 자크 카시니(Jacques Cassini, 1677~1756)
• 세자르-프랑수아 카시니(César-François Cassini de Thury, 1714~1784)
• 장-도미니크 카시니(Jean-Dominique Comte de Cassini, 1748~1845)

조반니 카시니

조반니 카시니는 이탈리아에서 태어났고, 예수회 대학과 수도원에서 수학, 점성술, 천문학을 배웠다. 카발리에리의 사망(1647년)으로 공석이 된 볼로냐 대학의 천문학 교수직에 1650년에 임명됐다. 1652-3년에 혜성을 관찰하는 등 천문 관측으로 큰 명성을 얻었다. 그는 또한 수력학과 공학 전문가였다. 교황을 위해 축성 작업을 감독했고 하천을 관리했다. 1668년 루이 14세의 초청으로 파리로 가서 1671년 파리 천문대 초대 대장에 취임했고 프랑스 시민이 됐다.

조바니는 토성의 네 개의 위성을 최초로 관찰했고, 토성의 환을 정밀 측정해서 '카시시 간극' 을 발견했다.

조반니 이후 자손 4대에 걸쳐 파리 천문대장직을 이어 받으면서 당시 천문학계를 지도했다. 조반니와 그의 아들 자크에 관한 또 다른 이야기는 모페르튀이를 보라.

▣ 그레고리 가문

• 제임스 그레고리(James Gregory, 1638~1675)
• 데이비드 그레고리(David Gregory, 1659~1708)

제임스 그레고리는 스코틀랜드에서 태어났고, 애버딘의 매리샬 대학

제임스 그레고리

Marischal College에서 공부했다. 처음에는 광학을 연구했고 책도 저술했으며, 1663년에는 그레고리 반사 망원경을 발명했다. 1665년에는 이탈리아의 파도바 대학으로 가서 수렴하는 무한 급수를 이용해서 원과 쌍곡선의 넓이를 구하는 문제를 연구했고, 그 뒤 곡선 아래의 넓이와 회전체의 부피를 구했다. 1668년 세인트앤드루스 대학 교수가 됐고 1674년에는 에든버러 대학의 최초의 수학 교수가 됐다.

제임스 그레고리는 arctan x, tan x, arcsec x의 무한 급수 전개를 구했고, 수렴하는 급수와 발산하는 급수를 최초로 구별한 사람에 속한다. 1671년 arctan x의 급수에 $x=1$을 대입해서 다음 공식을 얻었다.[15]

$$\frac{\pi}{4}=1-\frac{1}{3}+\frac{1}{5}-\frac{1}{7}+\cdots$$

제임스 그레고리의 조카 데이비드 그레고리는 12세에 애버딘의 매리샬 대학에 입학해서 공부했다. 24세에 에든버러 대학 수학 교수에 임명되서 뉴턴의 이론을 강의했는데, 케임브리지 대학에서도 그리스의 자연 철학을 가르치고 있을 당시 '현대' 이론을 강의한 최초의 일이었으며 이로 인해 명성을 얻게 됐다. 그는 정치적 종교적으로 불안한 스코틀랜드를 떠나 잉글랜드로 가서 1691년 옥스퍼드 대학의 새빌 교수가 됐다.

[15] 라이프니츠도 이 공식을 1673년에 독립적으로 발견했다.

핼리 Edmund Halley

1656~1742

핼리는 1656년 11월 8일 잉글랜드에서 태어났다. 어린 시절에 이미 뛰어난 재능을 보였으며 장래가 촉망됐다. 16세에 옥스퍼드의 퀸즈 대학에 입학했고, 천체 관측술과 궤도 계산법에 통달했다. 1675년에는 영국 최초의 왕정 천문학자 플램스티드❶와 함께 연구하기 시작했으며, 그의 천문 관측을 도왔다.

핼리는 1676년 대학을 중퇴하고, 남반구의 천체를 관찰하기 위해 세인트헬레나❷로 떠났다. 세인트헬레나에 있던 18개월 동안 341개의 항성에 대한 지도를 만들었으며, 수성의 경로를 최초로 완벽하게 관찰했다. 이에 따라 플램스티드는 그를 '남부의 티코Tycho'라는 불렀다. 1678년 영국으로 되돌아가서 모교에서 졸업을 인정받았고 겨우 22세의 나이로 왕립학회 회원으로 선출됐다.

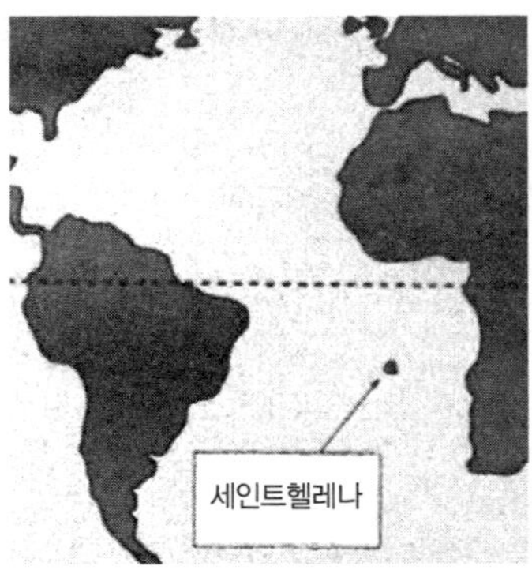

핼리는 여러 가지 일을 하면서 연구하다가, 1704년 월리스의 죽음으로 공석이 된 옥스퍼드 대학의 새빌 기하학 교수직에 임명됐

❶ John Flamsteed(1646~1719), 영국의 천문학자

❷ St Helena, 아프리카 서해안의 서쪽 약 1900km, 남위 16° 5, 서경 5° 45에 위치한 영국령의 화산섬. 나폴레옹이 1815년에 유배되어 1821년에 사망한 곳.

다. 1713년에는 왕립 학회 서기가 됐고 1720년에는 플램스티드의 왕정 천문학자직을 승계했다.

플램스티드와의 악연

플램스티드는 핼리가 학창 시절에는 칭찬을 아끼지 않았지만, 세인트헬레나에서의 천체 관측 이후 명성이 매우 빠르게 높아지자 경계의 시선을 보내기 시작했다. 왕정 천문학자를 적으로 갖게 된 젊은 천문학자 핼리는 대학 교수직을 찾지 않았다. 그 대신 자유롭게 유럽을 여행하면서 연구했다. 그리고 1684년 아버지가 죽은 뒤에는 영지 관리 및 가족의 재산과 법적 문제에 매달려야 했다.

핼리는 1691년 공석이 된 옥스퍼드 대학의 새빌 천문학 교수직에 응모했다. 천문학에서의 뛰어난 연구 때문에 누구나 그가 임명될 것으로 예상했다. 그러나 플램스티드가 강력하게 반대했다. 그리고 그는 왕립 천문대의 관찰 결과를 크게 신뢰하지 않던 뉴턴과 불편한 관계에 있었는데, 뉴턴과 친한 핼리를 좋게 볼 수 없었다. 결정적으로 정통적이지 않은 핼리의 종교관 때문에, 그 자리는 데이비드 그레고리의 몫이 됐다.

플램스티드는 1704년 핼리가 새빌 기하학 교수에 임명됐을 때도 불편한 심기를 감추지 않았다. 플램스티드가 죽은 뒤, 그 부인은 핼리가 왕정 천문학자로 임명되자 몹시 분개했으며, 핼리가 사용하지 못하도록 왕립 천문대에 있던 남편의 기구들을 모두 팔아버렸다.

《자연 철학의 수학적 원리》

핼리는 아버지가 죽기 직전에 매우 홍미로운 연구 결과를 얻었는데, 케플러의 제3법칙이 중력의 역제곱 법칙을 함의한다는 사실을 밝혔다. 그 결과를

1684년 1월 왕립 학회의 모임에서 발표했고, 렌 및 훅과 함께 역제곱 법칙이 행성의 타원 궤도를 함의하는지에 대해 논의했다. 그렇지만 이에 대한 증명은 얻지 못했다.

그 뒤 핼리는 케임브리지에 있던 뉴턴을 방문했는데, 뉴턴이 이 사실을 포함해서 매우 중요한 다른 결과들도 이미 증명했지만 발표하지 않았음을 알게 됐다. 이에 핼리는 뉴턴에게 《원리》의 집필을 권유했고, 출판 비용을 모두 부담했다. 교정도 봐줬으며, 자신의 일을 제쳐놓고 책의 출판을 최우선적으로 추진했다. 핼리가 없었다면, 《원리》는 결코 세상에 나타나지 않았을 것이다.

▣ 핼리 혜성

핼리는 대학 교수직을 얻지 못했지만 과학 연구는 계속했다. 왕립 학회에서 여러 가지 일을 맡았고, 논문도 발표했다. 특히, 1695년경부터는 혜성의 궤도를 세심하게 연구했다. 뉴턴은 혜성의 궤도가 포물선일 것으로 예상했지만, 핼리는 타원 궤도의 가능성을 탐구했는데, 1682년의 혜성이 주기적으로 지구를 지나며 1531년과 1607년에 관찰된 혜성과 같은 것이라고 계산했다. 나중에 1305년, 1380년, 1456년에 나타났던 혜성도 같은 것이었음을 확인했다. 이에 1705년에 논문을 통해, 이 혜성이 1682년으로부터 76년 뒤인 1758년 12월에 다시 나타날 것이라고 예측했다. 그 혜성은 실제로 1758년 12월 25일에 관찰됐고, 그 뒤 '핼리 혜성' 으로 불리고 있다.

▣ 핼리의 인내심

핼리는 《원리》의 출판을 위해 경비를 대고 교정을 봐줄 정도로 매우 관대했을 뿐만 아니라, 인내심도 강했다. 핼리의 인내심은 아랍어로 번역되어 있던 아폴로니오스의 책을 다시 번역한 믿기 어려운 사실에서 결정적인 예를 찾아볼 수 있다. 이 책은 1673년부터 1691년까지 새빌의 천문학 교수였던 버나드[3]가 보들리언 도서관Bodleian Library에서 아랍 책을 발견할 때까지는 잃어버린 것으로 생각됐다. 동방 언어에 능숙했던 버나드는 그 책을 아랍어에서 라틴어로 번역하기 시작했지만, 죽을 때까지 10분의 1도 완성하지 못했다. 고대 수학 저술가들에 관심이 많았던 핼리는 이 작업을 완성하기로 마음먹었다. 그는 단 하나의 아랍 단어도 알지 못한다는 사실에 낙심하지 않고, 버나드가 완성한 13쪽을 조심스럽게 연구했다. 먼저 문맥으로부터 의미를 확인할 수 있는 단어들을 뽑았다. 다음에 논법을 조사했으며, 자신이 확인할 수 없는 단어의 가능한 의미를 몇 번이고 반복해서 숙고했다. 그는 이렇게 판독하는 방법으로 내용의 일반적인 개념을 얻는 작업을 통해 한 걸음 한 걸음 앞으로 나아갔다. 그리고 그는 그 책을 반복해서 검토함으로써 누구의 도움도 없이 번역을 완성했다.

[3] Edward Bernard(1638~1697), 영국의 수학자 · 아랍학자

18세기

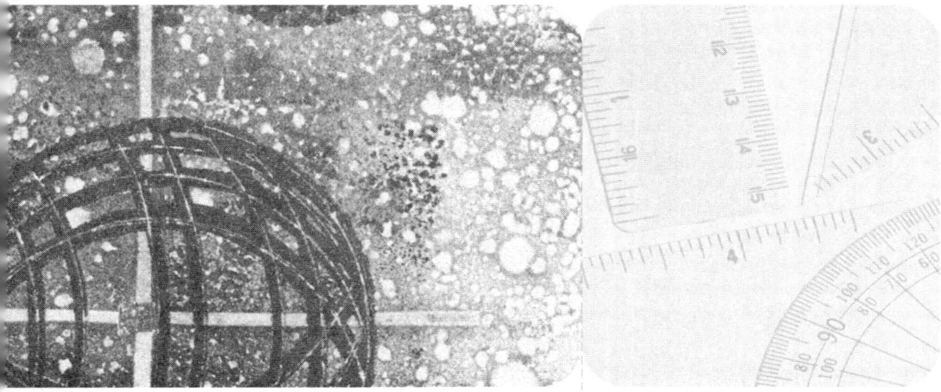

주요 인물

드 무아브르
버클리
골드바흐
매클로린
모페르튀이
크라머
오일러
뷔퐁
심프슨
클레로
달랑베르
아그네시
라그랑주
콩도르세
몽주
라플라스
르장드르

18세기의 수학

17세기의 수학에서 가장 획기적인 사건은 미분 적분학의 탄생이었다. 그 다음 18세기의 수학자들은 미분 적분학을 활용하는 데 온 힘을 쏟았으며, 이를 발전시켜서 해석학이라는 새로운 분야를 개척했다. 그렇지만 엄밀한 수학적 사고가 아니라 직관적이고 물리적인 통찰력에 의존했기 때문에, 많은 오류가 발생했고 불완전한 상태로 남긴 것이 많았다. 사실, 당시의 수학자들은 미분 적분학을 대수학의 확장으로 간주했으며, 극한과 무한 개념의 필요성을 인식하지 못했고 무한 급수의 도입에 따라 야기되는 문제점을 제대로 파악하기 못했다.

18세기는 미분 적분학의 응용에 진력한 미분 방정식의 세기라고도 하는데, 위대한 수학자 오일러의 세기였으며 프랑스 수학자를 중심으로 한 응용수학의 세기였다.

왕립 학술원

18세기의 유럽에서 대학은 학문 연구의 중심이 아니었다. 대학의 수학은 여전히 고전적인 형태를 벗어나지 못했고, 수학 교수는 초등 수학을 가르치는 데 만족했다. 사실, 학문 연구는 수지가 안 맞는 호사였다. 학문 연구는 관대하거나 선견지명이 있는 통치자들이 후원하는 여러 왕립 학술원이 주도했다. 17세기에 이미 영국의 왕립 학회와 프랑스 과학원이 창설됐는데, 18세기에도 이런 학술원이 연이어 창설됐다.

프로이센의 프리드리히 1세[1]는 수학에 관심이 컸는데, 1700년에 베를린 왕립 과학회를 창설했다. 그리고 러시아의 예카테리나 1세[2]는 남편 표트르 대제[3]의 유언에 따라 1725년 상트 페테르부르크 왕립 과학원을 창설했다. 이 두 학술원은 라이프니츠의 지칠 줄 모르는 열정에 고무되어 창설됐다. 이런 학술원을 통해 수학 연구가 왕성하게 진행됐고, 18세기는 수학사에서 가장 활동적인 시기 중 하나가 됐다.

학술원은 뛰어난 업적을 쌓은 사람들을 회원으로 받아들여서 급여를 주는 연구 지원 기관이었는데, 학술원이 제공하는 봉급과 수당은 회원과 그 가족이 넉넉하게 생활할 수 있을 정도였다. 이를테면 오일러는 가족이 한때 18명에 달했지만, 모두가 만족할 만큼의 충분한 급여를 받았다. 학술원 생활의 또 다른 매력은, 자질 있는 회원의 자녀들은 훌륭한 교육을 받을 수 있는 기회를 보장받았다는 점이다.

급여를 제공하는 통치자들은 자연히 추상적인 학문 연구만이 아니라 실질적인 연구를 원했다. 그렇지만 국가가 이용할 수 있는 실용적인 연구 결과들을 즉각적으로 얻어내려고 하는 눈에 띄는 압력은 없었다. 통치자들은 자신의 투자에 상응하는 적절한 보답을 얻었을 때는, 회원들이 모든 시간에 '실용적인' 연구만 하기를 고집하지는 않았다. 이에 따라 오일러와 라그랑주 및 학술원 회원들은 자신들이 좋아하는 일을 할 수 있는 자유를 누렸다. 이것

[1] Friedrich I(1657~1713), 아버지인 선제후 프리드리히 빌헬름(Friedrich Wihelm, 1620~1688, 선제후 재위 1640~88)으로부터 브란덴부르크 선제후국과 프로이센 공국을 상속받고, 처음에는 선제후(재위 1688~1700)로 프리드리히 3세라 칭했으나, 1700년 신성로마 황제로부터 프로이센 국왕의 칭호를 허가받고 이듬 해 프로이센 국왕 프리드리히 1세(재위 1701~13)로서 쾨니히스베르크에서 대관했다.

[2] Catherine I(1684?~1727), 러시아 여제(1725~1727)

[3] Peter the Great(=Peter I, 1672~1725), 러시아 황제(재위 1682~1725)

이 오일러와 같은 사람이 방대한 수학 업적을 이룰 수 있었던 또 다른 요인이었다.

참고

러시아 로마노프 왕조

4대	표트르 대제Peter the Great=Peter I, 1672~1725, 재위 1682~1725
5대	예카테리나 1세Catherine I, 1684~1727, 재위 1725~1727
6대	표트르 2세Peter II, 재위 1727~1730
7대	안나 이바노노프나Anna Ivanovna, 1693~1740, 재위 1730~1740
8대	이반 6세Ivan VI, 재위 1740~41
9대	엘리자베타 여제Elizabeth, 1709~1762, 재위 1741~1762
10대	표트르 3세Peter III, 1728~1762, 재위 1762
11대	예카테리나 대제Catherine the Great=Catherine II, 1729~1796, 재위 1762~1796)

드 무아브르 Abraham de Moivre

1667~1754

드 무아브르는 1667년 5월 26일 프랑스의 샴페인Champagne에서 태어났다. 그런데 1685년 낭트 칙령의 폐지로 프랑스 신교도는 종교적 자유와 시민으로서의 권리를 박탈당했다. 신교도였던 그는 투옥되었다가 1688년에 영국으로 건너갔고, 거의 평생을 런던에서 살았으며 뉴턴과 핼리와 절친하게 지냈다.

드 무아브르는 책 《예상의 원리Doctrine of Chances, 1717》, 《생명 연금Annuities on Lives, 1724》, 《해석잡집Miscellanea anylytica, 1730》 등으로 특히 유명하다. 《예상의 원리》는 통계적 독립의 개념을 포함해서 확률론에 관한 새로운 내용을 많이 포함했고, 《생명 연금》은 보험 수학의 역사에서 중요한 역할을 했으며, 《해석잡집》은 순환 급수, 확률론, 해석적 삼각법 등에 공헌했다. 그는 통계에서 매우 중요한 확률 적분과 (본질적으로) 정규 분포 곡선을 처음으로 연구했다.

어려운 영국 생활

드 무아브르가 영국에 이주했을 때, 그의 수학 실력은 이미 상당한 순준에 있었다. 그러나 외국인이었기에 교수직을 구할 수 없었다. 뉴턴과 핼리가 백방으로 노력했지만 소용이 없었다. 라이프니츠도 독일에서 그를 위해 교수직을 찾았지만 역시 실패했다.

이에 드 무아브르는 런던에서 수학 개인 교습과 강의로 생계를 꾸려야만 했다. 런던의 한 찻집을 자신의 활동 근거지로 삼았는데, 그에게 의뢰한 문제들을 해결해 줌으로써 수입을 올렸고 명성을 얻었다고 한다.

▣ 등차 수열에 의한 사망

드 무아브르의 죽음에 관해 자주 인용되는 재미있는 일화가 있다. 그는 말년에 이르러 죽음을 예감했는데, 언젠가부터 매일 그 전날보다 15분씩 더 잠을 자야 할 필요성을 느꼈다고 한다. 이 등차 수열이 24시간에 도달했을 때, 그는 사망했다.

▣ 잘못 주어진 명예

매우 큰 자연수 n에 대해 다음 관계가 성립한다.

$$n! \fallingdotseq \frac{\sqrt{2\pi n}\cdot n^n}{e^n}$$

이 공식은 거대한 자연수의 계승에 대한 매우 유용한 근삿값을 제공하는 것으로, 스털링[1]의 이름을 붙여 '스털링의 공식' 이라고 부른다. 그런데 이것은 잘못된 이름으로 이 공식은 드 무아브르의 《해석잡집》에 등장했다. 그리고 1733년 드 무아브르는 이를 이용해서 시행의 횟수가 커지면 이항 분포가 정규 분포에 가까워진다는 사실을 유도했다. 이것은 야곱 베르누이의 큰 수의 법칙을 개선하기 위함이었다.

❶ James Stirling(1692~1770), 스코틀랜드의 수학자로 무한 급수, 합, 보간법, 구적법을 다룬 책 《미분법(Methodus Differentialis,1730)》을 출판했는데, 이 책의 정리 28에 대한 예 2로 $n!$에 대한 근사 공식이 등장한다.

한편, 해석적 삼각법의 기본 원리가 된 다음과 같은 친숙한 공식을 '드 무아브르 공식'이라 부르고 있다.

$$(\cos x + i\sin x)^n = \cos nx + i\sin nx \quad (i = \sqrt{-1})$$

그러나 이것은 근본적으로 코테스❷가 이미 설명했다고 한다.

장래가 유망했던 사람

파스칼, 갈루아❸, 클리포드❹ 등과 같이 각 분야에서 장래가 매우 촉망됐지만 아주 젊은 나이에 죽은 수학자가 많이 있다. 그런 사람 중에는 위에서 언급한 코테스가 있다. 코테스는 12세 때 이미 수학에서 두각을 나타냈고 24세의 나이로 플룸의 천문학 교수직에 최초로 임명됐다. 플룸의 교수직은 로체스터의 부주교였던 플룸Plume 박사가 1704년에 만들었다. 1713년 코테스는 뉴턴의 《원리》 제2판을 케임브리지에서 출판했다. 그가 겨우 34세의 나이로 죽은 뒤 곧 그의 수학 논문들이 편집되어 출판됐다. 뉴턴은 다음과 같이 말한 적이 있다. "만약 코테스가 더 오래 살았다면, 우리는 매우 중요한 사실을 알게 됐을 것이다."

❷ Roger Cotes(1682~1716), 영국의 수학자
❸ Évariste Galois(1811~1832), 프랑스의 수학자
❹ William Kingdon Clifford(1845~1879), 영국의 수학자

버클리 George Berkeley

1685~1753

버클리는 로크와 흄을 결부시킨 철학자로서, 17~8세기 영국 고전 경험론을 대표한다. 그렇지만 한때 수학 교과서를 저술했으며, 미분 적분학의 기초를 비판하는 책을 쓰기도 했다.

버클리는 1685년 3월 12일 아일랜드 킬케니Kilkenny에서 태어났다. 1700년에 더블린의 트리니티 대학에서 입학했고 1704년에 학사 학위를 취득했다. 졸업한 뒤 산술에 관한 기초적인 교과서를 저술했으며, 1707년에는 모교의 초급 연구원이 되어 무한대를 논한 수학적 · 철학적 글을 쓰기도 했다. 그리고 신학을 공부하고 1710년 사제가 됐다. 1713년부터 영국과 이탈리아를 여행하고 1721년 귀국한 뒤, 모교의 특별 연구원, 부학장, 그리스 · 헤브라이 · 신학 강사 등을 역임했다.

버클리는 1724년 모교의 직책을 사임하고 성공회 런던 사제장이 됐다. 1728년에 결혼한 뒤 곧 미국으로 건너가서, 미 대륙 교화를 위한 거점이 될 대학을 설립하려고 시도했지만 실패했다. 1731년 런던으로 되돌아갔고, 1734년에 아일랜드 클로인Cloyne의 주교로 임명받고 지방 교화에 힘썼으며, 잉글랜드의 옥스퍼드에서 병으로 죽었다.

미국에서의 버클리

버클리는 성공회의 사제로서, 미 대륙의 젊은 이주자와 원주민을 종교적 · 도덕적으로 교화하려는 꿈을 가졌다. 이를 위해 미국령 버뮤다 섬에 이상적인 기독교 사회를 건설하고 정신적 거점이 될 대학을 설립하려 했다. 1728년 결혼한 뒤 곧 미국으로 건너가, 로드아일랜드의 뉴포트New Port에 농장을 구입해서 생활하면서, 영국 하원에서 약속했던 대학 건립을 위한 기금이 도착하기를 기다렸다. 그러나 기금은 오지 않았다.

버클리는 일부로부터 자신의 계획에 대한 지지를 이끌어냈지만, 끝내는 이를 취소해야 했다. 그렇지만 뉴포트에 3년 동안(1729~1731) 머무르는 동안 미국 식민지의 고등 교육에 큰 도움을 주었다. 그는 아직도 하버드 대학과 예일 대학에서 존경을 받고 있으며, 캘리포니아 대학 버클리 분교는 그의 이름을 따서 지어졌다.

신을 믿지 않는 수학자에 대한 응답

〈초기의 미분 적분학〉에서 설명한 대로, 뉴턴의 미분법에 대한 매우 유용한 비판으로 밝혀진 버클리의 책 《해석학자》의 부제는 다음과 같다. "신을 믿지 않는 수학자에게 보내는 담화, 여기서 현대 해석학의 목적, 원리, 추론들이 종교적인 신비주의와 신앙의 핵심보다 더욱 분명하게 이해되고 더욱 명확하게 유도되었는지를 검토한다." 여기서 신을 믿지 않는 수학자는 핼리로, 이 책은 그에 대한 응답으로 저술됐다.

핼리는 스스로 무신론자라고 공언했다. 병상에 있던 버클리의 한 친구는 영혼의 부활을 부정했는데, 이유는 수학자 핼리가 기독교의 교리는 믿을 수 없다고 그를 확신시켰기 때문이었다. 이 사건은 버클리로 하여금 '신을 믿지 않는 수학자' 에게 유율의 원리가 기독교의 교리보다 결코 더 명확하지 않다는 사실을 증명하기 위해 《해석학자》를 쓰게 만들었다. 《해석학자》의 제7절에서 버클리는 다음과 같이 말했다. "내 생각으로는 이계 또는 삼계 유율, 이계 또는 삼계 차분 등을 이해하는 사람은 신의 권위에 대한 모든 문제에 대해서도 까다롭게 굴 필요가 없다."

초기 미국의 신학자 · 수학자

청교도는 미 대륙에서 신성한 연방Holy Commonwealth이 번영하기를 희망했는데, 종교 지도자 마서❶, 에드워즈❷, 화이트필드❸, 울먼❹ 등의 열의는 자연스럽게 초기 미국 대학들에 큰 영향을 끼쳤다. 마찬가지로 (나중에 컬럼비아 대학교로 발전한) 킹즈 대학King's College의 초대 총장 존슨❺과 버클리는 식민지의 사람들을 다시 영국 성공회로 전향시키려고 노력했다.

초기의 이런 종교적인 열정 때문에, 잉글랜드와 아일랜드의 대학들과 같이 미국에서 최초의 대학들도 근본적으로 성직자를 교육하기 위해 설립됐다. 이에 따라 1850년경까지 미국의 많은 수학 교수는 수학보다는 신학에 더 큰 관심을 가진 성직자였다.

❶ Cotton Mather(1663~1728), 미국의 청교도 목사 · 저술가
❷ Jonathan Edwards(1703~1758), 미국의 목사 · 신학자
❸ George Whitefield(1714~1770), 영국의 메더디스트파의 설교자
❹ John Woolman(1720~1772), 미국의 퀘이커파 전도사
❺ Samuel Johnson(1709~1784), 영국의 작가

골드바흐 Christian Goldbach

1690~1764

골드바흐는 1690년 3월 18일 프로이센의 쾨니히스베르크[1]에서 태어났다. 1725년 상트 페테르부르크의 수학 교수와 역사학자가 됐고, 1728년에는 모스크바로 가서 표트르 2세의 교사가 됐다.

골드바흐는 유럽 각지를 여행하며 많은 수학자를 만났고, 수론을 연구했다. 많은 수학자와 열심히 편지를 주고받았는데, 당시 일류 수학자들로부터 존경을 받은 것으로 보인다. 예를 들면, 오일러는 1746년 골드바흐에게 보낸 편지에서 i^i(여기서 $i^2=-1$)이 실수라는 놀라운 발견을 처음으로 공개했다. 그러나 오늘날, 수학사에서 골드바흐는 아래에서 설명할 그의 추측과 관련해서 언급될 뿐이다.

골드바흐의 추측

소수에 관한 문제 중에는 아직도 풀리지 않은 것이 많이 있다. 그 중 하나는 골드바흐가 1742년 6월 7일 오일러에게 보낸 편지에 등장한다. 그는 "2보다 큰 모든 자연수가 세 개의 소수의 합으로 표현되는 것으로 보인다."고 썼다. 당시의 관행대로 1도 소수로 생각했다. 오일러는 이를 동치인 다음과 같

[1] Konigsberg, 현재 러시아의 칼리닌그라드(Kaliningrad)

은 명제로 바꿨다. "2보다 큰 모든 짝수는 두 개의 소수의 합으로 표현된다." 예를 들면 다음과 같다. 4=2+2, 6=3+3, 8=5+3, …, 48=29+19, …, 100=97+3, …. 오일러는 이 문제를 풀려고 했지만, 어떠한 방법으로도 해결할 수 없었다.

'골드바흐의 추측' 이라 부르는 이 문제는 아직도 풀리지 않았는데, 전혀 진척이 없었던 것은 아니다. 1930년 러시아 수학자 쉬니렐만[2]은 소수 또는 합성수인 임의의 자연수를 30만 개 이하의 소수의 합으로 표현할 수 있다는 사실을 증명했다! 그 뒤 많은 수학자가 이 수치를 점차로 줄였는데, 최근에 가장 잘 알려진 것은 1995년 프랑스 수학자 라마레Olivier Ramaré가 밝힌 "2보다 큰 모든 짝수는 많아야 6개의 소수의 합이다."라는 결과다.

컴퓨터를 이용해서 골드바흐의 추측을 확인하는 작업도 병행되고 있다. 1993년 시니살로M.K. Sinisalo는 4×10^{11}까지의 모든 짝수에 대해 그 추측이 참임을 입증했다. 2003년부터 이런 계산에서 기록을 세우고 있는 실바T. Oliveirae Silva는 2005년 12월에 3×10^{17}까지의 모든 짝수에 대해 참임을 확인했다.[3]

한편, 이스터만[4]은 1938년에 '거의 모든' 짝수를 두 개의 소수의 합으로 표현할 수 있음을 증명했다. 1966년 첸Chen Jingrun은 '충분히 큰' 모든 짝수를 두 개의 소수 또는 소수와 준소수(두 소인수의 곱)로 표현할 수 있음을 밝혔다.[5]

영국의 출판사 토니 페이버Tony Faber는 골드바흐의 추측에 관한 책[6]의 홍

❷ L.G. Schnirelmann(1905~1938)

❸ 골드바흐 추측에 관한 최신 정보는 다음과 같은 인터넷 사이트를 참조하라.
<http://en.wikipedia.org/wiki/Goldbach's_conjecture>
<http://mathworld.wolfram.com/GoldbachConjecture.html>

❹ Theodor Estermann(1902~1991)

❺ 예를 들면, $100 = 23 + 7 \times 11$이다.

❻ Apostolos Doxiadis, *Uncle Petros and Goldbach's Conjecture.*

보를 위해서, 2000년 3월에 이 추측의 증명에 100만 달러의 상금을 제시했다. 예상대로 마감 기일인 2002년 3월 20일까지 상금은 안전하게 보존됐다.

약한 골드바흐의 추측

골드바흐는 7보다 큰 임의의 홀수를 세 개의 홀수인 소수의 합으로 표현할 수 있다고 추측했다. 원래의 추측과 구별하기 위해서 '약한' 골드바흐의 추측이라 부르는 이 문제는 꽤 많이 해결됐다. 1937년에 비노그라도프[7]는 '충분히 큰' 모든 홀수에 대해 이 추측이 참임을 증명했다. 비노그라도프의 제자 보로즈드킨K.G. Borozdkin은 $3^{3^{15}}$보다 크면 '충분히 큰' 수임을 밝혔다. 그 뒤 이 한계는 여러 번 수정됐는데, 최근에 가장 잘 알려진 결과는 2002년 류Liu Ming-Chit와 왕Wang Tian-Ze이 찾은 한계 $e^{3100} \fallingdotseq 2 \times 10^{1346}$이다.

❼ Ivan Matveevich Vinogradov(1891~1983), 러시아의 해석적 수론학자

매클로린 Colin Maclaurin

1698~1746

매클로린은 1698년 2월 스코틀랜드에서 태어났다. 태어난 지 6주만에 아버지를 잃고, 9세 때는 어머니를 잃었다. 그 뒤 사제였던 삼촌Danial Maclaurin의 도움을 받으며 성장했다.

매클로린은 18세기의 가장 유능한 수학자 중 한 사람이다. 기하학, 특히 고차 평면 곡선에 관한 매우 뛰어난 연구 결과를 남겼으며, 고전 기하학을 물리 문제에 적용하는 데 대단한 실력을 과시했다. 응용 수학에 관한 그의 많은 논문 중에는 프랑스 과학원의 대상을 받은 조류의 수학적 이론에 관한 논문도 있다. 두 권으로 된 책 《유율론Treatise of Fluxions, 1742》에는 두 타원체의 상호 견인력에 관한 고찰도 포함되어 있다. 유율론의 성격과 영향에 관한 논평은 그라비너의 글을 참조하라.[1]

신동

매클로린은 신동이었다. 겨우 11세의 나이로 글래스고Glasgow 대학에 입학했는데, 곧 수학에 빠졌다. 12세 때 유클리드의 《원론》을 우연히 접하고는, 처음 여섯 권을 며칠만에 정복했다. 14세 때 문학 석사 학위[2]를 취득했는데,

[1] J.V. Grabiner, "Was Newton' s calculus a dead end? The continental influence of Maclaurin' s Treatise of Fluctions," *Amer. Math. Monthly*, vol. 104, no. 5 (May 1997), 393-410.

중력에 관한 논문을 공개석상에서 훌륭하게 방어했다. 그 논문에서 뉴턴 이론을 전개했는데, 당시 지도적인 수학자 중에서도 일부만이 이런 고등 이론을 알고 있었다.

매클로린은 19세 때 애버딘의 매리샬 대학에서 수학과 교수가 됐는데, 뛰어난 경쟁자들과 10일 동안 치른 시험에서 최고의 성적을 올려서 얻은 자리였다. 21세 때 그에게 최초로 중요한 책인 기하학에 관한 연구서 《조직적 기하학Geometria organica》을 출판했다. 이 책에 포함된 명제 중 일부는 16세 때 연구한 것이었다.

행운과 곤경

매클로린은 매리샬 대학의 교수로 있을 때, 조지 2세[3]의 대리인이었던 폴워디Polwarthy 경의 아들과 함께 여행하게 됐다. 당시 상류층에서는 자녀 교육의 마지막 과정으로 유럽을 여행하는 것이 관례였다. 매클로린은 이 여행 중에 프랑스의 수학자들을 만났고, 물체의 충격에 관한 연구로 프랑스 과학원으로부터 대상을 받기도 했다.

그런데 이 여행이 매클로린에게 행운만은 아니었다. 그는 자신의 강의를 대신할 사람은 구했지만, 여행에 필요한 허가를 대학 당국으로부터 받지 않은 것으로 보인다. 게다가 2년여 동안 계속되던 여행 중에 폴워디 경의 아들이 병에 걸려 죽는 비극이 발생했다. 귀국한 매클로린은 매리샬 대학의 자리에 다시 돌아왔지만 대학 당국으로부터 큰 불만을 샀다.

이에 매클로린은 에든버러 대학의 교수직을 구하게 됐다. 당시 그 대학의

❷ 예전에 설립된 스코틀랜드 대학에서는 아직도 최초의 학위가 문학 석사(M.A., Master of Arts)이다. 이는 문학 학사(B.A., Bachelor of Arts)와 동일하다.

❸ George II(1683~1760), 하노버 왕조 제2대의 영국 왕(재위 1727~60)

수학 교수는 병이 깊어서 일을 할 수 없었다. 드디어 매클로린은 1725년 수학과의 공동 교수가 됐다. 당시 에든버러 대학은 재정적으로 어려움에 처해 있었는데, 뉴턴이 개인적으로 비용을 부담해서 매우 뛰어난 젊은이가 대학에 공헌할 수 있도록 했다. 매클로린은 에든버러 대학에서 여생을 보냈다.

매클로린은 유율에 관한 연구서 《유율론》을 44세 때 발표했는데, 그가 죽기 4년 전이었다. 이 논문은 뉴턴의 유율법에 대한 최초의 논리적이고 체계적인 설명이었으며, 미분 적분학의 원리에 대한 버클리의 비판에 대한 응답으로 쓴 것이었다.

매클로린은 1745년 젊은 참주❹에 반대해서 적극적으로 활동하다가 쫓기게 됐다. 피신 중에 겪어야 했던 고통과 궁핍한 생활이 그의 죽음의 원인이 됐다.

매클로린 급수 – 우연한 명성

테일러❺의 책 《증분법Methodus incrementorum directa et inversa, 1715》에 유한 차분법과 부분 적분법 및 테일러의 급수 전개가 나타났다. 테일러 전개에서 중심이 0인 특수한 경우도 이 책에서 명확하게 서술됐고 2년 뒤 스털링도 말했다. 그런데 매클로린이 《유율론》에서 테일러와 스털링에 대한 감사의 말과 함께 이 급수를 사용한 뒤 '매클로린 급수'로 불리고 있다.

❹ 제임스 2세(James II, 1633~1701, 영국 스튜어트 왕조의 제4대 왕, 재위 1685~88)의 손자 Charles Edward Stuart(1720~1788)를 말한다.

❺ Brook Taylor(1685~1731)

모페르튀이 Pierre Louis Moreau de Maupertuis

1698~1759

모페르튀이는 1698년 9월 28일 프랑스의 생말로Saint Malo에서 태어났다. 어머니는 장남인 그를 떠받들어 키웠는데, 동생의 질투를 살 정도였다. 1714년 파리로 유학을 가서 철학을 공부했고, 2년 뒤에는 어머니의 뜻에 따라 고향으로 돌아가서 1717년부터 음악을 공부하기 시작했지만, 곧 수학에 강한 흥미를 느꼈다. 1718년부터 1722년까지 장교로 군 생활을 하기도 했다. 그 뒤 파리에 거주하면서 지적 생활을 만끽했는데, 수학에 대한 열정이 다시 솟구쳤고 이를 깊이 연구했다.

모페르튀이는 1723년에 프랑스 과학원 회원이 됐고, 이듬해에 최초의 논문인 〈악기의 형상에 대하여〉를 발표했다. 이에 연이어 여러 편의 논문을 발표했는데, 1728년에는 영국에 건너가 왕립 학회의 특별 연구원으로 선임됐다.

모페르튀이는 1729년에 바젤로 가서 요한 베르누이로부터 수학과 과학을 배웠는데, 이때 데카르트의 우주론, 라이프니츠의 역학, 뉴턴의 물리학 등을 알게 됐다. 1730년에 파리로 되돌아가서 역학과 천문학에 관한 논문들로 큰 명성을 얻었는데, 뉴턴의 중력 이론을 지지하고 이를 프랑스에 도입해서 수학과 역학의 발전에 이바지했다. 특히, 그의 최소 작용의 원리principle of least action는 유명하다.

지구를 평평하게 만든 사람

모페르튀이는 1736년 지구의 자오선에서 1도에 대응하는 거리를 측정하기 위해 스칸디나비아 반도 북부를 탐험하는 원정대를 지휘했다. 이 원정은 지구의 형태에 관한 논쟁을 종식시키기 위한 목적으로 실시됐다.

뉴턴과 호이겐스는 자신들의 이론에 근거해서 지구는 극점 부분이 평평할 것이라고 결론지었다. 이 결론은 지구가 극점 부분에서 가늘게 늘어나 있다는 데카르트 학파의 주장과 반대였다. 1700년과 1720년 사이, 이탈리아의 천문학자이자 수학자인 조반니 카시니와 프랑스에서 태어난 아들 자크 카시니는 프랑스에서 덩케르크와 페르피냥을 연결하는 경도를 따른 호를 측정했는데, 결과는 데카르트 학파를 지지하는 것으로 보였다. 이에 많은 수학자가 논쟁을 벌였다. 그 결과 1735년 페루로 원정대가 파견됐으며, 다음 해에는 스칸디나비아 반도 북부를 측정하기 위해 모페르튀이 원정대가 결성됐다. 페루와 스칸디나비아 반도 북부에서의 측정은 뉴턴과 호이겐스의 믿음을 확실하게 입증했다. 이에 따라 모페르튀이는 '평평하게 만든 위대한 사람grand aplatisseur'이라는 별명을 얻었다. 이에 대한 보상으로 모페르튀이는 1741년 베를린 과학회 회원이 됐다. 그리고 1744년에는 베를린 과학원❶의 초대 원장으로 임명됐고, 오랫동안 프리드리히 대왕❷의 궁전에서

❶ 프리드리히 2세는 1744년에 베를린 과학회를 과학원으로 개편했다.

❷ Frederick II(the Great, 1712~1786), 프로이센 왕(재위 1740~1786)

영광스러운 명예를 누렸다.

정상에서의 추락

1750년까지 모페르튀이는 베를린 과학원장이라는 영광스러운 자리를 지키며 행복하게 지켰다. 그런데 바로 이 해에 역학에서 최소 작용의 원리의 발견에 대해 스위스 수학자 쾨니히와의 격렬한 논쟁에 휘말렸다. 최근의 아인슈타인과 같이, 모페르튀이는 우주의 법칙들을 포괄하고 통일시킬 수 있는 일반적인 원리를 찾고 있었다. 그는 최소 작용의 법칙에 대한 모호한 공식을 발표했으며, 이것으로부터 신의 존재를 '증명'했다. 쾨니히는 모페르튀이를 표절했다고 비난했으며, 많은 사람도 신학으로 탈선했다고 비웃었다. 볼테르[3]가 쾨니히를 지지하고 모페르튀이의 형이상학적 노력을 조롱한 글 〈아카키스 박사에 대한 비판Diatribe du Dr. Akakis, 1752〉을 썼을 때, 논쟁은 최고조에 달했다. 프리드리히 대왕의 지지와 오일러의 방어에도 불구하고 '오만하고 성미 급한' 모페르튀이를 구조할 수 없었다. 불행하고 의기소침해진 그는 몇 년 뒤 바젤에 있는 베르누이의 집에서 죽었다.

[3] François Marie Arouet Voltaire(1694~1778), 프랑스의 계몽 사상가 · 철학자 · 극작가 · 수필가

크라머 Gabriel Cramer

1704~1752

크라머는 1704년 7월 31일 스위스 제네바에서 태어났다. 1722년 겨우 18세의 나이에 소리의 이론에 관한 논문으로 박사 학위를 받았다. 많은 수학자들과 편지를 부지런히 주고받았고, 그런 내용을 여러 잡지에 발표했다.

크라머는 여러 분야에 관심이 많았는데, 물리학과 관련된 연구 결과는 물론이고 철학, 부활절, 북극광에 관한 글도 썼다. 법학에 관한 논문으로 확률을 활용해서 한 명보다 두세 명의 독립된 증인의 증언이 훨씬 더 의미 있다는 사실을 밝히기도 했다. 수학에서는 기하학과 수학사에 관한 글은 썼다. 특히, 행렬식에 관한 연구로 유명한데, 연립 일차 방정식의 해를 행렬식을 이용해서 구하는 '크라머의 규칙' 이 있다. 그런데 이 규칙은 오일러가 발견했을 것이라는 이야기가 있다.

자리를 나누다

크라머는 20세 때 제네바에 있는 칼뱅 학술원Académie de Calvin의 철학 교수직에 응모했다. 세 명이 경쟁했는데, 나이가 가장 많은 드 라 리베Amédée da la Rive와 21세의 칼란드리니Giovanni Ludovico Calandrini와 크라머였다. 최종적으로는 드 라 리베가 선정됐지만, 심사관들은 젊은 두 사람으로부터 대단히 큰 감명을 받아서 두 사람이 책임과 봉급을 반씩 나누어 갖는 새로운 수학 교수직을 만들었다. 그리고 두 젊은이가 2~3년 동안 여행하도록 했는데, 각자는 다른 사람이 여행하는 동안에는 그 자리에 대해 전적으로 책임을 졌고 완전한 봉급을 받을 수 있었다.

크라머가 당대의 위대한 수학자들인 베르누이 가족, 오일러, 달랑베르, 핼리, 드 무아브르, 스털링 등을 만난 것은 1727년에 시작한 바로 그와 같은 여행 중이었다. 이런 여행은 그가 수학적으로 성장하는 데도 크게 기여했다.

1734년에 칼란드리니는 철학 교수직을, 크라머는 수학 교수직을 온전히 차지했다.

▣ 요한 베르누이의 신임

요한 베르누이는 크라머에게 자신의 《연구 총서Complete Works》를 발간하도록 했다. 자신의 연구 결과들을 크라머 이외의 어떠한 사람도 편집하지 못하게 함으로써, 크라머를 절대적으로 신임하고 있음을 과시했다. 크라머는 1742년에 요한 베르누이의 《연구 총서》를 4권으로 발간했다.

요한 베르누이는 1705년에 죽은 그의 형 야곱 베르누이의 《연구집》도 크라머에게 부탁해서 편집하도록 했다. 크라머는 1744년에 그 《연구집》을 두 권으로 발간했다.

오일러 Leonhard Euler

• 1707~1783

오일러는 1707년 4월 15일 스위스 바젤Basel에서 태어났다. 1720년 바젤 대학에 입학했고, 1722년 학사 학위, 1724년 데카르트와 뉴턴의 자연 철학을 비교한 논문으로 석사 학위를 취득했다. 1727년에 상트 페테르부르크 (왕립) 과학원의 수학 교수직에 임명된 뒤 14년 동안 매우 활발하고 생산적인 연구 활동을 했다. 1741년에는 프로이센 프리드리히 대왕의 초청을 받아들여 베를린 과학원의 수학 부분 책임자가 됐다. 그 자리에서 25년을 보낸 뒤인 1766년에 상트 페테르부르크로 되돌아갔고, 그곳에서 76세로 죽을 때까지 지냈다.

오일러는 수학의 역사에서 가장 많은 논문과 저서를 남긴 수학자로 그의 이름은 수학의 모든 분야에 남아 있다. 그의 엄청나고 풍부한 발상에 놀라지 않을 수 없는데, 불행하게도 1766년경부터 눈이 완전히 멀었는데도 그의 연구 활동은 조금도 감소되지 않았다. 18세기는 '오일러의 시대' 였다는 말이 있을 정도이다.

오일러는 당대의 잡지에 뛰어난 연구 논문들을 게재했을 뿐만 아니라, 훌륭한 교과서들을 저술했는데, 매우 명확하고 자세하며 완벽하게 서술한 것으로 유명하다. 이런 교과서들은 오랫동안 대단히 큰 인기를 누렸으며, 지금도 그 가치를 인정받고 있다.

오일러는 두 번 결혼하여 13명의 자녀를 두었는데, 그 중 세 아들과 두 딸을 제외하고는 모두 어렸을 때 죽었다. 첫째 아들 요한[1]은 물리학 분야에서 약간의 명성을 얻었다.

오일러의 경력

수학과 신학 사이의 갈림길

오일러는 바젤에서 태어났지만, 다음 해에 가족은 바젤 근처의 리헨Riechen으로 이사했다. 그곳에서 아버지Paul Euler는 칼뱅파 목사로 일했다. 아버지는 고등 수학에도 조예가 있었는데, 바젤 대학을 다닐 때 야곱 베르누이의 지도로 수학을 공부한 적이 있었다. 아버지는 아들이 자신과 같은 직업을 선택해서 교회를 물려받기를 기대했다. 그러나 다행스럽게도(?) 어린 아들에게 수학을 가르치는 실수를 저질렀다.

어린 오일러는 수학을 공부하고 싶었지만 아버지에게 순종했고 바젤 대학에서 신학과 히브리어를 공부했다. 그러나 오일러의 뛰어난 수학 실력은 저명한 수학자 요한 베르누이의 주의를 끌었다. 요한 베르누이는 관대하게도 이 젊은이를 매주 토요일 오후에 개인적으로 지도해 주었다. 오일러는 질문거리를 만들어 스승을 만나려고, 그 다음 학습 내용을 미리 공부했다. 곧 그의 부지런함과 탁월한 재능은 다니엘 베르누이와 니콜라스 베르누이의 눈에도 띄었으며, 오일러는 그들과 절친한 친구가 됐다.

오일러는 1724년 석사 학위를 받을 때까지는 하고 싶은 공부를 마음대로 할 수 있었다. 그러나 그 뒤 아버지는 수학을 버리고 신학에 전념할 것을 강

[1] Johann Albrecht Euler(1734~1800)

요했다. 이때 베르누이 가문 사람들이 오일러는 리헨의 목사가 아니라 위대한 수학자가 될 운명을 타고났다고 설득하자 결국 아버지는 양보했다.

오일러는 수학자로서 성공했지만, 어린 시절 오일러의 종교 교육은 평생 동안 영향을 끼쳤으며, 칼뱅주의를 절대적으로 고수했다. 그의 순수하고 철저한 믿음은 자신이 눈이 먼 상황을 용기를 갖고 받아들이게 했지만, 볼테르와 프리드리히 대왕과 같은 사람과 조화하는 데는 오히려 어려움을 주었다.

回 상트 페테르부르크 과학원

오일러는 수학과 물리학에만 국한하지 않고 천문학, 의학, 식물학, 화학 등도 관심을 갖고 연구했다. 이런 과학 분야뿐만 아니라 로마의 유명한 저술가들의 책도 읽었으며, 여러 나라의 역사와 문학도 폭넓게 알고 있었다. 그의 비범한 기억력이 이렇게 다양한 분야를 섭렵하는 데 크게 도움이 됐을 것이다.

1727년 프랑스 과학원은 선박에서 돛대의 최적의 위치를 찾는 문제를 제시했다. 이에 응모한 오일러는 이등상을 받았는데, 그는 그때까지 바다를 항해하는 선박을 본 적도 없었다.

같은 해, 오일러는 요한 베르누이의 도움을 받아서 바젤 대학 물리학 교수직에 응모했지만 자리를 얻는 데는 실패했다. 그러나 자신의 천부적인 수학 능력을 의심하지 않았으며, 상트 페테르부르크 과학원에 가입한 다니엘과 니콜라스 베르누이 형제와 합류하려는 희망을 잃지 않고 연구를 계속했다. 얼마 뒤, 드디어 그들은 오일러에게 편지를 띄워서 과학원의 의학부에 빈 자리가 있으니 그 분야를 다시 공부해서 응모하라고 독촉했다. 이에 오일러는 바젤 대학의 생리학과에 들어가서 의학 강의를 들었고, 상트 페테르부르크 과학원에 응모해서 20세의 나이에 초빙을 받았다. 공식적으로는 의학부 준회원이었다. 그런데 그가 상트 페테르부르크에 도착한 바로 그 날 예카테리나

1세가 죽었다. 예카테리나 1세는 표트르 대제의 부인으로, 표트르 대제의 유언에 따라 1725년 학술원을 창설했지만 겨우 2년 동안 재위했다. 그로 인해 야기된 학술원 조직의 혼란으로 의학부가 사라졌다. 그래서 오일러는 다행스럽게도 예상하지 못했던 수학부의 자리를 차지했다.

1733년 다니엘 베르누이가 스위스로 되돌아갔을 때, 당시 26세였던 오일러는 과학원에서 최고 수학자의 자리에 올랐다. 그리고 여생을 상트 페테르부르크에서 보내기로 하고, 러시아에서 활동하고 있던 스위스 화가 그셀Gsell의 딸인 카타리나Catharina Gsell와 결혼했다. 그 뒤 정치적인 상황이 나빠져서 러시아를 떠나고 싶었지만, 늘어만 가는 자녀들 때문에 떠나기가 더욱 어려워졌다.

당시 오일러는 끊임없는 연구에 몰두했다. 일부 전기작가들은 오일러가 러시아에 처음 체류했던 14년 동안이 그에게 가장 생산적인 시기였다고 한다. 이 시기에 그는 러시아 학교에서 사용할 초등 수학 및 고급 수학 교과서를 집필했고, 러시아 정부에서 요청한 많은 실용적인 문제를 해결했다. 수학 교수로서의 직책뿐만 아니라 지리학과의 업무도 맡았다. 이 시기의 가장 잘 알려진 연구는, 그래프 이론의 효시를 이룬 쾨니히스베르크의 일곱 다리 문제의 형식화와 풀이일 것이다. 뉴턴의 동역학에 해석학을 체계적으로 적용할 수 있음을 보여준 논문 〈역학〉도 집필했다. 이 시기에 거의 90편에 달하는 연구 결과를 발표했고, 프랑스 과학원에서 해마다 수여하는 상을 적어도 12번 수상했다. (이는 다니엘 베르누이의 기록을 이미 능가한다.)

프로이센 과학원

오일러는 1738년과 1740년에 프랑스 과학원으로부터 대상을 연이어 공동 수상했으며, 1740년경에는 최고의 명성을 누리고 있었다. 이때, 프로이센 과학회를 과학원으로 바꾸려고 계획하고 있던 프리드리히 대왕의 초청을 받았다. 처음에 오일러는 상트 페테르베르크에 머물고 싶었다. 그렇지만 안나 이바노노프나[2] 여제가 죽고, 뒤이은 어린 황제 이반 6세[3]의 어머니로 섭정을 맡던 안나 레오폴도바Anna Leopoldova도 죽은 뒤 러시아는 정치적인 혼란 속에 빠지고 러시아 정국은 다시 강압적인 분위기로 바뀌었다.

프리드리히 대왕

이에 오일러는 간첩과 배신자를 몰아내기 위한 피의 숙청을 무자비하게 강행하던 러시아를 1741년에 기쁜 마음으로 떠났다. 프로이센에 도착한 오일러에게 반한 왕의 미망인은 그와 많은 대화를 나누고 싶어했다. 그러나 잘 성사되지 못하자 미망인은 오일러에게 입이 무거운 이유를 물었다. 그러자 오일러는 다음과 같이 대답했다. "부인, 저는 말을 하면 교수형을 당하는 나라에서 왔습니다."

오일러는 베를린에서 25년 동안 보내면서 다방면에서 엄청나게 많은 활동을 했으며 경이로운 업적을 쌓았다. 그렇지만 항상 행복한 것만은 아니었다. 프리드리히는 단순한 오일러보다는 세련된 신하들을 선호했다. 비록 프리드리히는 수학을 장려하는 것을 의무로 여겼지만, 수학에 친숙하지 못했기 때문에 수학을 싫어했다. 그래도 화폐 주조, 수로, 운하, 연금 제도 등의 실용적인 문제들을 수월하게 해결하는 오일러의 능력은 인정했다.

오일러가 프리드리히 궁정에서 인기가 없었던 이유 중 하나는 그가 전혀 알지 못하는 철학적인 문제들에 관한 논쟁에서 빠져나올 수 없었기 때문이었

[2] Anna Ivanovna(1693~1740), 표트르 2세(재위 1727~1730)를 뒤이은 러시아 여제(재위 1730~1740)

[3] 러시아 황제(재위 1740~41)

다. 볼테르는 프리드리히에게 아첨하는 데 많은 시간을 사용했는데, 프리드리히 주위의 뛰어난 말재주꾼들과 함께 불쌍한 오일러를 형이상학적인 매듭으로 옭아매기를 즐겼다. 오일러는 이것을 마음 좋게 받아넘겼으며, 자신의 어리석은 실수를 조소하는 다른 사람들과 함께 웃어넘겼다. 그러나 프리드리히는 점점 더 싫증을 느꼈다. 1759년 모페르튀이가 죽자 오일러가 과학원을 지휘했지만, 과학원장의 직함은 얻지 못했다. 프리드리히는 궁정을 즐겁게 만들 수 있는 좀 더 세련된 철학자가 과학원 원장이 되기를 원했다.

달랑베르가 이런 상황을 조사하기 위해서 1764년 베를린으로 초대됐다. 달랑베르와 오일러는 수학에서는 약간 냉담한 관계에 있었다. 그래도 달랑베르는 개인적인 편견으로 그릇된 판단을 내리지는 않았는데, 오일러 대신에 다른 수학자로 대체하는 것은 무모한 짓이라고 프리드리히에게 솔직히 말했다. 이것이 오히려 프리드리히를 더욱 분개하게 했으며 더욱 완고하게 만들었다. 오일러는 더욱 견딜 수 없는 상황에 처했고, 자신의 아들들도 프로이센에서 희망이 없다고 생각했다.

러시아로 되돌아가다

오일러는 프로이센 과학원에서 25년 동안 보냈지만, 프리드리히 대왕이 좋아하는 스타일이 아니었으며 하찮고 불쾌한 일들로 괴로움을 당했다. 반면에 러시아 사람들은 오일러를 매우 존경했으며, 그가 러시아를 떠난 뒤에도 약간의 봉급을 보내주었다. 1760년 프로이센은 러시아 및 다른 나라들과 7년 전쟁을 시작했다. 프리드리히가 군대를 이끌고 실레지아[4]의 브레슬라우[5]로

[4] Silesia, 유럽 중부의 한 지방으로 예전에는 독일(대부분을 점유), 폴란드, 체코에 의해 분할 통치됐지만, 1945년 포츠담 협정의 규정에 따라 대부분이 폴란드령 슐레지엔(Schlesien)으로 일부가 체코령이 됐다.

[5] Breslau, 현재 폴란드 남서부의 브로츨라프(Wrocław)로, 당시는 독일령

원정을 떠난 적이 있었는데, 이때 러시아가 프로이센을 침략해서 베를린을 함락했다. 당시 베를린에서 6킬로미터 정도 떨어진 샬로텐부르크Charlottenburg에 있던 오일러의 농장이 러시아 군인들에게 약탈을 당했다. 그 농장 주인이 오일러임을 알게 된 러시아 장군은 즉시 완벽하게 변상했다. 그리고 러시아의 엘리자베타 여제❻는 보상으로 4000크라운을 추가로 오일러에게 보냈다. 프리드리히 궁정의 냉대와 비교해서 매우 따뜻하게 대하는 러시아의 환대는 오일러로 하여금 예카테리나 대제❼의 초청을 받아들이게 했다. 예카테리나 대제는 이 수학자를 국빈처럼 맞아들였으며, 오일러와 18명의 부양가족을 위해 가구들이 완벽하게 갖추어진 집을 제공했고, 자신의 요리사 중 한 명도 붙여 주었다.

오일러는 1766년 상트 페테르부르크 과학원으로 되돌아가서 17년 동안의 여생을 보냈다.

오일러의 능력

▣ 경이로운 기억력

오일러는 한 번 읽거나 들은 내용을 거의 완벽하게 기억해냈다. 그의 대단한 기억력은 시력을 잃었을 때 큰 도움이 됐다. 한번은 베르길리우스의 《아이네이스》❽를 암기한 적이 있었는데, 한 단어씩 암송하면서 책의 각 쪽이

❻ Elizabeth(1709~1762), 표트르 대왕의 딸로 러시아 여제(재위 1741~1762)

❼ Catherine the Great(=Catherine II, 1729~1796), 남편인 표트르 3세를 뒤이은 러시아의 여제(재위 1762~1796)

❽ Aeneis, 로마의 시인 베르길리우스(Vilgilius, 기원전 70~19)가 쓴 라틴어로 된 12권의 서사시로 트로이의 용사 아이네아스(Aeneas)의 모험을 주제로 하고 있다.

무슨 말로 끝나고 다음 쪽은 무슨 말로 시작하는지를 지적했다고 한다.

▣ 강력한 정신 집중력

대부분의 수학자는 창조적인 연구에 몰두할 때, 절대적으로 고요하고 어떠한 방해도 받지 않기를 원한다. 그런데 오일러는 조용하지도 않고 주변에 사람이 많이 있을 때도 정신을 완벽하게 집중할 수 있었다. 그는 대부분 집에서 연구를 했는데, 아이들이 책상 주변에서 소란스럽게 장난치며 아우성쳐도 중단 없이 연구했다. 이 위대한 수학자는 평온한 상태에서 한 손으로는 아이를 달래고 또 한 손으로는 어려운 문제를 풀곤 했다. 그는 계속해서 방해를 받아도 화를 내지 않았으며, 사고의 흐름을 유지하면서 이전에 중단했던 곳에서 다시 작업을 속행할 수 있었다.

▣ 장님이 되다

오일러는 결혼한 다음 해인 1735년 러시아에 있었을 때, 프랑스 과학원으로부터 천체 역학에 관한 문제를 접수했다. 다른 수학자들은 그 문제를 푸는데 여러 달이 필요했겠지만, 오일러는 자신이 개선한 방법과 강력한 집중력을 발휘해서 2박 3일만에 해결했다. (나중에, 가우스는 더 우수한 방법으로 똑같은 문제를 한 시간 내에 해결했다.) 오일러는 이로 인한 과로로 매우 심한 열병을 앓았다. 결국 회복했지만 오른쪽 눈의 시력을 잃고 말았다. 이 불행을 금욕주의자답게 받아들인 그는 다음과 같이 말했다. "이제 덜 산만하게 됐군."

그로부터 31년이 지난 1766년 러시아로 되돌아갔을 때 나머지 눈에 백내장이 발병해서 완전히 눈이 멀었다. 시력의 상실은 수학자에게 극복할 수 없는 장애로 여겨진다. 그렇지만 베토벤이 청력을 잃었을 때와 같이 오일러는 시력을 잃었음에도 놀라운 연구 활동은 조금도 줄어들지 않았다. 그는 아들이나 후배 학자에게 받아쓰게 하거나 비서가 정서할 수 있도록 큰 석판에 분필로 공식들을 적는 방법으로 자신의 창조적인 연구 결과를 기록했다.

오일러는 완전히 눈이 멀고 5년이 지난 뒤인 1771년, 왼쪽 눈에서 백내장을 제거하는 수술을 받고 짧은 기간 동안 시력을 회복했다. 그러나 몇 주 뒤에 눈병이 재발해서 또다시 시력을 완전히 잃었다. 그래서 12년 동안의 여생을 완전히 눈먼 채로 살았다.

오일러는 눈이 먼 뒤에 위험한 일도 겪었다. 1771년에 발생한 상트 페테르부르크의 대화재 때 오일러의 집도 파괴됐다. 당시 눈이 멀었던 그는 스위스 하인 그림Peter Grimm의 도움으로 간신히 생명을 구할 수 있었다. 그림은 개인적으로 큰 위험을 무릅쓰고 화염 속에서 그를 안전하게 구출했다. 에카테리나 대제는 즉시 오일러에게 새 집과 가구를 마련해주었다.

폭발적인 생산력

오일러는 수학 역사상 글을 가장 많이 쓴 사람이다. 18세 때 최초의 수학 논문을 썼고, 25세 때 두 권으로 이루어진 역학 책을 썼다.

오일러는 능란한 연설가가 말하듯이 힘들이지 않고 거침없이 수학에 관한 글을 써댔다. 빛과 같은 속도로 연구하는 그는 저녁 식사하라는 말과 이를 독촉하는 말 사이의 30분도 채 안 되는 시간에 한 편의 수학 논문을 단숨에 써내려 가기도 했다는 말이 있다.

오일러는 논문이 완성되면, 인쇄업자를 기다리며 계속해서 높아지는 논문 더미 위에 올려놓았다. 인쇄업자는 과학원 회보를 채우기 위해 논문이 필요하면, 그 더미의 꼭대기에서 몇 다발을 집어갔다. 이렇게 해서 오일러가 논문을 작성한 날짜와 발표한 날짜가 뒤바꾸는 일이 종종 발생했다.

오일러는 20년 동안 논문을 제공해서 상트 페테르부르크 과학원 회보를 풍부하게 만들어주겠다고 약속했다. 그 약속은 이행되고도 남았는데, 그의 글은 1729년부터 상트 페테르부르크 과학원에서 출간한 글 전체의 약 절반을 차지했으며 그가 1783년에 죽은 뒤에도 50년 이상 이런 추세는 계속됐다.[9] 1818년까지 회보의 각 권에는 통상 그의 논문이 적어도 한 편씩 게재됐다.

오일러는 베를린에서도 많은 글을 발표했는데, 1746년부터 1771년까지 베를린 과학원의 전체 출판량의 약 반을 차지했다. 18세기의 마지막 75년 동안 발표된 수학, 수리 물리학, 공학, 역학에 관한 연구 논문의 약 3분의 1이 오일러의 것이었다고 한다.

오일러는 시력을 잃은 뒤에도 연구 실적이 떨어지지 않았는데, 오히려 1765년부터 발표한 연구 결과가 평생 동안 발표한 것의 거의 절반이었다. 눈먼 동안에 400편 이상의 수학 논문을 썼는데, 이 중 대부분은 수학 교육을 받지 않은 비서에게 대필시킨 것이다. 그가 죽은 뒤 곧, 그의 손녀사위인 푸스[10]는 오일러의 글 756편을 수집했다. 이 중에서 355편은 그가 죽기 전 10년 동안에 쓴 것이다.

1911년 스위스 자연 과학 학회는 오일러의 모든 작품을 수집하는 기념비적인 작업을 시작했다. 사절판(약 24×30cm)으로 300 내지 600쪽에 달하는 큰 책으로 73권을 계획했다. 당시 오일러가 발표한 866편의 논문과 책이 수집됐는데, 여기에는 상트 페테르부르크에서 그 뒤에 발견된 약 3000쪽의 원고와 3000통의 편지 및 20권의 책은 포함되지 않았다. 이런 것을 포함하면 큰 책 90권을 채울 수 있다.

수학자 중에서 두 번째로 많은 작품을 남긴 영광을 차지할 사람이 누구인지를 자연스럽게 생각해 볼 수 있다. 이 영광은 영국 수학자 케일리[11] 또는 프

[9] 가장 늦게 발표된 예로, 1777년에 과학원에 제출했지만 1830년에 발표된 논문도 있다.

[10] Nicolas Fuss(1755~1825)

랑스 수학자 코시에게 돌아갈 것이다. 누구에게 이 영광이 돌아갈지를 결정하기 위해서는 이 두 사람의 작품을 한쪽씩 세어야 할 것이다.

최고의 계산가

콩도르세는 1785년 프랑스 과학원에서 발표한 훌륭한 글 〈오일러에 대한 찬사〉에서 다음과 같은 이야기를 전하고 있다. 오일러의 두 제자는 수렴하는 복잡한 급수를 17째 항까지 지루하게 더했는데, 그들의 결과는 소수점 아래 50째 자리에서만 달랐다. 어느 답이 맞는지를 스승에게 의뢰했는데, 오일러는 모든 계산을 암산으로 시행하고는 곧 그 논쟁을 종식시켰다.

형식주의자

수학의 연산을 제대로 이해하지 못하면, 연산을 형식적인 방법으로 마구 적용하거나 논리적이지 못한 방법으로 적용할 수 있다. 연산의 한계를 알지 못하면, 그 연산을 적용할 수 없는 경우에도 사용하려고 한다. 미분 적분학이 발견된 뒤 한 세기 동안 해석학에서는 이런 일이 많이 발생했다. 미분 적분학의 기초는 부실했지만, 수학자들은 강력한 응용력에 도취되고 그저 틀림없을 것이라는 본능적인 직관에 현혹되어 거의 마구잡이식으로 해석적인 과정을 다루기도 했다.

18세기 해석학에 나타난 형식적인 조작의 예를 오일러의 글에서 쉽게 찾아볼 수 있다. 그가 발견한 다음과 같은 훌륭한 공식도 순수하게 형식적인 발상에 의한 것이었다.

$$e^{\pi i} = \cos x + i \sin x$$

⑪ Arthur Cayley(1821~1895), 영국의 수학자

이 공식에서 $x=\pi$를 대입하면 다음을 얻는다.

$$e^{\pi i}+1=0$$

이 등식은 수학에서 가장 중요한 다섯 개의 수가 결합한 관계식이다.

오일러는 형식적인 조작으로 다음과 같이 괴상한 관계도 얻었다.

$$i\log_e i=-\frac{\pi}{2}$$

또, 영이 아닌 임의의 자연수 n은 주어진 밑에 대해 무수히 많은 로그 값을 가진다는 사실을 증명했다. 이때, $n<0$이면 모든 로그 값이 허수이고, $n>0$이면 하나를 제외한 모든 로그 값이 허수이다.

오일러는 비슷한 방법으로 고등 미분 적분학의 베타 함수와 감마 함수 및 해석학의 다른 많은 주제도 연구했다.

오일러는 뛰어난 수학적 직관력을 발휘해서 통상 정확한 결과를 유도했지만, 형식적인 조작으로 불합리한 결과도 많이 얻었다. 예를 들면, 이항 정리를 형식적으로 $(1-2)^{-1}$에 적용해서 다음과 같은 결과를 얻었다.

$$-1=1+2+4+16+\cdots$$

오일러는 이에 놀라지 않았다! 그는 다음 두 급수를 더할 수 있다고 믿었다.

$$x+x^2+\cdots=\frac{x}{1-x},\ 1+\frac{1}{x}+\frac{1}{x^2}+\cdots=\frac{x}{x-1}$$

그래서 다음이 성립한다는 사실(?)을 발견했다.

$$\cdots+\frac{1}{x^2}+\frac{1}{x}+1+x+x^2+\cdots=0$$

수학에서 형식적인 조작자는 종종 연필이 자신의 지능을 앞서 가는 불쾌한 느낌을 경험한다. 이것은 오일러가 자주 극복할 수 없었다고 고백한 그런 느낌이다.

오일러의 영예

▣ 재혼

오일러는 69세였던 1776년 아내의 죽음이라는 큰 불운을 겪었다. 그 다음 해 재혼했는데, 둘째 부인 그셀Salome Abigail Gsell은 첫째 부인의 이복 자매였다.

▣ 오일러 · 디드로 일화

수학자에 관한 일화 중에 매우 자주 인용되는 것으로, 신앙심이 매우 깊은 오일러가 무신론자인 디드로[12]를 굴복시킨 이야기가 있다. 이 이야기는 티볼트[13]의 《나의 베를린 20년 체류기》[14]에 처음 나타났는데, 그 뒤 드 모르간의 책 《역설 모음》에 많이 각색되어 다시 등장했다. 이렇게 드 모르간이 왜곡시킨 다음 이야기가 그 뒤로 반복해서 인용되고 있다.

다음은 티볼트가 말년인 1804년경에 쓴 《나의 베를린 20년 체류기》에 기록한 이야기이다. 그 책은 매우 믿을 만한 것으로 인정받았다. 그리고 몰렌도르프Marshall Mollendorf는 1807년 그 책은 가장 정직한 사람이 가장 정확하게 쓴 것이라고 바사노Duc de Bassano에게 말했다. 티볼트는 개인적으로 이야기의 진실성을 알지 못하지만, 북유

⑫ Denis Diderot(1713~1784), 프랑스 철학자 · 비평가로 백과 전서 편찬

⑬ Dieudonne Thiebault(1733~1807), 프랑스 사람으로, 독일에서 프리드리히 2세에게 프랑스 문법을 가르쳤다.

⑭ *Mes souvenirs de vingt ans de sejour a Berlin,* 1801

럽 전체에서 굳게 믿고 있다고 말했다. 디드로는 여왕의 초청으로 러시아 궁전에 초청됐다. 그는 매우 쾌활하게 떠들고 다녔으며, 궁전에 근무하는 젊은이들에게 무신론을 강력하게 설파했다. 여왕은 개의치 않았지만, 일부 참사관은 그런 주장을 저지하는 것이 바람직하다고 제안했다. 여왕은 자신이 초청한 사람의 입에 직접 재갈을 물리고 싶지 않았기 때문에, 은밀한 계획을 세웠다. 디드로에게 어떤 학식 있는 수학자가 신의 존재를 대수학적으로 증명했다는 사실과 만약 그 증명을 알고 싶다면 궁전의 모든 사람 앞에서 제시할 수 있다는 사실을 알렸다. 디드로는 반갑게 동의했다. 그 수학자의 이름은 밝히지 않았지만, 바로 오일러였다. 궁전에서 오일러는 디드로 앞으로 다가가서, 엄숙하게 그리고 확신에 찬 목소리로 말했다. "선생님, $\frac{a+b^n}{n}=x$ 입니다. 그러므로 신은 존재합니다. 답변할 수 있습니까?" 디드로는 대수학을 전혀 이해할 수 없었으므로, 어찌할 바를 모르고 허둥댔다. 그러자 큰 웃음소리가 사방에서 들려왔다. 그는 프랑스로 당장 되돌아가겠다면서 허락해 달라고 요청했고, 곧 승낙을 얻었다.

그런데 드 모르간의 이야기는 티볼트의 이야기와 다음과 같은 네 가지 점에서 차이가 난다. (1) 수학 공식이 약간 다르다. (2) 티볼트는 수학자를 구체적으로 지적하지 않았다. (3) '대수학을 전혀 이해할 수 없었으므로' 라는 표현은 드 모르간이 삽입했다. (4) 드 모르간은 디드로가 수학적으로 대답할 수 없었다고 썼지만, 티볼트는 디드로가 청중의 적개심을 알아챘기 때문에 대답하지 않았다고 말했다.

첫째 다른 점은 근본적으로 중요하지 않다. 그리고 둘째 차이점에 대해서는, 티볼트의 이야기가 사실이라면, 당시 오일러가 러시아에 있었기 때문에 그 수학자가 오일러일 가능성은 있다. 그렇지만 셋째와 넷째 차이점은 드 모르간의 이야기가 분명히 사실이 아님을 보여주고 있다. 왜냐하면 디드로는 매우 훌륭한 수학자였으며, 러시아를 여행하기 전에 이미 뛰어난 수학 논문을 다섯 편 발표했기 때문이다. 예를 들면, 디드로는 한 논문에서 정육면체의 배적, 일반각의 삼등분, 원의 구적 등 고대의 유명한 문제 각각을 원과 이의 신개선이 주어지면 해결할 수 있다고 증명했다. 디드로는 이 논문에서 대수학, 기하학, 미분 적분학 등을 통달하고 있음을 보여준다. 그러므로 드 모르간이 전한 이야기에는 모순된 점이 많이 있다.

티볼트의 이야기가 진실이더라도 의문점은 남는다. 이 이야기를 북유럽 전체에서 믿고 있다고 했는데, 다른 어떠한 사람도 이 이야기를 전하지 않았다. 러시아 문헌에도 기록된 것이 없다. 또, 이 이야기는 오일러의 성격과 전혀 어울리지 않는다. 오일러는 사려 깊지 않은 행동을 하지 않았다.

이 이야기가 프리드리히 궁전에서 유언비어로 유포됐을 것이라는 추측이 있다. 프리드리히는 디드로를 몹시 싫어했는데, 디드로가 상트 페테르부르크에 있었을 때 그에 관해 이 이야기가 베를린으로부터 나왔음을 지적하는 몇 가지 자료가 있다.

영예의 자리

예카테리나 대제는 재능 있고 고명한 공주 다쉬코프Daschkoff를 1783년 상트 페테르부르크 과학원의 책임자로 임명했다. 당시 여자가 이렇게 높은 자리를 차지하는 일이 거의 없었기 때문에, 이 사건은 널리 알려졌다.

공주는 과술원의 대학자들이 모인 자리에서 취임식을 갖기로 했다. 당시 늙고 눈이 멀었지만 러시아에서 가장 존경받는 과학자였던 오일러를 영예로운 특별 손님으로 초대했다. 그리고 자신의 개인 마차에 오일러와 그의 아들과 손자를 태우고 과학원으로 갔다.

공주는 짧은 연설 중에 과학에 높은 경의를 표했고, 오일러의 존재가 전체 과학원에 큰 힘이 될 것이라고 말했다. 그리고 자리에 앉으면서, 오일러에게 자신의 옆에 있는 영예의 자리에 앉아 달라고 손짓했다. 그런데 오일러가 그 자리로 안내되기 전에, 슈텔린Schtelinn 교수가 그 영예의 자리를 차지했다. 몇 년 전 슈텔린은 표트르 3세⑮로부터 큰 상을 받았으며, 국가의 참사관으로 근무했었고, 소장의 군 계급을 갖고 있었다. 그래서 그는 자신이 과학원 전체에서 최고 상석을 차지할 수 있다고 생각했을 것이다.

다쉬코프 공주는 자신의 옆 자리를 슈텔린이 차지한 것을 보고는, 오일러를 향해 말했다. "아무 자리나 앉으십시오. 당신이 선택한 자리는 그대로 영예의 자리가 될 것입니다." 오만한 슈텔린을 제외하고, 이 말은 그 자리에 참석한 오일러와 모든 사람을 감동시켰다.

오일러의 죽음

오일러는 76세였던 1783년 9월 18일 죽는 순간까지도 정력적이었고 온전한 정신을 유지했다. 그 날 오전에 손자와 손녀에게 수학을 가르쳤고 오후에도 즐거운 마음으로 풍선의 낙하 법칙을 연구했다. 그리고 렉셀Lexell 가족을 초대해서 저녁 식사를 함께 했고, 당시에 발견된 행성 천왕성의 궤도를 계산한 결과에 대해 이야기했다. 잠시 뒤 손자를 들어오게 했다. 아이와 장난치면서 차를 마시던 중 갑자기 발작을 일으켰다. 담뱃대를 손에서 떨어뜨리며 중얼거렸다. "나는 죽는다." 그 순간, 콩도르세의 말에 따르면, "오일러는 생을 마쳤고 계산을 멈추었다."

오일러에 대한 찬사

스승인 요한 베르누이마저도 시간이 지나면서 오일러에 대한 찬사의 강

⑮ Peter III(1728~1762), 러시아 왕(재위 1762)

도를 다음과 같이 더욱 더 높였다.

1728년: “매우 박식하고 영리한 젊은이”

1729년: “아주 고명하고 박식한 사람”

1730년: “아주 고명하고 단연 최고로 슬기로운 수학자”

1745년: “비할 바 없는 오일러, 모든 수학자 중의 왕자”

오일러에 대한 열광적인 찬사가 많이 있다.

“비유할 필요도 없고 과장할 필요도 없이, 오일러를 해석학의 화신이라고 부를 수 있다.” – 아라고[16]

“사람들이 호흡하듯이 그리고 독수리가 공중을 날듯이, 오일러는 특별히 힘들이지 않고 계산을 했다.” – 아라고

“현대적인 수학적 사고의 완전한 형태가 오일러에 의해 창조됐다고 말해도 무방하다. 오일러 직전의 수학자들이 쓴 글은 읽기가 대단히 어려운데, 공식들을 설명하는 방법을 몰랐기 때문이다. 이런 기술을 가르쳐 준 최초의 사람이 오일러였다.” – 루디오[17]

콩도르세는 다음과 같이 말했다. “현재[18세기]의 뛰어난 수학자는 모두 오일러의 제자이다. 그의 연구 결과를 공부하지 않는 수학자는 없으며, 그로부터 공식과 방법을 얻지 않는 수학자는 없고, 새로운 사실을 발견할 때 그의 천재성을 빌리지 않은 수학자는 없다.”

우표

오일러의 사망 200주기를 기리고 베를린에서 오일러의 활동을 세상에 알

⑯ Dominique Francois Jean Arago(1786~1853), 프랑스의 물리학자 · 천문학자

⑰ Ferdinand Rudio(1856~1929), 독일의 수학자로 오일러의 글을 정리하자고 주장했다.

리기 위해서, 옛 동독에서 우표와 베를린의 소인이 1983년에 발행됐다. 그 소인은 다음과 같은 오일러의 유명한 공식들을 보여주고 있다.

$$e-k+f=2\,,\;\; K=\frac{\pi^2 EI}{l^2}$$

위 공식 중 첫째 것은 영어 책에는 다음과 같이 나타난다.

$$v-e+f=2$$

여기에서 v, e, f는 각각 임의의 단순 다면체의 꼭지점vertex, 모서리edge, 면face의 개수를 나타낸다. 독일어에서 꼭지점, 모서리, 면은 각각 Ecke, Kante, Fläche이므로 위와 같은 독일식의 공식을 얻는다.

오일러의 잘못된 추측[18]

오일러는 페르마의 마지막 정리를 좀 더 확장시켜 방정식 $a^4+b^4+c^4=d^4$의 자연수 해가 없다고 추측했다. 그 뒤 200년이 지나서 강력한 컴퓨터의 도움을 받은 현대의 수학자들은 위 방정식을 만족시키는 해를 찾아냄으로써 오일러의 추측이 잘못됐음을 확인했다. 하버드 대학의 엘킨스Noam D. Elkins는 처음으로 해 a=2,682,440, b=15,365,639, c=18,796,760, d=20,516,673을 찾았다. 오일러의 방정식을 만족시키는 가장 작은 자연수 해는 미국 매사추세츠 주의 프라이Roger Frye가 찾아낸 a=95,800, b=217,519, c=414,560, d=422,481이다.

[18] 샌더슨 스미스 저/ 황선욱 역, 수학사 가볍게 읽기, 한승, 2002, p. 90.

뷔퐁 Georges Louis Leclerc Comte de Buffon

1707~1788

뷔퐁 백작은 1725년까지 이름이 조르주 루이 르클레르Georges Louis Leclerc였다. 부유한 가문에서 태어났는데, 훌륭한 교육을 받은 어머니도 부유한 은행가의 친척이었다. 1717년 어머니는 많은 재산을 상속받았고 이에 아버지는 뷔퐁Buffon과 몽바르Montbard의 영주가 됐다. 뷔퐁은 당시 어머니가 상속받은 영지의 이름이었다. 어머니의 사망으로 많은 재산을 상속받았으며, 이를 불려서 더욱 부유해졌다.

뷔퐁은 디종Dijon에 있는 예수회 학교를 1723년까지 다녔다. 그 뒤 아버지의 뜻에 따라 법학을 공부했지만, 수학에 더 큰 흥미를 느꼈고 20세 때 이항정리를 재발견했다. 크라머와 편지를 통해 역학, 기하학, 확률론, 수론, 미분적분학에 관해 의견을 나누었다. 1728년부터 수학을 본격적으로 공부했는데, 의학과 생물학도 함께 공부했다.

뷔퐁은 여러 분야에 조예가 깊은 박물학자가 됐는데, 두 가지 공헌으로 수학사에 등장한다. 첫째, 영국에서의 자연 과학의 급격한 발달에 주목해서 영국에서 수학, 물리학, 식물학을 공부하고 귀국한 뒤 뉴턴의 책 《유율법과 무한급수》를 프랑스어로 번역했다. 그리고 수학사에 등장하는 다른 내용은 여러 권으로 이루어진 그의 유명한 책 《자연사Histoire naturelle》의 넷째 추가본으로 1777년에 출판한 《산술적 윤리 소론Esai d' arithmetique morale》이다.

바늘 문제

뷔퐁은 《소론》에서 당시로서는 획기적으로 새로운 주제인 기하학적 확률을 연구했다. 예를 들면, 확률론의 방법으로 π를 결정할 수 있는 유명한 '바늘 문제needle problem'를 고안했다. 평면 위에 거리 d만큼씩 떨어져 있는 여러 개의 평행선을 긋고 길이 $l(<d)$인 막대를 임의로 떨어뜨린다고 가정하자. (오른쪽 그림을 보라.) 뷔퐁은 막대가 평면 위에 직선 중 하나에 걸칠 확률이 다음과 같다는 사실을 밝혔다.

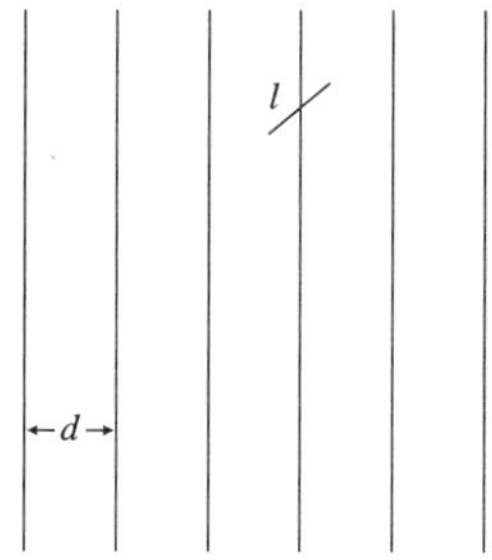

$$p = \frac{2l}{\pi d}$$

그러므로 이 실험을 상당히 여러 번 시행해서 직선에 걸친 경우의 수를 확인함으로써 p에 대한 경험적인 값을 구하면, 위의 공식에 따라 π를 구할 수 있을 것이다. 이런 방법으로 얻은 가장 좋은 결과는 1901년 이탈리아의 수학자 라첼리니M. Lazzerini가 얻은 것이다. 그는 겨우 3408번 막대를 던져서 오차가 약 0.0000003인 π의 값을 구했다! 이 결과는 다른 실험에서 얻은 결과보다 훨씬 더 좋기 때문에 종종 의심을 받았다.

심프슨 Thomas Simpson

1710~1761

심프슨은 잉글랜드 중부 레스터셔Leicestershire에서 태어났다. 정식 교육을 거의 받지 못했지만, 독학으로 수학을 공부해서 유명한 수학자가 됐다. 1743년 울위치Woolwich의 왕립 육군 대학의 교수가 됐고, 1745년에 왕립 학회의 특별 연구원, 1758년에는 스웨덴 왕립 과학원의 특별 연구원이 됐다.

미분 적분학을 배우는 학생은 평면 도형의 넓이를 근사적으로 구하는 세련된 방법인 '심프슨의 공식' 과 관련해서 심프슨이라는 이름을 접하게 된다.

직공 수학자

심프슨은 직공織工의 아들로 태어나 어렸을 때부터 아버지의 가게에서 일했다. 이에 따라 정규 교육을 거의 받지 못했다. 그런데 1724년 일식을 목격하고, 뜨내기 상인으로부터 점성술과 산술에 대한 책을 각각 한 권씩 구입했다. 이 일로 그는 수학에 흥미를 갖게 되었고, 독학으로 점성술을 공부해서 그 지방의 성공적인 점쟁이가 됐다.

심프슨은 고향을 떠나 넌이턴Nuneaton으로 가서 1725년부터 1733년경까지 교사로서 가르쳤다. 1730년에는 자신보다 상당히 나이가 많은 하숙집 여주인과 결혼함으로써 재정 상황을 향상시켰다. 1733년 더비Derby에 정착해서, 낮에는 천을 짜고 밤에는 학교에서 가르쳤다.

심프슨은 1736년에 런던으로 이주했고, 곧 매우 성공적인 미분 적분학 교과서를 출판했다. 이제 천 짜는 일에서 완전히 벗어났으며, 교습과 교과서 집필에 전념해서, 대수학, 기하학, 삼각법 등과 수학의 다른 분야에서 베스트셀러가 된 교과서를 연속적으로 출판했다. 이 책들은 여러 번의 재판을 거듭했으며, 많은 외국어로 번역됐다.

심프슨의 공식

심프슨의 이름이 붙은 '심프슨의 공식' 은 심프슨이 발견한 것이 아니었다. 이 사실은 심프슨도 인정했는데, 이는 뉴턴의 업적으로 당시 잘 알려졌다.

그렇지만 방정식 $f(x)=0$을 푸는 뉴턴 · 래프슨의 방법은 심프슨의 업적이다. 뉴턴은 다항 방정식을 푸는 대수적 절차를 설명했는데, 나중에 래프슨이 이를 개선했다. 근의 근사값을 구하는 이 방법을 미분법을 이용하지 않았었다. 현대적인 반복 형식 $x_{n+1}=x_n-\dfrac{f(x_n)}{f'(x_n)}$ 은 심프슨의 업적으로 1740년에 발표했다.

클레로 Alexis Claude Clairaut

1713~1765

알렉시스 클레로는 1713년 5월 7일 파리에서 태어났다. 수학 교사였던 아버지Jean-Baptiste Clairaut는 베를린 학술원의 기고자였고 기하학에 관한 책을 저술했다. 그의 20명의 자녀 중에서 단지 알렉시스 클레로만이 성인까지 생존해서 아버지보다 오래 살았다.

클레로는 1731년에 프랑스 과학원의 회원으로 선출된 뒤에 모페르튀이와 친하게 지냈다. 1734년에는 바젤을 방문해서 요한 베르누이와 함께 몇 달 연구했으며, 쾨니히를 알게 되어 오랫동안 과학적인 동지의 관계를 유지했다. 1736년 4월부터 1737년 8월까지 지구 자오선의 하나에서 1도에 대응하는 거리를 측정하기 위해 스칸디나비아 반도 북부를 원정한 모페르튀이를 수행했다. 프랑스로 되돌아간 뒤인 1743년에 그의 결정적인 업적인 책《지구 형상론Théorie de la figure de la Terre》을 출판했는데, 이는 지구의 극 부분이 평평하다는 뉴턴과 호이겐스의 주장을 이론적으로 옹호했다. 1752년에는 논문〈달의 이론Théorie de la Lune〉으로 상트 페테르부르크 과학원으로부터 상을 받았다. 샤틀레 부인[1]이 1745년 이전부터 시작한 뉴턴의《자연 철학의 수학적 원리》를 프랑스어로 번역하는 과제를 도왔고, 이에 자신의 이론도 첨부했다.

❶ Gabrielle Émilie Le Tonnelier de Breteuil, Marquise du Chatelet(1706~1749), 모페르튀이로부터 수학을 배웠고, 모페르튀이, 볼테르, 클레로를 학문적인 동지로 애인으로 사귀었다.

이 책은 1756년에 발간됐다. 핼리 혜성이 1759년에 되돌아온다는 사실을 1개월의 오차로 계산해서 큰 호평을 받았다. 클레로의 이름을 따서 그 혜성의 이름을 바꾸자는 말도 있었고, '새로운 탈레스' 라는 별명도 얻었다.

클레로와 달랑베르 사이에는 종종 호의적이지 않은 과학적 논쟁이 있었다.

신동 형제

클레로는 집에서 아버지로부터 수학을 배웠는데, 그 수준이 믿을 수 없을 정도로 높았다. 글자를 배우는 단계에서 유클리드의 《원론》을 이용했고, 9세 때는 해석 기하학과 함께 미분 적분학을 다룬 수학 교과서를 정복했다. 이듬해에는 로피탈의 책으로 공부했다.

클레로는 수학의 신동이었는데, 13세 때 삼차 곡선에 관한 논문을 써서 프랑스 과학원에서 발표했다. 그리고 1729년에는 공간에서 꼬인 곡선들의 미분 기하학에 관한 매우 세련된 논문을 발표했다. 이에 프랑스 과학원 회원으로 추천됐지만, 왕은 1731년에야 이를 승인했다. 그래도 그는 역사상 최연소인 18세의 나이로 프랑스 과학원의 회원이 됐다.

프랑스의 클레로 가문은 수학적으로 천부적인 재능이 있었다. 클레로에게 16세 때 천연두로 불행하게 죽은 남동생이 있었다. 그 동생은 14세 때 프랑스 과학원에서 기하학에 관한 논문을 발표했으며, 15세 때 책으로 출판했다.

클레로 형제는 틀림없이 역사상 가장 조숙했던 두 수학자였을 것이다.

오일러를 농락하다

클레로는 《지구 형상론》을 저술한 뒤부터, 삼체 운동을 연구하기 시작했다. 특히 달의 궤도에 관한 문제를 연구했다. 그 연구에서 처음에 얻은 결론은 뉴턴의 중력 이론이 부정확하고 역제곱 법칙이 성립하지 않는다는 것이었다. 이는 오일러의 지지를 받았고, 격려 편지도 받았다. 이에 1747년에 프랑스 과학원에서 역제곱 법칙이 틀리다고 발표했고, $\frac{1}{r^2}$ 의 항을 더해야 한다고 제안했다. 달랑베르도 클레로와 같은 계산 결과를 얻었다고 발표했다.

당시까지도 모든 수학자가 뉴턴의 이론을 지지하지 않았으며, 일부는 여전히 데카르트의 소용돌이 이론을 믿었다. 뉴턴의 법칙이 정확하지 않다는 클레로의 주장은 데카르트 지지자들로부터 크게 환영을 받았다. 오일러마저 데카르트의 견해로 돌아섰다. 물론, 클레로의 주장에 이의를 제기하는 사람도 있었다. 뷔퐁은 역제곱 법칙이 단순하다는 형이상학적인 주장을 폈다.

그런데 클레로는 1748년 봄, 달의 원지점에서 운동에 대한 관찰 결과와 이론 사이의 차이는 중력의 역제곱 법칙이 아니라 근사 과정에서 발생했음을 확인했다. 1749년에는 프랑스 과학원에서 자신의 이론이 역제곱 법칙과 일치한다고 선언했다.

오일러와 달랑베르는 자신들의 계산을 다시 검토해야 했다. 그런데 오일러는 자신의 실수를 찾아낼 수 없었고, 클레로의 방법을 이해할 수 없었다. 이에 1752년 상트 페테르부르크 과학원은 달의 원지점 문제에 상금을 걸게 했다. 그는 클레로가 제출한 논문 〈달의 이론〉을 읽고서야 클레로의 방법을 완전히 이해했고, 이를 "수학사에서 가장 중요하고 심오한 발견"이라는 칭찬했다.

回 수학 교육학자

클레로는 교과서를 저술해서 큰 인기를 얻기도 했다. 1749년에 《대수학 원론Éléments d'algèbre》을 발간했는데, 이는 4차까지의 방정식 풀이가 주제다. 대수적 표기법이 필요하고 불가피함을 역설해서 크게 성공했는데, 오랫동안 프랑스의 학교에서 교과서로 사용됐다.

클레로가 사망한 해인 1765년에 발간된 《기하학 원론Éléments de géometrie》는 기하학 교육의 새로운 방향을 제시했다. 이 책의 번역서❷에 있는 옮긴이 머리말의 첫 부분은 다음과 같다.

> 클레로의 《기하학 원론》은 유클리드 《원론》의 논리 · 연역적 전개 방식에 대항하여 역사발생적 원리에 입각하여 쓰인 최초의 기하 교재이다. 유클리드의 연역적인 방법에 대항하여 분석적 · 발생적 원리가 수학교육 원리로 등장한 것은 16세기까지 거슬러 올라가지만, 수학사를 근거로 하여 학습 내용과 활동을 조직하는 역사발생적 원리를 구현한 최초의 교재라는 점에서 이 책은 수학 교육학적으로 의의를 지닌다. 또한 유클리드 원론에 가해진 수많은 비판에도 불구하고 수학의 역사 및 학교 수학에서 차지하는 유클리드의 위상을 고려할 때, 이 책은 수학에 관심 있는 사람들의 지적 호기심을 자극하기에 충분할 것이다.

❷ 클레로 저/ 장혜원 역(2005), 《클레로의 기하학 원론》, 경문사, p. iii.

달랑베르 Jean le Rond d'Alembert

1717~1783

프랑스에는 17세기 말부터 18세기 초까지 영국의 뉴턴이나 독일의 라이프니츠에 견줄 만한 수학자가 없었다. 이렇게 열등했던 프랑스의 수학은 루이 16세[1]의 집권 후반기에 접어들면서 역사 전체를 통틀어 가장 찬란한 시기의 하나를 맞이했는데, 오히려 이때는 영국과 독일에서 뛰어난 수학자가 나타나지 않았다. 18세기 프랑스의 빛나는 수학자 중에서 처음으로 등장한 사람이 바로 달랑베르이다.

달랑베르는 많은 논쟁에 휘말렸는데, 클레로와 수학과 역학에서 치열한 경쟁 관계에 있었다. 오일러와도 자주 논쟁을 벌였다. 오일러가 분명히 더 유능한 수학자였지만, 그도 종종 달랑베르의 발상을 이용했다. 독일의 프리드리히 2세는 1764년 달랑베르를 베를린 과학원의 원장으로 초빙하려고 했다. 오일러의 반대도 있었지만, 달랑베르는 이를 거부하고 오히려 오일러를 원장으로 추천했다. 달랑베르는 러시아 예카테리나 대제의 초청을 거부하기도 했다.

달랑베르는 수학에서 편미분 방정식의 선구자이며 해석학의 엄밀한 기초를 다지려고 시도했다. 그러나 수학은 그의 여러 가지 관심사 중 하나에 불과했다. 계몽 운동의 지도적인 인물이었으며, 인생 후반기에는 디드로와 함께

❶ Louis XIV(1638~1715), 프랑스의 왕(재위 1643~1715)

시작한 《백과 사전》❷ 편찬에 종사했다. 그는 오일러가 죽고 불과 몇 주 뒤인 1783년 10월 29일에 세상을 떠났다.

이름의 유래

달랑베르는 수학사에서 학문적인 업적과는 별도로 인간적인 면에서 각별한 관심을 끌게 하는 사람이다. 1717년 11월 17일, 찬바람이 거세게 부는 날 밤 파리 시내를 순찰하고 있던 한 경관은 갓난아이의 애처로운 울음소리를 들었다. 그 소리를 향해 발을 옮긴 경관은 노트르담 대성당의 수도원에 있는 작은 생장르롱Saint Jean le Rond 교회의 계단에 버려진 갓 태어난 아이를 발견했다. 아이를 주교 대리에게 데려갔는데, 주교 대리는 아이가 처음에 놓여 있던 자리의 이름을 따서 장르롱이라고 이름을 지었다. 겸손한 유리 직공 Picardy이 양아버지가 됐는데, 그의 아내(Rousseau 부인)도 이 아이를 무척 사랑했고 따뜻한 보금자리를 제공했다.

'르롱le Rond' 은 '통통한' 또는 '둥근' 을 뜻하는데, 교회의 모양과 관계가 있다. 달랑베르는 '통통한 장Jean le Rond' 이 품위 없는 이름이라고 생각하고는 '달랑베르d'lembert' 를 추가했고, 때로는 Jean Le Rond d' Alembert et de la Chapelle로 서명하기도 했다.

달랑베르의 아버지 데토슈Louis-Camus Destouches는 기병대 장교였는데, 달랑베르가 태어날 때 국외에 있었다. 어머니 텡상 부인❸은 유명한 살롱의 주인으로 소설을 쓰기도 했다. 그녀는 교황의 특면을 받은 수녀였는데, 수녀원

❷ 모두 28권으로 이루어졌는데, 제1권은 1751년에 발간됐다. 달랑베르는 수학, 물리학, 천문학을 포함해서 매우 폭넓은 분야를 담당했다.

❸ Claudine-Alexandrine Guérin, Marquise de Tencin

으로 되돌아갈 것을 두려워해서 갓난아이를 교회의 계단에 버렸다. 아버지는 귀국해서 달랑베르를 돕기 위해 여러 가지 방법을 강구했다. 양부모에게 파리에 집을 마련해 주었고, 1726년에 죽으면서 달랑베르가 좋은 교육을 받기에 충분한 정도의 돈도 주었다. 달랑베르는 양부모와 함께 47세까지 살았다.

▣ 연구 활동

달랑베르는 신학 전문가 양성을 주요한 목적으로 하는 얀센파 대학 Collège des Quatre Nations을 다녔는데, 수학도 관심을 갖고 공부했다. 1735년 졸업한 뒤에 법률가를 지망해서 공부했는데, 여가 시간을 틈타서 수학 공부도 계속했다. 1738년 변호사 자격증을 취득하고 일을 시작했지만, 적성에 맞지 않았다. 이듬해에는 의학을 공부했는데, 신학보다 오히려 흥미를 느끼지 못했다. 그가 공부한 모든 주제 중에서 그에게 가장 매혹적인 분야는 역시 수학이었으며, 수학에서 괄목할 만한 진전을 이루었다. 공식적인 수학·과학 교육을 거의 받지 못했지만, 뉴턴의 연구뿐만 아니라 로피탈과 베르누이 형제를 포함해서 당시의 다른 수학자의 연구 결과를 잘 알고 있었다.

달랑베르는 22세였던 1739년부터 프랑스 과학원에서 논문을 발표하기 시작했고, 1741년에는 프랑스 과학원에 가입할 수 있었다. 1743년 《역학론Traité de dynamique》을 출판했는데, 이는 그의 이름이 붙은 동역학에 관한 풍부한 원리를 근거로 하고 있다. 그는 이 원리를 1744년 유체의 평형과 운동에 관한 논문에 적용했고, 1746년에는 바람의 원인에 관한 논문에 적용했다. 두 논문과 진동하는 현에 관한 1747년의 논문에서 편미분 방정식을 연구했는데, 이에 따라 미분 방정식의 연구에서 그리고 이의 물리학에의 응용에서 선구자가 됐다. 1749년에는 자신의 원리를 이용해서 주야평분점의 섭동에 관한 고민스러운 문제들을 완벽하게 해결할 수 있었다. 달랑베르는 1754년 프랑스 과학원의 종신 서기가 됐다.

불만족스러운 상태에 있던 미분 적분학의 기초를 보강하자는 실질적인 제안은 달랑베르로부터 처음 나왔다. 그는 매우 정확하게 극한 이론이 필요하다는 사실을 1754년에 관찰했다. 그러나 극한 이론은 오랫동안 제대로 개발되지 못했는데, 1821년에야 프랑스의 위대한 수학자 코시가 상당한 정도로 만족스럽게 처리했다. 그리고 19세기 말 바이어슈트라스❹에 이르러 완성단계에 이르렀다.

▣ 모난 성격

달랑베르는 여행을 거의 하지 않았고, 평생을 프랑스 과학원과 학사원에서 일했다. 학문적인 면에서는 상당히 특출한 성과를 얻었지만, 인간적인 면에서는 그렇지 못했다. 그의 인생은 평탄하지 않았는데, 주변의 모든 사람과 논쟁을 벌였다. 이에 따라 지적인 성과로 불멸의 명성을 얻었지만, 성격 때문에 인생의 슬픔과 실패를 경험했다. 지적인 면을 통해 후세에 명예를 얻을 수 있지만, 현세를 성공적으로 보내기 위해서는 성격을 다스려야 할 것으로 보인다.

▣ 수학에 대한 견해

달랑베르는 수학에 대해 매우 적절한 말을 자주 했다. 대수학과 관련해서 자주 인용되는 그의 유명한 말로 다음과 같은 지적이 있다. "대수학은 관대하다. 그녀(대수학)는 종종 그녀에게 요구한 것보다 더 많은 것을 준다."

기하학에 대한 다음과 같은 말도 있다. "기하학적 진실은 어떤 면에서는

❹ Karl Theodor Wilhelm Weierstrass(1815~1897), 독일의 수학자

물리학적 지식에 대한 점근선이다. 물리학적 지식은 기하학적 지식에 한없이 접근하지만, 결코 정확하게 도달하지는 않는다."

수학에 대한 달랑베르의 지적 중에서 가장 통찰력 있는 것은 다음과 같은 말일 것이다. "만약 인간들이 서로 떨어져 살고 이런 상황에서 자기 보존 이외의 어떤 일에 몰두할 수 있다면, 인간은 호감이 가는 예술의 개발보다는 정밀 과학의 연구를 선호할 것이다. 인간이 예술에서 탁월함을 추구하는 것은 남을 위한 것이고, 정밀 과학에 몰두하는 것은 자신을 위한 것이다. 따라서 무인도에서 시인은 뽐낼 것이 거의 없는 반면에 그래도 수학자는 발견의 만족을 즐길 수 있을 것이라고 나는 생각한다."

아그네시 Maria Gaetana Agnesi

1718~1799

아그네시는 1718년 5월 16일 밀라노에서, 비단 사업으로 큰 돈을 번 부유한 가문에서 21명의 자녀 중 첫째로 태어났다. 18세기 이탈리아에서 가장 박식한 여자 수학자, 언어학자, 철학자였는데, 20세 때는 철학과 자연 과학에 관한 논문집 《철학 명제Propositiones Philisophicae》를 출판했다. 그리고 30세 때는 두 권으로 된 해석 기하학에 관한 책[1]을 썼는데, 오랫동안 대단한 인기를 누렸고 다양한 언어로 번역됐다. 이듬해에는 학문을 장려했던 교황 베네딕투스 14세[2]가 아그네시를 볼로냐 대학의 명예 교수로 임명했다. 그러나 (부정확하게 전해지는 이야기와 달리) 그녀는 강의하지 않았다.

아그네시는 공개적인 활동을 기피했는데, 1752년 아버지가 죽은 뒤부터는 여생을 자선 사업과 종교 연구에 몰두했다. 1771년 밀라노에 있던 자선 기관의 책임자가 됐으며, 그곳에서 1799년 1월 9일에 죽었다. 그녀에게는 뛰어난 음악가이자 작곡가인 여동생 테레사 아그네시[3]가 있었다.

❶ *Instituzioni analitiche ad uso della gioventù italiana*

❷ Benedict XIV(1675~1758), 로마 교황(재위 1740~1758)

❸ Maria Teresa Agnesi(1724~1780)

아버지의 딸 사랑

아버지Pietro Agnesi는 맏딸 마리아 아그네시를 지극 정성을 다해 가르쳤다. 최고의 개인 지도 교사를 구해서 가르쳤는데, 그녀는 아주 어린 나이에 라틴어, 그리스어, 헤브루어, 프랑스어, 에스파냐어, 독일어 등과 상당히 많은 다른 외국어를 습득했다. 겨우 9세 때 여성의 고등 교육을 옹호하는 논문을 라틴어로 발표하기도 했다.[4]

아버지는 마리아 아그네시가 어렸을 때 지식인의 모임을 만들었는데, 곡마단원이 재주를 부리듯이 딸의 재능을 남에게 보여주는 것을 즐겼다. 마리아는 학식 있는 교수들과 그들의 모국어로 그들이 선택한 주제에 대해 대화할 수 있었다. 그녀의 저서 《철학 명제》는 아버지가 만든 이런 모임에서 이루어진 토론으로부터 얻은 철학과 자연 과학에 관한 글을 모은 것이다.

그런데 아그네시는 시간이 지나면서 사람들 앞에 나서는 것을 몹시 싫어하게 됐다. 그래서 사람들과 다른 시간에 활동하면서 외떨어져 살려고 노력했다. 아버지가 죽은 뒤에야 드디어 자신의 뜻대로 할 수 있었고, 여생을 자선 사업과 종교 연구에 몰두했다.

몽유병자

아그네시는 몽유병자로서도 명성을 얻었다. 몽유 상태에서 연구를 계속한 적도 여러 번 있었는데, 깨어 있을 때 끝내지 못한 문제를 몽유 상태에서 불을 켜고 풀기도 했다. 아침에 일어나서 도형이 세심하게 그려져 있고 완벽한 풀이가 적혀 있는 책상 위의 종이를 보고는 자신도 놀라곤 했다.

[4] 그 논문은 아그네시가 직접 쓴 것은 아니라, 개인 교사가 이탈리아어로 쓴 것을 아그네시가 라틴어로 번역했다고 한다.

아그네시의 마녀

페르마는 직교 좌표 방정식 $y(x^2+a^2)=a^3$으로 표현할 수 있는 삼차 곡선에 관심을 가진 적이 있었다. 이 곡선은 아래 그림에 나타나 있다. 그는 이 곡선에 이름을 붙이지 않았지만, 나중에 이것을 연구한 그란디는 1718년에 'versoria' 라고 불렀다. 이것은 라틴어로서 '돛을 회전시키는 밧줄' 을 뜻한다. 그란디가 이 삼차 곡선에 이런 이름을 붙인 이유는 명확하지 않다. 이와 유사한 이탈리아 고어 'versorio' 가 있는데, "모든 방향으로 움직이는 데 자유롭다." 는 뜻이 있다.

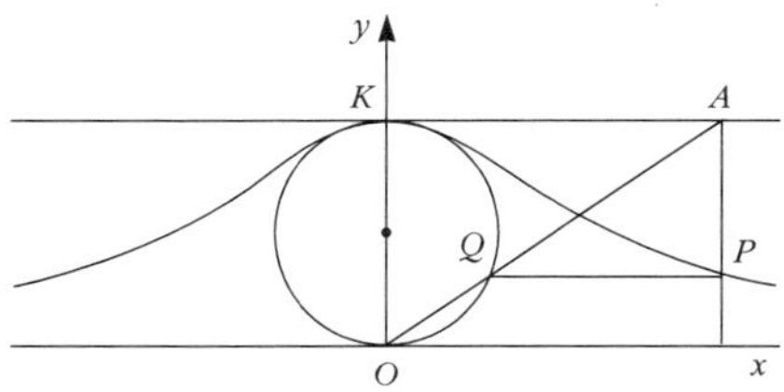

아그네시는 널리 읽힌 해석 기하학에 관한 책을 썼을 때, 그란디의 versoria 또는 versorio를 'versiera' 와 혼동해서 사용했다. 'versiera' 는 라틴어로 '악마의 할머니' 또는 '여자 귀신' 을 뜻한다. 1801년 콜슨John Colson이 아그네시의 책을 영어로 번역할 때, versiera를 '마녀witch' 로 번역했다. 그 뒤 이 곡선은 영어에서 '아그네시의 마녀witch of Agnesi' 로 불리게 됐다.[5]

아그네시의 마녀에는 여러 가지 흥미로운 성질이 있다. 우선, 이 곡선을 기하학적으로 다음과 같이 정의할 수 있다. 주어진 원 위의 정점 O에서 출발한 동경(회전하는 반직선)이 이 원과 점 Q에서 만나고, O와 지름의 반대쪽에 있는 점 K를 지나는 원의 접선과는 A에서 만난다고 하자. 그러면 점 Q를 지나고 접선 KA에 평행인 직선과 점 A를 지나고 접선 KA에 수직인 직선의 교점 P의 자취가 바로 그 곡선이다.

[5] 다른 언어에서는 일반적으로 '아그네시의 곡선' 으로 불리고 있다.

아그네시의 마녀는 직교 좌표계에서 정점 O를 지나는 접선을 x축으로 직선 OK를 y축으로 택하고 주어진 원의 지름을 a로 나타내면, 직교 좌표 방정식 $y(x^2+a^2)=a^3$으로 표현된다. 이 곡선은 y축에 관해 대칭이고, x축의 양 방향이 모두 이 곡선의 점근선이 된다. 이 곡선과 점근선 사이의 영역의 넓이는 πa^2이다. 이는 주어진 원의 넓이의 정확히 네 배이다. 이 영역의 무게 중심은 점 $(0, \frac{a}{4})$인데, 이것은 O부터 K까지 길이의 $\frac{1}{4}$이다. 이 곡선을 점근선을 중심으로 회전시켰을 때 생성되는 회전체의 부피는 $\frac{\pi^2 a^3}{2}$이다. 이 곡선의 변곡점들은 OQ가 점근선과 60°의 각을 이루는 위치에서 나타난다.

의사 마녀pseudo-witch라고 부르는 이와 연관된 곡선은 아그네시의 마녀의 y좌표를 두 배시켜 얻어진다. 그레고리는 이 곡선을 1658년에 연구했으며, 라이프니츠는 1658년 다음과 같은 유명한 공식을 유도하는 데 사용했다.

$$\frac{\pi}{4}=1-\frac{1}{3}+\frac{1}{5}+\frac{1}{7}+\cdots$$

라그랑주 Joseph Louis Lagrange

1736~1813

라그랑주는 1736년 1월 25일 이탈리아의 토리노에서 태어났다. 그러나 부모는 모두 프랑스 사람이었고 라그랑주도 자신은 프랑스 사람으로 생각했다. 아버지는 법률가가 되기를 원했지만 라그랑주는 토리노 대학에서 정밀과학에 더 큰 호감을 가졌다. 특히 그리스 수학보다 미분 적분학의 우월성을 논한 핼리의 글을 읽고는 수학 연구에 몰두했고, 1754년에 수학 연구 결과를 최초로 발표하기도 했다. 그리고 19세의 나이로 토리노의 왕립 포병학교의 교수가 됐다. 1766년 11월 베를린의 프로이센 과학원에서 수학 분야 최고 책임자인 오일러의 자리를 승계했다. 그곳에서 20년 동안 정력적으로 활동했는데, 한 달에 한 편꼴로 논문을 썼고 프랑스 과학원이 2년마다 제시한 문제의 해결에 수여하는 상을 거의 휩쓸다시피 했다(1764, 1766, 1772, 1774, 1778년에 수상했다).

라그랑주는 1787년 프랑스가 정치적으로 혼란스러웠지만, 파리로 이주해서 여생을 프랑스 과학원의 회원으로 보냈다(강의할 의무는 없었다). 신설된 에콜 폴리테크니크❶와 에콜 노르말 쉬페리외르❷의 교수를 역임했다. 정치에 개입하지 않고 중립을 지키려고 했는데, 미터법을 제정할 때는 도량형 제정

❶ École Polytechnique, 프랑스 국립 이공과 대학. 국민공회가 육군 기술 장교 양성을 목적으로 중앙공공사업학교를 1794년 12월에 신설했는데, 1795년 9월부터 이 이름으로 개명했다.

위원회에서 1800년에 위원장을 맡기도 했다.

라그랑주의 연구는 후대의 수학 연구에 지대한 영향을 끼쳤다. 미분 적분학의 엄밀성을 추구한 최초의 일류 수학자에 속하며, 도함수 기호 $f'(x)$와 $f''(x)$를 고안하기도 했다. 역학, 천문학, 미분 방정식, 변분법 등의 분야에 주목할 만한 공헌을 했으며, 수론에서도 중요한 논문들을 썼다. 방정식론에 관한 초기 연구 중 일부는 나중에 갈루아의 군론 연구에 도움을 주었다.

가난이 행운

라그랑주의 아버지❸는 상속받은 재산과 결혼으로 매우 부유했다. 그러나 구제 불가능한 도박꾼으로 현명하지 못하게도 전 재산을 탕진해서 아들에게 상속할 재산이 거의 없었다. 나중에 라그랑주는 이 불행한 사건을 자신에게 일어난 일 중 가장 큰 행운이었다고 말했다. "만약 내가 큰 재산을 물려받았다면, 아마도 수학을 연구하지 않았을 것이다."

프리드리히 대왕의 초청

라그랑주는 최대 · 최소 방법을 포함해서 등시 곡선에 대한 연구 결과를 1755년에 오일러에게 보냈는데, 오일러로부터 그의 새로운 방법에 크게 감명을 받았다는 답장을 받았다. 이는 변분법의 발전에 크게 공헌했다. 이듬해에는 변분법을 역학에 응용했고, 최소 작용의 원리의 형태로 이것이 동역학 문제를 해결하는 일반적인 과정을 제공한다는 사실을 밝혔다. 이 결과도 오일러에게 알렸는데, 오일러는 다른 열등한 방법으로 이 문제를 다룬 자신의

❷ École Normale Supérieure, 프랑스 국립 고등 사범 학교. 1795년 1월 국민공회가 교사 양성을 목적으로 신설했는데, 넉 달 만에 폐지됐다가 1810년에 다시 문을 열었다. 그리고 1822년에 또다시 폐지됐다가 1826년에 재건됐다.

❸ Giuseppe Francesco Ludovico Lagrangia

논문을 발표하지 않았다. 오일러의 추천으로 라그랑주는 베를린 과학원의 외국인 회원으로 선임됐으며, 베를린으로 이주할 생각도 가졌다.

오일러가 베를린을 떠난 뒤, 프리드리히 대왕은 라그랑주에게 '유럽에서 가장 위대한 왕' 이 '유럽의 가장 위대한 수학자' 를 초대하기를 희망한다는 편지를 띄웠다.

오일러의 후임으로 라그랑주를 추천한 사람은 수학자 달랑베르였는데, 프리드리히 대왕은 달랑베르에게 다음과 같은 편지를 보냈다. "귀하가 반은 장님인 수학자를 두 눈이 멀쩡한 수학자로 대체시켜 준 점에 대해 감사한다. 이것은 특히 내 학술원의 해부학 연구원들을 즐겁게 만들었다."

결혼과 재혼

라그랑주는 결혼에 관심이 없었지만, 베를린 과학원으로 옮긴 다음 해(1767년)에 사촌Vittoria Conti과 결혼했다. 자녀를 두지 못했지만 시간이 지나면서 부부간의 정은 돈독해졌다. 17년 뒤인 1783년에 아내는 오랫동안 병을 앓은 뒤에 죽었을 때, 라그랑주는 큰 슬픔에 잠겼다. 1786년에는 프리드리히 2세도 죽었는데, 이에 따라 베를린에서 라그랑주의 위치도 불안해졌다.

라그랑주는 심한 외로움을 느끼고 매우 의기 소침하는 성격이었으며, 수학에 대한 흥미를 잃기도 했다. 그런데 인생의 황혼기인 56세 때(1792년) 자신보다 40세 연하의 어린 소녀[4]와 결혼했다. 그녀는 라그랑주의 친구인 천문학자의 딸이었다. 라그랑주의 불행을 매우 가슴 아프게 생각해서 그와의 결혼을 고집했는데, 결국 라그랑주는 이에 굴복했다. 그 뒤 그 결혼은 이상적이었음이 판명됐다. 그녀는 매우 헌신적이고 유능한 동반자였으며, 남편에게 삶

[4] Renée-Françoise-Adélaide Le Monnier

의 의욕을 주고 수학에 대한 관심을 되살리는 데 성공했다. 라그랑주는 이 세상에서 자신이 받은 가장 값진 상은 다정하고 헌신적인 아내라고 말했다.

평행선 공준의 증명

라그랑주는 한때 유클리드의 제5공준인 평행선 공준을 '증명했다'고 생각했다. 자신의 '증명'을 정리하고 학술원에 가지고 가서 읽기 시작했다. 그런데 바로 첫 문장에서 부주의로 인한 실수를 발견했다. 그러자 "이에 대해 더 생각해야 되겠군."이라고 투덜거리고는, 논문을 주머니에 넣고 자리로 들어갔다.

라그랑주의 말

라그랑주는 프랑스 혁명에 뒤이은 공포 정치의 잔인함에 혐오감을 느꼈다. 위대한 화학자 라부아지에[5]가 단두대에서 처형됐을 때, 라그랑주는 그 처형의 어리석음에 분개해서 다음과 같이 말했다. "폭도들이 그의 머리를 제거하는 시간은 순간에 불과하다. 그러나 재생시키기 위해서는 한 세기도 불충분하다."

라그랑주는 수학자의 연구에 대해서, 수학자가 자신의 연구 결과를 매우 명료하게 만들어서 길거리에서 처음 만나는 사람에게 효과적으로 설명할 수 있을 때까지는 연구 결과를 완전하게 이해한 것이 아니다라고 말한 적이 있다. 이렇게 이상적인 상황이 나타날 것으로 보이지 않지만, 시간이 지나면서 이런 상황이 가능하게 되는 경우도 있다. 뉴턴의 만유 인력의 법칙은 처음에는 고등 교육을 받은 사람마저도 이해할 수 없었지만 오늘날에는 상식이 됐

❺ Antoine Laurent Lavoisier(1743~1794), 프랑스의 화학자로 근대 화학의 선구자

다. 아인슈타인의 상대성 이론도 마찬가지다.

18세기의 가장 뛰어난 수학자?

18세기의 가장 뛰어난 두 수학자는 오일러와 라그랑주다. 그런데 두 사람 중에서 누가 더 우수한지를 판정하기는 쉽지 않다. 오일러는 확실히 라그랑주보다 훨씬 더 많은 연구 결과를 발표했고 훨씬 더 많은 분야를 연구했지만, 형식주의자 또는 공식 조작자라는 평가도 받고 있다. 반면에, 라그랑주는 최초의 진정한 해석학자로 생각할 수 있다. 오일러의 생산량을 거대한 산에 비교한다면 라그랑주가 발표한 양은 두더지가 파놓은 흙두덩에 불과하지만, 그 결과는 매우 완벽하고 우아하며 정밀하다. 오일러는 직관을 자유롭게 이용해서 매우 자세하고 쓴 반면에, 라그랑주는 간결하고 엄밀하게 썼다.

제1권 〈수학자란?〉에서 이미 언급한 대로, 일스는 1905년 이전에 살았던 가장 뛰어난 수학자 100명을 선정하고 뛰어난 정도에 따라 순서를 결정하려고 노력했는데, 그 명단에서 라그랑주는 뉴턴과 라이프니츠에 이어 셋째 자리를 차지했다.

라그랑주에 대한 찬사

라그랑주가 베를린에서 활동할 때 저술했지만 프랑스에 있던 1788년에 출판한 기념비적인 책《해석 역학 Méchanique analytique》을 해밀턴[6]은 '과학적인 시' 라고 묘사했다.

나폴레옹은 다음과 같은 말로 라그랑주를 평가했다.

[6] William Rowan Hamilton(1805~1865), 아일랜드의 수학자로, 사원수 발견

"라그랑주는 수학의 높디높은 피라미드다."

놀라운 예견

라그랑주는 삼체 문제에 대한 몇 가지 특수 해를 얻었다. 그 중 하나는 세 개의 질점이 정삼각형의 꼭지점에서 출발하는 것을 가정하고 있는데, 이 경우에 세 개의 질점은 그 정삼각형에 붙어 있는 것처럼 계속해서 움직이고 그 정삼각형은 세 질점의 무게 중심을 중심으로 회전한다는 사실을 밝혔다. 이런 특수한 경우는 실제의 물리적 현상으로 나타날 것으로 보이지 않겠지만, 1906년 태양과 목성 및 아킬레스라고 불리는 소행성에 이런 경우가 적용된다는 사실이 밝혀졌다.

콩도르세 Marie Jean Antione Nicolas de Caritat, Marquis de Condorcet

1743~1794

콩도르세 후작은 어려서부터 수학에서 뛰어난 재능을 발휘했는데, 달랑베르로부터 수학을 배우기도 했다. 22세 때 저술한 《적분론》에 힘입어 겨우 26세의 나이로 프랑스 과학원에 가입했으며, 30세 때는 비서가 됐다. 31세 때는 조폐국 국장이 되어 1791년까지 그 자리를 지켰다. 그는 수학 능력이 상당한 정도였지만, 철학, 문학, 정치학 등에 관한 연구로 더 유명하다.

콩도르세는 프랑스 혁명이 발생했을 때 이를 환영했으며, 입법국민의회와 국민공회에서 의원으로 활동하면서 혁명을 도와 많은 일을 했다. 공화주의자를 표명한 최초의 사람에 속하지만, 극단주의자들의 잔인함을 인정할 수 없었다. 급진적 사태를 합리적인 방향으로 유도하려고 노력했지만 실패하고 자코뱅 당의 폭력주의자들에 의해 희생됐다.

콩도르세의 체포와 사망

콩도르세는 혁명을 적극적으로 추진했음에도 불구하고, 반대파에 의해 추방됐다.

콩도르세의 체포 방법은 흥미롭다. 그는 변장하고 숨어 지냈다. 그러던 중 어떤 식당에 들어가서 부주의로 상류 계급이나 먹는 12개의 달걀로 요리하는 오믈렛을 주문했다. 깜짝 놀란 요리사가 그의 직업을 물었다. 그는 '목수' 라고 대답했다. "정말입니까? 손을 봅시다. 당신은 목수가 아닙니다." 거짓말이 탄로 난 그는 의심을 받고 당국에 넘겨졌는데, 수배중인 콩도르세로 밝혀졌다.

콩도르세는 1794년 3월 28일 체포되어 부르라렌Bourg-la-Reine 근처의 감옥에 투옥됐다가 다음 날 파리로 이송시킬 계획이었다. 그러나 그는 파리로 이송되면 안 된다고 주장했다. 다음 날 아침 간수가 감옥 문을 열었을 때, 콩도르세의 독약 반지는 이미 비어 있었고 그는 죽은 채로 발견됐다.❶

▣ 재판의 확률

18세기 후반기, 확률론을 여러 새로운 분야에 응용하려는 노력이 있었다. 재판에도 응용됐는데, 각 증인과 배심원에게 진실을 말하거나 이해할 확률을 할당했을 때 법정이 정당한 평결에 도달할 확률을 계산하는 것과 같은 연구도 있었다. 확률론에 크게 공헌한 콩도르세의 연구에서, 이런 '재판의 확률probabilité des judgements' 과 계몽 사상에서의 부가적인 의미를 다룬 내용이 특히 눈에 띈다. 콩도르세의 결론 중 하나는 사형 제도의 폐지였다. 각 단계의 결정이 정확할 확률이 아무리 크더라도 많은 결정 단계를 거치면서 실수로 죄 없는 사람에게 유죄를 판결할 가능성이 크기 때문이라는 이유를 들었다.

▣ 콩도르세의 역설

콩도르세는 A, B, C에 대한 선호도 조사를 했을 때, 다수가 A를 B보다 선

❶ 콩도르세가 체포당하면서 겪은 위험과 극도의 피로로 죽었을 것이라고 믿는 사람도 있다. 어떤 사람들은 그가 출혈로 죽었을 것이라고 믿고 있다.

호하고 다수가 B를 C보다 선호하는 경우에도 다수가 C를 A보다 선호할 수 있다고 주장했다. 즉, 다수가 선호한다는 것은 추이적이 아니다. 이를 '콩도르세의 역설' 이라 한다.

예를 들어 유권자의 $\frac{1}{3}$은 보수당, 노동당, 연합당의 순으로, 다른 $\frac{1}{3}$은 노동당, 연합당, 보수당의 순으로, 나머지 $\frac{1}{3}$은 연합당, 보수당, 노동당의 순으로 세 당의 순위를 정해서 투표했다고 가정하자. 그러면 $\frac{2}{3}$의 다수는 분명히 노동당보다 보수당을 선호하고, 마찬가지로 압도적인 $\frac{2}{3}$의 다수는 연합당보다 노동당을 선호한다. 그래서 연합당보다 보수당을 절대 다수가 더 선호할 것으로 보인다. 그러나 자세히 조사해 보면 대다수인 $\frac{2}{3}$의 유권자가 보수당보다 연합당을 선호한다.

몽주 Gaspard Monge

1746~1818

몽주는 1746년 5월 9일 프랑스 부르고뉴Bourgogne의 본Beaune에서 소행상(Jacques Monge)의 장남으로 태어났다. 이런 신분 때문에 공병 사관 학교에 입학할 수 없었고, 그 대신에 기술 하사관 학교에 들어갔다. 몽주는 삼차원 공간 도형을 이차원에서 표현하는 '투영의 방법' 을 사용해서 화법 기하학을 창시했다. 1780년 파리에 초청되어 유체 역학과 기상학 강의를 하는 가운데, 자신이 수립한 학설을 발표해서 학계에 이름이 알려졌으며 프랑스 과학원 회원이 됐다.

몽주는 프랑스 혁명에 참가해서 자코뱅 당원이 됐으며, 1792년 8월 혁명 정부의 해군 장관이 됐지만 이듬해 사직했다. 군수 공장의 책임자로 근무하다가 새로 개설된 에콜 폴리테크니크에서 화법 기하학, 곡면론, 공간 곡선론을 강의했고, 그 뒤에는 에콜 노르말 쉬페리외르의 교수가 되어 화법 기하학을 강의했다. 그는 미분 기하학의 아버지로 불린다.

몽주는 1796년 로마 교황이 프랑스에 양도하는 그림과 조각을 수령하기 위해 이탈리아에 파견됐을 때 나폴레옹을 알게 됐고, 1798년 나폴레옹의 이집트 원정에도 참가했다. 1799년에 귀국해서는 1808년까지 에콜 폴리테크니크에서 가르쳤다. 나폴레옹의 임명으로 종신 상원 의원이 됐으며, 백작의 작위Comte de Péluse를 받을 만큼 신뢰를 받았다. 그러나 나폴레옹이 실각하고 루이 18세가 왕위에 오른 뒤에 몇 달 동안 국외로 피신했다가 되돌아가서 파리 변두리의 빈민굴에서 쓸쓸하게 일생을 마쳤다.

황금 소년

교육열이 높았던 몽주의 아버지는 세 아들을 모두 학교에 보냈다. 몽주는 종교 단체에서 운영하는 학교를 다녔는데, 무엇이든 일등상을 받았다. 그래서 그에게 '황금 소년' 이라는 별명이 붙을 정도였다.

몽주는 14세 때 가르쳐주는 사람도, 본보기로 삼을 모형도 없는 상태에서 열기관을 제작했다. 깜짝 놀란 주위의 사람들에게 성공할 수 있었던 이유를 다음과 같이 설명했다. "나에게는 성공에 이르는 확실한 두 가지 수단이 있습니다. 불굴의 의지와 기하학적 정확성으로 나의 생각을 실천하는 손가락입니다."

사실, 몽주는 타고난 기하학자였고 공학자였으며 복잡한 공간적 관계를 형상화하는 능력에서 그와 견줄 사람은 아무도 없었다. 16세 때는 독자적으로 측량 기계를 만들어 고향 도시 본의 지도를 훌륭하게 제작하기도 했다.

낭만적인 결혼

몽주의 결혼은 18세기 낭만의 일면을 보여준다. 그는 어떤 피로연에서 한 졸부가 자신을 거절한 젊은 미망인에 대해 악의적인 중상을 하는 말을 우연히 듣게 됐다. 미망인 오르봉Horbon 부인에 대해 전혀 알고 있지 않았지만, 용맹스러운 수학자는 그 졸부에게 결투를 신청했다. 그렇지만 결투는 성사되지 않았다. 몇 달 뒤 다른 피로연에서 몽주는 한 젊은 여인의 매력에 넋을 빼앗겼다. 소개를 통해 그가 이전에 방어해준 오르봉 부인임을 알게 됐다. 두 사람은 1777년에 결혼했다. 그녀는 몽주보다 오래 살았으며, 인생의 부침이 심했던 몽주 곁에서 유일하게 충실했던 사람이었다. 그리고 몽주의 이름을 후세에 남기기 위해 노력하기도 했다.

라플라스 Pierre-Simon Laplace

1749~1827

라플라스는 1749년 3월 23일 프랑스 보몽Beaumont-en-Auge에서 꽤 부유한 농부의 아들로 태어났다. 아버지의 뜻에 따라 신학을 배우려고 1766년에 캉Caen 대학에 입학했다. 그러나 곧 수학에 강한 흥미를 느꼈고, 교수들의 장려로 수학을 공부했다. 뛰어난 수학 실력 때문에 교수직을 일찍 얻을 수 있었다. 정치적으로는 기회주의자였는데, 프랑스 혁명의 혼란기에 정파에 관계없이 권력을 잡은 곳과 협력했고 비위를 맞추었다.

직관적인 통찰력이 뛰어난 몽주에 비해, 라플라스는 분석적인 능력이 앞섰다. 두 수학자는 서로 보완적인 관계에 있었으며, 프랑스의 차세대 수학자들의 스승이었다. 라플라스의 가장 뛰어난 업적은 천체 역학, 확률론, 미분방정식, 측지학 등에서 이루어졌다. 그는 길이의 기본 단위를 미터meter로 부르자고 제안했다.

학자의 구직 방법

라플라스는 1768년 19세 때 수학 교수직을 구하기 위해 파리로 가서 모교 교수의 추천서를 달랑베르에게 제출했다. 그러나 받아들여지지 않았다. 라플라스는 여관으로 돌아와 역학의 일반 법칙을 소재로 한 훌륭한 편지를 써서 달랑베르에게 보냈다. 편지를 본 달랑베르는 다음과 같이 회신했다. "자네는 내가 추천서에 관심을 보이지 않았다는 사실을 지적했네. 자네는 그런 추천서가 결코 필요하지 않을 것 같군. 왜냐하면 자네는 자신을 훨씬 더 훌륭하게 소개했기 때문이네." 며칠 뒤 라플라스는 파리 군사 학교의 수학 교수로 임명됐다.

다른 이야기에 따르면, 달랑베르는 라플라스의 능력을 시험하기 위해서 어려운 문제를 풀게 했다고 한다. 라플라스는 밤을 새워 문제를 풀었고, 이에 감동을 받은 달랑베르는 힘을 발휘해서 그에게 파리 군사 학교에서 초등 수학을 가르치는 자리를 마련해 주었다. 라플라스는 그 자리를 7년 동안 지켰다.

지조와 변절

라플라스는 나폴레옹 시절에 내무 장관과 궁정 고문관이 되고 백작이 됐으며 훈장도 몇 개 받았다. 왕정이 복귀된 뒤 루이 18세 때는 후작이 됐다. 그는 수학과 과학의 천재로 존경받긴 했지만, 정치적 교활성 때문에 신용을 많이 잃었다. 기회주의자이며 지조 없는 사람이라는 평을 받았다.

라플라스를 브레이의 주교 대리Vicar of Bray와 비교하기도 한다. 브레이의 주교 대리는 두 번 구교도였고 두 번 신교도였던 교활한 사람이다.

'의붓자식'

라플라스는 교활한 정치 행각과 속물 근성에도 불구하고 젊은 학자들을 진심으로 친절하고 관대하게 대했다. 비오[1]는 젊었을 때 라플라스가 참석한 프랑스 과학원의 한 모임에서 과학 논문을 발표한 적이 있었다. 발표가 끝나자 라플라스는 조용히 비오를 옆으로 데리고 가서는 그와 똑같은 내용을 다

[1] Jean-Baptiste Biot(1774~1862), 프랑스의 응용 수학자

룬 자신의 미발표 원고를 보여주었다. 그러면서 라플라스는 젊은 비오에게 빨리 가서 논문을 출판하라고 독촉했다.

라플라스는 수학을 연구하는 젊은 학자들을 자신의 의붓자식이라 말하곤 했다. 그리고 그들이 발견한 사실을 먼저 발표하도록 자신의 발표를 보류한 예도 여러 번 있었다.

▣ 블랙홀

라플라스는 우주와 행성을 주도면밀하게 연구했다. 천문학에 관한 그의 연구는 1666년 뉴턴이 일궈낸 중력 이론에 바탕을 두고 있었다. 그는 타원으로 지구의 모양이 달의 궤도와 역동적인 조수潮水에 미치는 영향 등을 연구했다. 라플라스는 뉴턴의 중력의 법칙을 전체 태양계에 적용했다. 토성의 궤도가 팽창하는 것처럼 보이는 반면, 목성의 궤도는 움츠러들고 있는 것처럼 보이는 이유를 복잡한 수학적 계산으로 설명하려고 노력했던 것이다. 그리하여 그는 태양계의 안전성을 입증하고, 천체의 중력권을 벗어나는 데 필요한 최소한의 속도인 탈출 속도를 계산해 냈다.

1798년 라플라스는 자신도 도저히 믿을 수 없는 이론을 내놓았다. 중력의 힘이 너무 강한 나머지 빛조차도 그 힘에 저항하지 못하는, 그래서 그 자체가 완전히 어두워져 눈에 보이지 않는 '검은 별black stars'을 가정했던 것이다. 빛조차도 중력을 뿌리치지 못할 정도의 질량과 밀도를 가진 별들이 존재할 수 있다는 것은 그 자신부터 이해하기 힘들었다. 이런 별의 중력권을 벗어나려면 빛의 속력보다 더 강한 속도가 필요할 터인데, 물론 그것은 불가능하다. 그래서 빛조차도 탈출하지 못하며, 그러므로 그 별은 지금까지 알려진 천체 중에서 가장 검다. '블랙홀' 이란 이름은 1969년 휠러❷가 붙였다.

검은 별은 눈으로 볼 수 없기 때문에 라플라스의 이론은 금방 잊혀졌다.

이런 현상에 대한 새로운 연구가 가능해진 것은 1915년 아인슈타인이 상대성 이론을 발표한 뒤이다.[3]

回 《천체 역학》

라플라스는 다섯 권으로 된 훌륭한 책 《천체 역학》[4]을 써서 '프랑스의 뉴턴' 이라는 별명을 얻었으며, 이 분야에서 최고의 대가로 인정받았다. 이 책은 천체 역학에서 과거에 발견된 모든 사실과 함께 라플라스의 연구 결과를 포함하여 '현대의 알마게스트' 로 불렸다.

나폴레옹은 그의 책에 우주의 조물주가 언급되지 않았다며 짜증스럽게 지적했다. 그러자 라플라스가 대답했다. "각하, 저는 그런 가정을 필요로 하지 않았습니다." 나중에 나폴레옹이 이를 라그랑주에게 알려주자, 그의 대답은 다음과 같았다. "아, 그러나 그것은 훌륭한 가정입니다. 그것은 매우 많은 것을 설명합니다."

라플라스의 《천체 역학》에는 '이것은 이해하기 쉽다' 와 같은 말을 흔히 찾아볼 수 있다. 출판을 위해 교정 작업을 맡았던 비오는 다음과 같은 말을 했다. "라플라스는 자신의 증명 과정을 다시 생각해 내는 데 실패할 때가 종종 있었다. 그러나 결론이 옳다고 생각하면 위와 같은 말을 끼워 넣는 것으로 만족했다."

《천체 역학》을 영어로 번역했던 바우디치[5]는 다음과 같이 지적했다. "나는 라플라스의 '그래서 이것은 명백하게 증명된다.' 라는 말들을 여러 시간

② John Archibald Wheeler(1911~), 미국의 이론 물리학자

③ 외르크 마이덴바우어 저/ 박승규 역(2005), 《발견과 발명으로 보는 과학의 역사》, 생각의 나무, p. 172.

④ *Mechanique celeste*, 1799~1825

⑤ Nathaniel Bowditch(1773~1838), 미국의 천문학자 · 수학자

어려운 과정을 통해서 증명의 빈틈을 채우고 그것이 '어떻게' 명백하게 증명되는지를 확인하고 밝히기 전에는 결코 이해되지 않았다."

기계론자의 믿음

라플라스는《확률의 해석적 이론》[6]에서 다음과 같이 말했다. "어느 순간 자연에 생명을 불어넣은 모든 힘이 주어지고 자연을 구성하는 생명체 각각의 위치를 파악할 수 있는 어떤 정보가 주어진다면, 게다가 그 정보가 이런 모든 자료를 분석할 수 있을 만큼 충분히 크다면, 그것은 우주에서 가장 큰 물체의 운동뿐만 아니라 가장 가벼운 원자의 운동을 동시에 설명할 수 있는 똑같은 공식으로 설명될 것이다. 이에 따라 불확실한 것은 아무것도 없고, 과거와 같이 미래도 현재일 뿐이다."

다른 책에서 더욱 간결하게 표현된 다음과 같은 문장을 발견할 수 있다. "자연의 모든 결과는 적은 양의 불변의 법칙들의 수학적 결론에 불과하다."

라플라스의 마지막 말

1827년 라플라스는 죽으면서 다음과 같은 말을 남겼다. "우리가 알고 있는 것은 매우 적고, 우리가 모르고 있는 것은 엄청나게 크다."

그런데 드 모르간은 라플라스의 마지막 말은 다음과 같았다고 기록했다. "사람은 환상을 좇을 뿐이다."

❻ *Théorie analytique des probabilitiés*, 1812, 나중에 '라플라스 변환'이라 불린 기법을 이 책에서 찾아볼 수 있다.

라플라스 변환

수학 용어 중에는 발견자가 아닌 다른 사람의 이름으로 불리는 것이 많이 있다. 그 중에는 라플라스 변환이 있는데, 사실은 오일러의 발견으로 보인다. 오일러는 라플라스가 −7세 때(태어나기 7년 전에) 이 변환을 사용해서 미분방정식을 풀었고, 매우 깔끔하게 이용했다.[7]

[7] *The College Mathematics Journal*, vol 26, no 5, MAA, p. 376.

르장드르 Adrien-Marie Legendre

1752~1833

르장드르는 1752년 9월 18일 프랑스 파리의 (또는 툴루즈의) 부유한 가정에서 태어났다. 꼴레주 마자랭Collège Mazarin에서 수학과 물리학을 배웠으며, 1770년에 수학과 물리학에 관한 학위 논문을 발표했다.

르장드르는 주로 수론, 타원 함수, 최소 제곱 방법, 미분 방정식 등의 분야에서 업적을 쌓았다. 수표들을 열심히 계산하기도 했다. 특히, 매우 인기 있고 영향력이 컸던 책 《기하학 원론Éléments de géométrie》으로 초등 수학의 역사에 이름을 남겼다. 이 책에서 유클리드의 정리들을 상당히 많이 재배열하고 많은 정리를 간략하게 만들어 유클리드의 《원론》에 대한 교육적인 개선을 시도했다.

기하학 원론

르장드르의 《기하학 원론》은 유럽 대륙에서 큰 주목을 받았으며 미국에서도 대단히 호의적으로 받아들여져서 미국 초등 기하학 교재의 표본이 되었다. 이 책은 1819년 미국 하버드 대학의 퍼라[1]가 처음으로 영어로 번역했다. 그 뒤 스코틀랜드의 유명한 문학자 칼라일[2]도 영어로 번역했다. 이 칼라일의

[1] John Farrar(1779~1853), 미국 매사추세츠 출신으로, 1803년 하버드 대학을 졸업하고, 모교에서 1805년에 그리스어 강사, 1807년부터 1836년까지 수학과 자연 철학 교수를 역임했다.

번역서는, 나중에 데이비스❸가 개정하고 그 뒤 밴 암링지❹가 다시 개정해서 미국에서 서른세 번 발간되었다. 그리고 칼라일 이후에도 또 다른 영어 번역서가 나타났다.

❷ Thomas Carlyle(1795~1881), 스코틀랜드의 문학자로 젊은 시절에는 수학 교사였다.

❸ Charles Davies(1798~1876)

❹ John Howard Van Amringe(1835-1915), 미국 컬럼비아 대학 교수로 미국 수학회 최대 회장(1888-1890) 역임

참고 문헌

김승욱, 《짧게 그러나 완벽하게》, 교우사 2002.

브루스 쉐흐터(Bruce Schechter) 저/ 박영훈 역, 《화성에서 온 수학자》, 지호 1999.

사이먼 싱(Simon Singh) 저/ 박병철 역, 《페르마의 마지막 정리》, 영림카디널 1998.

샌더슨 스미스 저/ 황선욱 역, 《수학사 가볍게 읽기》, 한승 2002.

에드 레지스 지음/ 과학세대 옮김, 《아인슈타인 방의 사람들(Who Got Einstein's Office)》, 웅진출판 1993.

에릭 템플 벨(Eric Temple Bell) 저/ 안재구 역, 《수학을 만든 사람들》 상 · 하, 미래사 1993.

외르크 마이덴바우어 저/ 박승규 역, 《발견과 발명으로 보는 과학의 역사》, 생각의 나무 2005.

조지 G. 슈피로(George G. Szpiro) 저/ 심재관 역, 《케플러의 추측》, 영림카디널 2004.

클레로 저/ 장혜원 역, 《클레로의 기하학 원론》, 경문사 2005.

폴 호프만 저/ 신현용 역, 《우리 수학자 모두는 약간 미친 겁니다》, 승산 1999.

하워드 이브스 저/ 허민 · 오혜영 역, 《수학의 위대한 순간들》 개정판, 경문사 2003.

Carl B. Boyer, *A History of Mathematics*, Princeton University Press 1985.

Dunham, William, *Journey through Genius - The great theorems of mathematics*, John Wiley & Sons Inc. 1990.

Eves, Howard W., *In Mathematical Circles*, Quadrants I and II, PWS-Kent Pub. Com. 1969. Mathematical Association of America 2003.

Eves, Howard W., *In Mathematical Circles*, Quadrants III and IV, PWS-Kent Pub. Com. 1969. Mathematical Association of America 2003.

Eves, Howard W., *Mathematical Circles Revisited*, PWS-Kent Pub. Com. 1971.

Mathematical Association of America 2003.

Eves, Howard W., *Mathematical Circles Squared*, PWS-Kent Pub. Com. 1972. Mathematical Association of America 2003.

Eves, Howard W., *Mathematical Circles Adieu*, PWS-Kent Pub. Com. 1977. Mathematical Association of America 2003.

Eves, Howard W., *Return to Mathematical Circles*, PWS-Kent Pub. Com. 1988. Mathematical Association of America 2003.

Halmos, Paul R., *I Want to Be a Mathematician*, MAA 1985.

Hollingdale, Stuart, *Makers of Mathematics*, Penguin Books 1989.

Krantz, Steven G., *Mathematical Apocrypha - Stories and Anecdotes of Mathematicians and the Mathematical*, The Mathematical Association of America 2002.

MacTutor History of Mathematics archive ⟨http://www-groups.dcs.st-and.ac.uk/~history⟩

Wells, David, *The Penguin Book of Curious and Interesting Mathematics*, Penguin Books 1997.

찾아보기 INDEX

인명

●● 마

●● 바

사

아

●● 자

●● 차

●● 카

타

파

하

서명

용어

하